珠宝首饰鉴评

ZHUBAO SHOUSHI JIANPING

主　编　田培学　张立新
副主编　田　政　吴莉娟　李金檑
　　　　庞丹丹　赵庆华　李晓丽

中国地质大学出版社有限责任公司
ZHONGGUO DIZHI DAXUE CHUBANSHE YOUXIAN ZEREN GONGSI

内 容 提 要

金银珠宝饰品的质量评价和价值评估，是珠宝市场健康发展和供求成交的理论基础及实施依据。作者在长期的教学活动与监督检验过程中，搜集和积累了国内外专家学者的研究成果、珠宝市场信息、技术标准、质量评价、评估法则等最新资料，归纳编辑成文，以作珠宝教育丛书。

全书理论联系实际，注重实用性和可操作性，古今兼论，内容丰富，简明扼要，宜学易懂，是一本为珠宝专业人员考取珠宝鉴定师、珠宝工艺师、珠宝质检师和珠宝评估师执业资质编写的精编教材，亦可作为国家质检、工商部门监督检验与市场检查的执法依据，对于珠宝首饰收藏和爱好者来说也是一本不可或缺的参考资料。

图书在版编目(CIP)数据

珠宝首饰鉴评/田培学，张立新主编.—武汉：中国地质大学出版社有限责任公司，2011.10
(2012.7 重印)
ISBN 978-7-5625-2694-0

Ⅰ.①珠…

Ⅱ.①田…②张

Ⅲ.①首饰-鉴定②首饰-评估

Ⅳ.①TS934.3

中国版本图书馆 CIP 数据核字(2011)第 174502 号

珠宝首饰鉴评	田培学　张立新　主　编
责任编辑：彭琳　张琰	责任校对：张咏梅

出版发行：中国地质大学出版社有限责任公司(武汉市洪山区鲁磨路388号)	邮政编码：430074
电　　话：(027)67883511　　　传真：67883580	E-mail:cbb@cug.edu.cn
经　　销：全国新华书店	http://www.cugp.cug.edu.cn
开本：787毫米×1092毫米 1/16	字数：275千字　印张：10.75
版次：2011年10月第1版	印次：2012年7月第2次印刷
印刷：荆州鸿盛印务有限公司	印数：1 501—4 500 册
ISBN 978-7-5625-2694-0	定价：35.00元

如有印装质量问题请与印刷厂联系调换

序

  金银铂钯,珠宝玉石,乃万物精华,天地珍宝。古人云,金银纳坤元精气而成,珠宝吸日月光华而就。金银色泽,宝石晶莹,玉蕴山辉,珠涵水媚,以宠爱人寰之中,而辉煌廊庙之上,使中华无端宝藏折节而推上坐。

  有史以来,具有无与伦比特殊魅力的金银珠宝,无论是淳朴迷茫的远古先人,还是智商发达的现世精英,都视之为吉祥、权利和富贵的象征,或作礼器祭物,或作家宝饰品。在人求物美,物随人贵的意识形态中,戴金银示权贵,缀珠宝以耀躯,是人类社会永恒的靓点。

  古今中外,金银首饰和珠宝玉器是世界各民族共有的一种文化现象,虽然它们的起源、演变历史、文化风格因民族差异而不尽相同。

  随着社会文明,科学进步,金银珠宝饰品逐渐演化分类为珠宝功于"饰",玉石重于"器",金银"秀"衣冠,并且约成世俗。尤其玉器,集政治、宗教、道德、文化、工艺美术为一体,成为男性社会中的宠物;而珠宝首饰则集中在"美化自身、美化生活",成为女性社会中美的点缀。故而,无论是东方文化,还是西方文化,金银首饰和珠宝玉器都是并列的功用、不尽相同的装饰品。

  开发利用金银珠宝,是我国民族文化和社会经济发展的重要组成部分。自盘古开天以来,人类就以削石制器,取砾为饰,装点生活,繁衍生息。远在四五十万年前的旧石器时代早期,我国蓝田猿人和北京猿人就已经利用坚硬锐利的水晶、燧石和石英岩质玉石块打制砍斫器、利削器、尖状器等工具;距今一万年至四千年左右的新石器时代,就使用玛瑙、软玉、绿松石、蛋白石等琢磨雕刻成了石刀、石斧、石纺轮等工具,刀耕火种,捕鱼狩猎,以求生存。安阳殷墟中已有相当规模的玉工场所,制造了大量供王公贵族玩赏的形态生动、造型优美的宝玉石工艺品。从殷商到周,就有了西周八材之说(珠、象、玉、石、木、金、革、羽)。玉器成为王的象征,成为王赐诸侯的珍品。春秋时代的玉璧之争，汉代制玉"八刀"之功，可谓我国珠宝的高峰盛世。宋朝运用浅磨深琢，浮雕圆刻，镂空磨光之技巧，制作了许多巧夺天工的杰作。清代的金银珠宝业更是发达空前，乾隆皇帝爱玉成迷，慈禧太后更是食玉为天，死后的殉葬珍宝价值连城。新中国成立后，玉仍为国人所爱，从"中國"的"國"字改写为"国"便知真谛。

今天，我国珠宝首饰业经过近百年的沧桑巨变，在社会主义市场经济改革开放浪潮中得以飞速发展，世称"奢侈品"的金银珠宝已成为亿万百姓的生活点缀，空前的政通人和、民富国强，又给珠宝业界带来了无限生机和光明远景。

如今，您能在珠宝市场上求购一枚精雕细琢、设计一流的珠宝首饰或玉器留给自己，则是一帧永不褪色的人生风景；送给亲友，是一种高尚情感的表达，衷心祝福的馈赠；传给后人，将是一份未卜先知、继业光大的精神财富。

在国民经济高速发展的形势下，我国已成为世界上珠宝首饰生产大国和消费大国，产销两旺，惠及全球。目前，珠宝首饰的质量评价和价值评估，在市场交易过程中，已成为供需成败的基本要求。因此，制定珠宝首饰的质量评价体系和价值评估规则，对珠宝市场规范化建设，公平公正交易，提高饰品质量水平，诚信服务和科学消费，都是十分必要的。

近二十几年来，鉴于珠宝市场规范化建设及建立健全企业质量保证体系和珠宝教学的需要，我们根据《中华人民共和国产品质量法》，以田培学老师编写的《珠宝首饰鉴评》讲义和《珠宝玉石贵金属饰品标识》为蓝本，在河南省产品质量监督检验院、郑州信息科技职业学院、河南省广播电视大学和河南金鑫国际珠宝有限公司的同仁们汇集国内外有关技术标准、研究成果、专业文献和市场发展情况等基础上，结合工作实践，集木为林，编撰成文，以助珠宝首饰事业的发展。由于笔者水平有限，不当之处，望业界予以指正。

文中所述条文，若与国家出台的标准有悖，请以"国标（GB）"为准，再版将修正，以求完臻！

编　者

2011年春·郑州

目 录

第一章 材质鉴定 ·· (1)
第一节 贵金属 ·· (1)
一、金 ·· (2)
二、银 ·· (6)
三、铂族 ··· (8)
四、多元贵金属 ··· (9)
五、贵金属市场 ·· (10)
第二节 贱金属 ·· (11)
一、铜及铜合金 ·· (11)
二、锡及锡合金 ·· (12)
三、锌及锌合金 ·· (13)
四、钛及钛合金 ·· (14)
五、不锈钢 ··· (14)
六、钨钢（钨金） ··· (14)
七、有害元素 ··· (15)
第三节 天然珠宝玉石 ··· (17)
一、天然宝石 ··· (18)
二、天然玉石 ··· (20)
三、天然有机宝石 ··· (22)
四、观赏石 ··· (24)
第四节 人工珠宝玉石 ··· (25)
一、合成宝石 ··· (25)
二、人造宝石 ··· (26)
三、拼合宝石 ··· (27)
四、再造宝石 ··· (28)
五、改善宝石 ··· (28)

第二章 工艺检验 ·· (35)
第一节 造型设计 ··· (35)
一、经典造型 ··· (36)
二、时尚造型 ··· (38)

三、设计质量 ··· (39)
　第二节　铸造工艺 ··· (39)
　　一、传统手工工艺 ·· (39)
　　二、机械加工工艺 ·· (42)
　　三、表面处理工艺 ·· (47)
　第三节　镶嵌工艺 ··· (52)
　　一、琢型镶嵌 ·· (52)
　　二、随型镶嵌 ·· (55)
　第四节　切磨工艺 ··· (55)
　　一、刻面型 ·· (56)
　　二、弧面型 ·· (58)
　　三、珠型 ··· (59)
　　四、异型 ··· (60)
　第五节　雕琢工艺 ··· (61)
　　一、琢磨工艺 ·· (61)
　　二、雕刻工艺 ·· (62)
　　三、玉雕特殊工艺 ·· (63)
　　四、工艺质量 ·· (67)
第三章　质量评价 ··· (69)
　第一节　贵金属饰品 ·· (69)
　　一、贵金属饰品术语 ··· (69)
　　二、贵金属饰品标识 ··· (70)
　　三、贵金属饰品外观质量 ··· (71)
　　四、贵金属饰品品种质量评价 ··· (72)
　第二节　珠宝饰品 ··· (74)
　　一、有色宝石饰品 ·· (74)
　　二、钻石 ··· (79)
　　三、有机宝石——珍珠饰品 ·· (85)
　　四、玉器 ··· (88)
　第三节　镶嵌饰品 ··· (94)
　　一、镶嵌饰品名称 ·· (94)
　　二、镶嵌饰品外观质量评价 ·· (94)
　　三、镶嵌饰品加工单耗标准 ·· (94)
第四章　价值评估 ··· (97)
　第一节　评估方法 ··· (98)
　　一、收益法 ·· (99)

二、成本法 ………………………………………………………… (99)
三、市场比较法 …………………………………………………… (100)
四、评估方法的选择 ……………………………………………… (102)
第二节 评估程序 …………………………………………………… (103)
一、评估认定 ……………………………………………………… (103)
二、制定评估计划 ………………………………………………… (105)
三、评估物的鉴定与评价 ………………………………………… (105)
四、调查研究 ……………………………………………………… (106)
五、估价 …………………………………………………………… (108)
六、评估报告 ……………………………………………………… (109)
第三节 评估案例 …………………………………………………… (111)
一、翡翠 …………………………………………………………… (111)
二、和田玉 ………………………………………………………… (118)
三、独山玉 ………………………………………………………… (121)
四、钻石 …………………………………………………………… (125)
五、红珊瑚 ………………………………………………………… (132)
六、贵金属首饰 …………………………………………………… (133)
七、镶嵌首饰 ……………………………………………………… (134)
八、古董饰品 ……………………………………………………… (134)

第五章 检验方法 …………………………………………………… (150)
第一节 贵金属检验方法 …………………………………………… (150)
第二节 珠宝检验方法 ……………………………………………… (154)
一、光学检验 ……………………………………………………… (155)
二、光谱分析法 …………………………………………………… (157)
第三节 检验结论 …………………………………………………… (161)
一、产品检验 ……………………………………………………… (161)
二、商品检验 ……………………………………………………… (161)
三、检验结果 ……………………………………………………… (162)

参考文献 ……………………………………………………………… (163)

第一章　材质鉴定

人类天性就爱美,或以身献美,或以物饰美。美在自乐,美哉人爱。随着社会文明的进步和人类审美情趣的发展,人们对以物饰美的观念也在不断更新。

纵观古往今来的饰品流行历史,它既是一种不断变化着的生活潮流,亦是其产生、发展、消失和演进的过程。卵石、兽骨、毛皮、木竹、果核等是原始社会人类最好的饰物;到了奴隶社会,人类找到了最好的饰材金、银、铜、铁和玉石、扇贝、龟甲;而金、银、珠宝制作饰品用以展示拥有者的权力、地位和财富,是人类进入封建社会后的时代特征。

随着现代经济技术和物质文化的发展,人们开始追求自己的喜好,更新传统观念,以美为中心追求首饰的个性化、简约化,强调艺术性和自我满足。不论是金、银、铂、钯等贵金属,还是铜、铁、铝、钛等贱金属,也不论是天然珠宝玉石,抑或是人工珠宝玉石,甚至木、竹、泥、瓷,都各有所长、各有所爱,都可成为现代人美化自身的流行首饰和美化生活的时尚摆件。首饰材料的多样性决定了工艺的发展,也为首饰设计提供了更多的可能性和广阔的空间。新型材料的介入在珠宝首饰设计中常带给人很多意想不到的效果,散发着灵动的光辉。对于珠宝首饰设计师来讲,应根据创作的意图恰当地选择材料,要把材料当作一种艺术表现的媒体,当作一种语言、一种符号和艺术整体造型不可或缺的部分。尤其是现代艺术首饰,它的材料和制作手法的多样性,不仅让佩带者或观赏者感受到首饰外表的美丽,更重要的是能够感悟到艺术家创作思想和创作制作给予首饰作品灵性和生命的情感。这种兼有内外美的现代艺术首饰是艺术家传递热爱自然、领悟人生、关注社会等综合思想的表现媒介。材料种类的变换体现着首饰设计的时代特征,使其在不同时期表现风格各异的作品,同时材料也赋予首饰不断变化的含意。可以说,材料是设计艺术的物质基础,是构成设计艺术作品的基本条件,是设计作品艺术审美的表现载体。

因此,现代用来制作饰品的材料,可以是金属,也可以是非金属,可以是天然的,也可以是人造的,林林总总,不可胜数。但长久以来,人们通常所说的饰品材料仍然是贵金属和天然宝石,因为它们具有无与伦比的美观性、耐蚀耐磨的耐久性和举世无双的稀少性与可饰性。

今天,无论是贵金属、贱金属、天然宝石或人工宝石等所制作的各种首饰和摆件,其材质是否符合国家有关标准规定项目的要求,对饰品质量和价值的评价尤为重要。

第一节　贵金属

在金属元素中,金(Au)、银(Ag)、铂(Pt)、钯(Pd)、铑(Rh)、铱(Ir)、锇(Os)和钌(Ru)这八个元素,被称为贵金属元素(表1-1)。

表 1-1 贵金属的物理化学常数

元素	Ru	Rh	Pd	Ag	Os	Ir	Pt	Au
原子数	44	45	46	47	76	77	78	79
原子质量	101.07	102.91	106.40	107.87	190.20	192.22	195.09	196.97
原子结构	$4d^75s^1$	$4d^{18}5s^1$	$4d^{10}5s^0$	$4d^{10}5s^1$	$5d^{16}6s^2$	$5d^76s^2$	$5d^{19}6s^1$	$5d^{10}5s^1$
未成对电子数	4	3	0	1	4	3	2	1
原子半径(nm)	0.125	0.125	0.128	0.134	0.126	0.127	0.130	0.134
离子半径(nm)	0.069 (Ru^{3+}) 0.067 (Ru^{4+})	0.068 (Rh^{4+})	0.080 (Pd^{2+}) 0.065 (Pd^{4+})	0.126 (Ag^+) 0.089 (Ag^{2+})	0.069 (Os^{6+}) 0.083 (Os^{4+})	0.068 (Ir^{4+})	0.080 (Pt^{2+}) 0.065 (Pt^{4+})	0.137 (Au^+) 0.085 (Au^{3+})
第一电离势(ev) 第二电离势(ev) 第三电离势(ev)	7.364 16.76 28.46	7.46 18.07 31.05	8.33 19.42 32.92	7.59	8.7 19.0	9.0 16.0	9.0 18.56	9.22
价态	O,Ⅱ,(Ⅲ),(Ⅳ),V,(Ⅵ),(Ⅶ),(Ⅷ)	O,Ⅰ,Ⅱ,(Ⅲ),Ⅳ,V,Ⅵ	O,Ⅰ,(Ⅱ),Ⅳ	(Ⅰ),Ⅱ	O,(Ⅱ),Ⅲ,(Ⅳ),V,Ⅵ,Ⅶ,(Ⅷ)	O,Ⅱ,(Ⅲ),(Ⅳ),Ⅵ	O,(Ⅱ),Ⅲ,(Ⅳ),V,Ⅵ	O,(Ⅰ),(Ⅲ),V
晶体结构	六方体	面心立方体	面心立方体	面心立方体	六方体	面心立方体	面心立方体	面心立方体
密度(g/cm³)	12.3	12.4	11.4	10.5	22.48	22.42	21.45	19.3
熔点(℃)	2 250	1 966	1 552	960.8	3 000	2 443	1 763	1 063

注:价态一栏中有括号的为特征价态。

贵金属元素在地壳中的含量极为稀少(金的克拉克值为 $5×10^{-8}$,银 $1.6×10^{-6}$,铂 $5×10^{-8}$,钯 $1.6×10^{-7}$),并彼此常常相互共结形成 Au-Ag-Pt 族矿物系列产出。又因其色泽艳丽,性质稳定,常被用来制成首饰和摆件,成为人们永远的最爱。

一、金

黄金是人类最早开采和使用的一种金属,由于其化学性质稳定,质量与外形都不易发生变化,被称作金属之王。金在地壳中的丰度极低($3～4×10^{-9}$),富集成矿的几率相对很小,并常以单质分散在矿石中,故称为贵金属。长期以来,金是国际贸易市场中的硬通货,黄金储备量代表着一个国家的经济实力。同时,黄金在珠宝及其他手工艺品制造、镶牙、陶瓷、金笔制造等方面的应用具有悠久的历史。如在河南省辉县琉璃阁商墓葬中出土了五片商代早期有不规则花纹的金叶;郑州市夯土城墙的东北角的商代狗坑中发现一件已经卷成一团的透雕夔龙纹的金苞,重达三钱七分;郑州市紫荆山商墓中的第 24 号狗坑中,发现用赤金叶子制成的夔凤纹饰。这些饰物出土时结成一团,经伸展后系多数条形金片,每片边缘均向内折叠,大片长 10cm,小片长 7cm。在河南省安阳薛家庄的商代遗址中发现三片金叶,安阳大司空村商代晚期墓葬中的东马坑内发现数片直径 12cm 的圆形金片,殷墟中还出土一块黄金,重一两多,未经制作,而武官大墓中则出土有环形金片;在河南省陕县上岭村西周晚期出土文物中,发现有金泡,并在后川的东周墓中发现了铜戈,其上有"子孔择厥吉金铸其无用"十个错金铭文,剑号已经腐朽,但附有金质腊首。中国发掘出的最早金器物是奴隶社会早期夏代的玉门火烧沟的金鼻饮(金环)和金耳环。时至今日,在金的主要用途方面,还未找到完全合适的代替品,它仍然是人们的最爱。

用金制作的黄金首饰,大致可分为艺用黄金首饰和商用黄金首饰两大类。艺用黄金首饰是完全为艺术服务的首饰,它是一门艺术,属纯艺术设计范畴,其制作动机是单纯的内心情感的满足,创作的产品是不可复制的。商用黄金首饰,是为商品销售目的而服务的首饰,其创作目的和动机在于产品的成功销售,追求最大利润。随着工业化和产品生产的飞速发展,使得艺术的平民化趋势不断地加强,商用黄金首饰设计成为一种专门的职业,设计师将把流行趋势和大众的品味置于首位,以适应新的时代审美特征,达到占有市场的最终目的。首饰市场上出现的品种有如下几种。

1. 纯金

纯金具有良好的导电性、低而稳定的电阻、强的抗腐蚀性能和强的对红外线反射性能等。天然纯金在矿物学上称作自然金。自然金属等轴晶系,晶型呈六方体或八面体,金黄色,金属光泽,摩氏硬度 2.5,密度 19.32g/cm³(20℃),熔点 1 064.43℃。其延展性极强,延展率 40%~50%,横断面收缩率为 90%~94%,可锻压成厚度为 $0.23×10^{-8}$mm 的金箔。1g 金可拉长为 3 420m 的细丝。金还具有良好的导热性[296.01W/(m·K)]和导电系数($41.6×10^4$),20℃以下的电阻率为 2.35$\mu\Omega$·cm。金的化学性质稳定,外观美丽夺目,在空气中加热直到熔化都不会发生氧化,也不溶于三种强酸(硫酸、盐酸、硝酸),但溶于王水和氰化钾(钠)溶液。能熔金的溶剂还有胺盐存在下的混酸、碱金属氯化物或溴化物存在下的铬酸、氰化物溶液、硫氰化物溶液、硫脲溶液、硫代硫酸溶液。硒酸、碲酸和硫酸的混酸对金也有特殊的溶解作用,如在 50℃时与碘发生反应;60℃时与氯、溴反应;100℃时与氟反应。金不与硫及硫化物反应,但易与汞作用,形成汞齐,故可用混汞法提金(表 1-2)。

表 1-2 金的主要物理常数

类别	数值	类别	数值
原子序数	>9	延伸率(%)	40~50
原子量	196.967	横截面收缩率(%)	90~94
原子半径(μm)	0.144	布氏硬度(kg/mm²)	18.50
熔点(℃)	1 064.4	矿物学硬度	3.7
沸点(℃)	2 860	比热(cal/g·℃)	0.316
初始电离电位(V)	9.22	电阻温度系数(25~100℃)	0.003 5
热离子功函数(eV)	4.25	线性膨胀系数(0~100℃)	$14.6×10^{-6}$
热中子俘获截面(靶)	98.8	密度,20℃时,g/cm³	19.32
强度极限(kg/mm²)	12.2	热导率(0~100℃)[W/(m·K)]	315.5
质量磁化率($×10^{-6}$cm·g·s)	-0.15	电阻率(20℃)($\mu\Omega$·cm)	2.20

金和大多数元素比较起来有较大的化学活性,可与 59 个元素各生成 1~8 个简单化合物。据不完全统计,已经研究过的金的简单化合物超过 210 个,有 42 种元素和金各生成 1~4 种共

晶体。在 5 个二元系(金和镍、铜、钯、银、铂)中有连续固溶体形成,其中和银的二元系在任何条件下均为连续固溶体。金与其他元素相互有限固溶的二元系已经明确下来的达 50 个。

在自然界已知的金矿物约 30 种。一般可分三种类型:一是单质状态产出,成分以金为主的自然金,金银构成的银金矿、金银矿和自然银(含金量小于 10%)的金银系列矿物,金与铂族组合的铂金矿、铑金矿、钯金矿、金银铂矿等矿物系列;二是以化合物状态产出,如与碲相结合的碲金矿、针碲金矿、碲金银矿、叶碲金矿等,与硫相结合的硫金银矿等;三是以金属互化物状态产出,如铜金矿、金钯铜矿、等轴金锇铱银矿、锑金铂矿、黑铋金矿、四方铜金矿、方锑金矿、围山矿、锑金铂矿等。

金的化合物非常不稳定,容易分解出金属金,所以金在自然界中多呈游离状态存在。在金的化合物中通常见到的是一价和三价的金,三价金的化合物比一价金的化合物稳定。

金亦可因杂质而改变其物理性质。金的颜色随着杂质的含量而改变,如银与铂能使金的颜色变浅,铜能使金的颜色变深,胶体状的金以其分散程度及微黏结物不同而显现出不同的颜色。金中若含极小量杂质(如铅、铋等),其机械性能也会明显降低,如当含 0.01% 铅时,就变脆;含银或铜时,金的硬度就会增高。

2. 饰品金

市场上金饰品中的金,多为金合金,金合金可以改善和使其获得新的有益的性能。改善的性能如机械强度和电性能等,获得的新性能如超导性、铁磁性、悦目的色彩等。这些性能由金合金的配料种类、含量,以及所采用适宜的熔炼、浇铸、加工条件和方法来实现。

金合金以其含量(即纯度)计,有以下几种:

(1)千足金。含金量千分数不小于 999 的金。在首饰中的印记为"千足金","金 999","G999","Au999"。

(2)足金。含金量千分数不小于 990 的金。在首饰中的印记为"足金","金 990","G990","Au990"。

(3)K 金。K 是国际单位,以含金量的千分数为 1 000 时规定为 24K。1K 金的含量为 1 000/24×‰(约为 41.66‰)。我国常用的有 9K(375‰)、14K(585‰)、18K(750‰)、22K(916‰)等。在首饰中的印记为"G××K","金×××"或"Au×××"。

(4)金饰品配件材料的纯度应与主体一致。因强度和弹性的需要,配件材料应符合以下规定:金含量不低于 916‰(22K)的金首饰,其配件的金含量不得低于 900‰。

(5)金及其金合金首饰的最低纯度为 375,金含量低于 375‰ 的首饰,不能称为金首饰;金及其金合金首饰的最高纯度为 999,含金量高于 999‰ 的首饰也只能称为千足金首饰。

3. 彩金

彩金是在金的基质中熔入其他金属元素后形成的彩色 K 金,常为不同民族或国家所喜爱,如中国人喜欢黄色,欧洲人喜欢偏红色,而美国人喜欢偏淡的黄色。目前已能配制成各种颜色的金合金(表 1-3)。现今最流行的彩金是玫瑰金,其色比 K 黄金少了许多黄色,因而略带粉红色,这种特有的色彩可以使女性的肌肤显得白皙,更具风采、活力。

尚需指出指出,对彩色 K 金的正确叫法是黄色 K 金(黄 K 金)、白色 K 金(白 K 金)、红色 K 金(红 K 金)等。市场上习惯称白色 18K 金为"18K 白金",常易与铂金(白金)相混淆而引起误解和纠纷。

还应注意,有些彩色 K 金是用表面镀色法,不是冶炼制成的,其色易磨损。市场上的白色

18K金有些是在18K金表面镀镍或铑、钯制成,磨损后饰品泛黄,显现出18K金的原本色泽。

表1-3 国际上流行的彩色K金配方(%)

彩金颜色		成色	Au	Ag	Cu	Cd	Al	Fe	Pd
红色	红色	18K	75	0	25	0	0	0	0
		14K	58.5	7	34.5	0	0	0	0
		9K	37.5	5	57.5	0	0	0	0
	浅红	18K	75	8	17	0	0	0	0
		9K	37.5	7.5	55	0	0	0	0
	亮红	18K	75	0	0	0	25	0	0
	棕色	18K	75	6.25	0	0	0	0	18.75
	棕红色	11K	50	25	25	0	0	0	0
橙色	红黄	22K	91.7	0	8.3	0	0	0	0
		14K	58.5	0	41.5	0	0	0	0
		18K	75	12.5	12.5	0	0	0	0
	深黄	14K	58.5	15	26.5	0	0	0	0
		9K	37.5	11	51.5	0	0	0	0
黄色	金黄	22K	91.7	4.2	4.1	0	0	0	0
	淡黄	22K	91.7	8.3	0	0	0	0	0
		14K	58.5	20.5	21	0	0	0	0
		9K	37.5	31	31.5	0	0	0	0
绿色	淡绿	14K	58.5	35.5	6	0	0	0	0
	绿色	18K	75	15	6	4	0	0	0
蓝色	蓝色	18K	75	0	0	0	0	25	0
青色	青色	18K	75	22	3	0	0	0	0
紫色	紫色	19K	79	0	0	0	21	0	0
白色	白色	9K	37.5	58	4.5	0	0	0	0
灰色	灰色	18K	75	0	8	0	0	17	0
黑色	黑色	14K	58.5	0	0	0	0	41.5	0

4. 镀(包)金

镀金覆盖层的金含量千分数不小于585,覆盖层(镀层)厚度不小于0.5μm。薄层镀金覆盖层厚度应等于或大于0.05μm,但小于0.5μm。镀金印记为"P-Au",薄层镀金制品不允许打印记。

包金覆盖层的金含量不低于375‰,覆盖层厚度不小于0.5μm。包金覆盖层标记为"L-Au"。

在任何制品上都不必打上镀层的含金千分值的标记。

二、银

银是一种应用最广泛的贵金属,当代主要用于电子电器(占35%)、照相感光材料(20%)、化学试剂和化工材料(20%)、工艺制品及首饰(10%)、镀银行业(15%)等。白银早在4 000年前就被中国发现和使用,春秋战国时期就有银饰品和银制器出现。以银为原料,经过各种加工工艺制作而成的器皿、饰件称为银器。银器自古就是为皇亲贵戚、王公大臣、富商巨贾等少数人服务,被少数人拥有。我国银器经过绵延不绝的数千年发展,到了清代已得到全面发展。

在历史上,白银一度比黄金贵两倍。白银以其独有的光亮洁白的色泽和象征纯洁无瑕的高尚情操,自古就受到人们的喜爱并被人们广泛应用。有史以来,人们就将白银首饰视为吉祥物。如内蒙古鄂尔多斯阿鲁柴登战国时期的匈奴墓中出土的三件银饰牌,两件银虎头,其制作工艺也已初见成熟。两汉金银器制作已脱离了青铜工艺的传统技术,走上了独立发展的道路并达到了成熟阶段;三国、两晋、南北朝时期,器形、图案纹饰不断创新,技术更加娴熟;唐代是我国金银器发展的黄金时代,如陕西、江苏两省出土的银鎏金歌舞狩猎纹八瓣杯、银鹦鹉纹提梁罐、银狩猎纹高足杯等;宋代银器出现了与佛教密切相关的佛塔等器形,并出现与同期瓷器、漆器相同造型的银器(银如意纹梅瓶等);辽代银器独具风格,融合了汉文化与契丹文化的精神(银鸡冠壶、银人首执壶等);元代银器种类多,用途广,制作精美;明代银器则大多与宝玉石镶嵌工艺结合在一起,愈显尊贵与华丽;清朝银器采用的制作工艺与历代的方法基本相同,有熔炼、范铸、砸碟、焊接、镌镂、累丝、掐丝和镶嵌等技法,并在此基础上发明了银烧蓝技法,即在铜胎画珐琅的基础上演变而成。清代最擅长制作的最精美的银器的制作方法是银累丝工艺,累丝是利用金、银等金属的良好延展性,抽成细丝,通过盘曲、焊接等工序组成各种纹饰或造型,制作繁难,玲珑剔透。清代银器的种类涉及宫廷生活的许多方面,如祭祀、餐饮具、日常用品、陈设品、文房用具、后妃首饰等。银器中大部分为实用品,而且光素无纹者居多;有装饰图案的大部分是陈设品,主要为吉祥图案和花卉图案两种。银器在清朝得到了全面发展与提高,每件银器都是最高制作工艺水平的体现,凝聚了工匠们的才华和智慧。中国少数民族地区是"见银在先,见金在后",对白银首饰尤为偏爱。每逢民族佳节或婚嫁访亲,姑娘们就倾尽所有、全身披挂,打扮得光彩夺目,银饰质量可达十来斤,以充分显示自己的风姿、美丽和富有。当今,赤、橙、黄、绿、青、蓝、紫七色无所顾忌地与白银相配组成新活银饰,与冷酷纯白银色相纳相容、相得益彰,居然可在一片静默中跳起阳光劲舞,让越来越多的时髦女孩酷爱,搭配简洁、轻柔、飘逸的时装,真是水漾俏娇颜,花舞美人装,更显高贵典雅。在高新技术飞速发展的今天,银器发展尤速,特别是纳米防暗化技术在银器(银币、银饰)领域的应用,有着良好的远景。

中国是世界上使用白银最早的国家之一,是一个白银生产大国、消费大国和出口大国。目前,我国的白银生产有两大特点:一是白银生产区域日益集中化,现在的湖南、河南、云南、浙江、广东已成为我国最主要的白银生产省份;二是矿产银企业产量保持稳定,再生回收银企业产量递增幅度整体比矿产银企业产量快。白银首饰已经成为我国珠宝首饰行业的快速增长点,广东、福建、浙江、上海等省市已是国内白银饰品、制品加工的集中地域,消费白银已达三百多吨,制品千万余种。追求时尚的青少年,是今后白银消费的主力军。

银在自然界中有呈单质自然银存在的,但主要的是以化合物状态产出。银的主要矿物为辉银矿(Ag_2S)、硫铜银矿($AgCuS$)、硫锑银矿($3Ag_2S \cdot Sb_2S_3$)、硫砷银矿($3Ag_2S \cdot As_2S_3$)、角银矿($AgCl$)、氯溴银矿($AgCl \cdot AgBr$)及碲金银矿等。自然银多呈细粒状、发丝状,大块者罕见,但据报道,1875年曾在德国弗莱堡地下300m深处的矿井中发现重达5 000kg的自然银块,智利也曾发现重达1 420kg的片状自然银块。

1. 纯银

纯银(自然银)为极亮的银白色,洁白悦目的金属光泽,原子量107.9,熔点960.8℃,沸点2 212℃,密度10.5g/cm³,摩氏硬度2.7。导电系数高于其他金属,导热率418.68W/(m·K),电阻率在20℃以下为1.59μΩ·cm。银具有良好的延展性,1g银可拉成长为1 800～2 000m的细丝,可轧成10^{-4}cm厚的银箔。

银对可见光的反射率很高,达93%,因而接近纯白色。

银是贵金属中耐蚀性较差的金属。银的化学性质比较稳定,在常温下不被氧化,但在潮湿空气中,与含硫物质接触或暴露在含有二氧化硫、硫化氢的气体中会与硫发生反应,生成黑色硫化银(Ag_2S)。银的化合物对光具有极强的敏感性,银可与砷化物(砒霜)、卤素元素发生反应,生成黑色的砷化银和卤化物,但银不与有机物气体发生化学反应。银不与稀盐酸、稀硫酸反应,却能与硝酸快速反应生成硝酸银($AgNO_3$)。银与汞发生反应,生成汞齐合金,可用于补牙。

2. 饰品银

白银种类比较复杂,过去称成色在98%以上的白银为银、纹银或白锭;成色在98%以下的称为色银、次银和潮银。1995年中国人民银行总行规定:"凡经中国人民银行指定熔炼厂提炼的白银为'成品银',其余无论成色高低均为'杂色银'。""成品银"的成色不尽相同,依其成色高低分为"高成色首饰银"和"普通首饰银"。

按GB11887—2008规定,银及其合金有4个纯度,引述如下:

(1)千足银。首饰中银含量千分数不小于999的银,印记为"千足银"。

(2)足银。银含量千分数不小于990的银,印记为"足银"。

(3)925银。银含量千分数不小于925的银,印记为"925银","S925","Ag925"。

(4)800银。银含量千分数不小于800的银,印记为"银800","S800","Ag800"。

国标规定:"银及其银合金首饰的最低纯度为800,银含量低于800‰的首饰,不能称为银首饰;银及其银合金首饰的最高纯度为999,银含量高于999‰的首饰也只能称为千足银首饰。"

对于足银、千足银首饰,其配件的银含量不得低于925‰。

3. 镀(包)银

镀银首饰覆盖层厚度不小于2μm,含银量千分数不小于925,印记为"PnAg";包银首饰覆盖层厚度不小于2μm,含银量千分数不小于925,印记为"LnAg"(n为厚度)。

4. 低铂银

低铂银是指银与少量的铂(铑,铱)合金。

5. 无氧化银合金/无硅银合金

银合金内含脱氧剂,具较少微孔结构,具有良好的抗氧化性。加入五成混合物,银合金可不断重新使用。

6. 苗银

这是苗族特有的银金属,为银、白铜、镍等的合金,银含量一般为20%～60%。苗银饰品的成分以铜为主,通过电镀、加蜡、上色的工艺处理,形成颇具特色的苗银首饰。

7. 藏银

传统上的藏银为30％银加上70％铜的合金,经常采用在白铜中掺入少量的银制成。目前市场出现的藏银一般不含银的成分,是白铜(铜镍合金)的雅称,并常与绿松石、珊瑚等相配做成首饰,红红绿绿煞是好看。

8. 拉丝银制品

拉丝银制品用与银密度接近的合金作为一层,银为一层,两层通过拉丝技术吻合在一起,加工成银饰品后,控制银层在一面(表面),合金层在另一面(内侧)。

9. 泰银

泰银,又称"乌银",是利用千足银遇硫发黑的特性,再经过特殊的做旧处理,不仅长期不变色,而且表面硬度也比普通银大很多。泰银饰品精美绝伦,别具一格,粗犷古朴,美观大方,深受时尚一族喜爱。

三、铂族

铂族包括铂,钯,铑,铱,锇,钌6个元素。铂及铂族金属在地壳中含量极少,而且分散,通常以微量组分存在于基性及超基性岩中,多数以锑、碲、铅、硒、硫、砷等化合物形式存在,如铜镍硫化矿床中产出的锑铂矿、硫砷铂矿、砷铂矿、硫镍铂钯矿。其中这6种铂族元素共生在一起,以铂、钯为主,钌、铑次之,铱、锇较少。在铬铁矿型铂矿物中,多以自然元素、硫化物、砷化物及金属互化物形式出现,如粗铂矿、铱铂矿、锇铱矿等。在砂矿中的矿物种类、成分及产状与原生矿相比则有些变化,如含锇高的叫铱锇矿,含铱高的叫锇铱矿,是锇与铱的天然合金。铂族六元素的性质相似,对可见光的反射率都很高,所以均呈白色:铂呈锡白色,钯呈钢白色,铑呈银白色,铱呈白色,锇呈蓝白色,钌亦呈蓝白色。

铂族元素的熔点较高(表1-1),成为难熔金属。

铂族元素对酸的化学稳定性较高,特别是钌、铑、锇和铱,他们不仅不溶于普通强酸,甚至不溶于王水,只有铂和钯能溶于王水。

钯是铂族中较活泼的成员,它不仅溶于王水,甚至还可溶于浓硝酸和热硫酸。有人发现,所有铂族金属,都能熔于铅、锌、锡中。

当前市场上,铂族中只有铂和钯可单独用来制作首饰。

1. 铂(Platinum)

铂给人的感觉是水样的纯净和清新。铂金首饰优雅纯净的动人魅力,是被其纯净、稀有、永恒的物理特性所赋予,怡情清凉的气质是铂金的灵魂所在。铂金配以钻石,突显高贵典雅,更博得无数情人的钟爱。

铂属重金属,虽密度高,但硬度低(4.3),色鲜亮,金属光泽,具良好的导电性(导电系数9.83×10)和导热率[69.5μW/(m·K)]。铂有很好的延展性和可锻性(可轧成0.0025mm厚的铂箔),但随杂质增加而降低。铂有很好的化学稳定性。首饰铂有:

(1)千足铂。含铂量千分数不低于999的铂,印记为"千足铂"(千足白金、千足铂金)、"Pt999"。

(2)足铂。含铂量千分数不小于990的铂,印记为"足铂"(足白金、足铂金)、"Pt990"、"铂990"。

(3)950铂。含铂千分数不小于950的铂,印记为"Pt950"、"铂950"。

(4)900 铂。含铂千分数不小于 900 的铂,印记为"Pt900"、"铂 900"。

(5)850 铂。含铂千分数不小于 850 的铂,印记为"Pt850"、"铂 850"。

2. 钯(Palladium)

钯是近期开发的饰品用贵金属元素,以其特有的钢白色和稳定的性质博得人们的喜爱,因物相似铂而价格比铂便宜,适于大众消费,市场广阔。

钯耐硫化氢腐蚀,常温下不晦暗,在氢氟酸、高氯酸、磷酸、醋酸等常温下不受腐蚀,但盐酸、硫酸、氢溴酸可轻微腐蚀。硝酸、氯化铁、次氯酸盐和湿的卤素会快速腐蚀钯。用于首饰的钯有:

(1)千足钯。含钯千分数不小于 999 的钯,印记为"千足钯"(千足钯金)、"Pd999"。

(2)足钯。含钯千分数不小于 990 的钯,印记为"足钯"(足钯金)、"Pd990"。

(3)950 钯。含钯千分数不小于 950 的钯,印记为"Pd950"、"钯 950"。

(4)500 钯。含钯千分数不小于 500 的钯,印记为"Pd500"、"钯 500"。

(5)钯及其钯合金首饰的最低纯度为 500,钯含量低于 500‰的首饰,不能称为钯(钯金)首饰;钯及其钯合金首饰的最高纯度为 999,钯含量高于 999‰的首饰,也只能称千足钯、千足钯金。

(6)彩钯。彩色钯金首饰是由钯和珐琅(Enamel)材料经特殊工艺技术制作而成,其优点在于色彩非常绚丽。彩钯首饰融合了先进的 Enamel 彩绘技术,有蓝色、绿色、黑色等多种颜色,并且光泽和质感就像宝石一样,具有强烈的视觉冲击力和艺术美感。彩钯因其性质稳定,光彩和色泽不会随着时间的流逝而变化,具较高的性价比。不同于电镀或 Enamel 工艺技术,深圳金吉盟首饰有限公司采用独特专利配方研制并通过特殊工艺制作而成的彩色钯金合金首饰,是真正意义上的彩色铂族贵金属合金材料。目前已研制出近千个款式,产品包括戒指、吊坠、项链、手链、耳坠等多个品种,深受消费者的喜爱。在国际色彩潮流带动下,越来越多的时尚人士成为现代彩色时尚的追随者,许多都市女性越发注重珠宝配饰的色彩和谐,而色彩绚丽的彩钯无疑满足了她们对珠宝色彩多样化的需求。

3. 配件

铂、钯首饰的配件材料的纯度应与主体一致。因强度和弹性的需要,配件材料应符合以下规定:

(1)铂含量不低于 950‰的铂首饰,其配件的铂含量不得低于 900‰。

(2)钯含量不低于 950‰的钯首饰,其配件的钯含量不得低于 900‰。

四、多元贵金属

目前,市场上可以见到一件首饰是由金、铂、钯和银四种贵金属中的两种或两种以上材料制作的。这类饰品俗称为"双色"或"三色"饰品,比如 18K 金镶 Pt900 戒指、足金与 Pt900 缠绕攒叠组合而成的黄铂金项链等。对这类饰品,GB11887—2008 规定:当采用不同材质或不同纯度的贵金属制作首饰时,材料和纯度应分别表示。即在金质部分标注"18K(或足金)",在铂质部分上标注"Pt900"。如果无法分别在各自材料上打印材料和纯度印记,可将不同材料的名称和纯度打印在一种材质上,如 18K 金镶 Pt900 戒指,Pt900 是戒面,在戒面上打印记会破坏饰品的整个形象,则可以在作为戒托的 18K 金材料上打印"G18KPt900"印记。但对于那些用一种贵金属作为补口加入到另一种贵金属中制作成的首饰,比如金首饰中加入银,则不能按此打印记,而应按贵金属合金的纯度范围打印主要材料的纯度印记。

五、贵金属市场

近年来,金、银、铂、钯等贵金属市场跌宕起伏,喜忧参半。贵金属市场发展趋势见表1-4,贵金属出借利率见表1-5。

表1-4 贵金属市场发展趋势(美元/盎司)

金属	2008年均价	2009年均价	2010年均价
金	872	972	1 199
银	14.99	14.67	19.02
铂	1 576	1 204	1 558
钯	352.2	264.6	446.5

表1-5 贵金属出借利率(2010年1月29日)

周期	金(%)	涨跌	银(%)	涨跌	铂(%)	涨跌	钯(%)	涨跌
一个月	0.099 1	0.035 3	−0.342 9	−0.003 4	0.430 6	0	0.371 9	−0.049 7
三个月	0.091 1	0.039	−0.332 9	−0.005	1.041 9	0.000 2	0.899 1	0.003
六个月	0.186 4	0.034 1	−0.209 6	−0.006 9	1.584 7	−0.005 6	1.284 4	−0.051 2
一年	0.521 3	0.035 5	0.246 3	−0.014 2	2.257 5	−0.02	1.996 3	−0.107 5

我国2010年黄金产量达到340多吨,连续四年保持全球第一产金大国的地位。目前我国黄金生产的县市一级区域达到500多个,成为重要的财政来源,对安排就业和社会安定发挥重要作用。在黄金加工的需求方面,目前我国的黄金制品年加工能力已经达到600t,占全球黄金加工能力的25%。2009年我国黄金消费投资总需求达到430t,特别是黄金需求达到100t。上海黄金交易所各类黄金产品共成交量4 705.90t,成交额10 277.97亿元,成交黄金期货合约681.25万手,成交额15 272.82亿元。2009年我国又探明金资源量255t。据官方统计,中国内地持金量1 054.0t(居世界第6位),中国台湾持金量为423.6t(居世界第13位),香港地区持金量2.1t(居世界第86位),全球合计30 116.9t。但就黄金储备和交易而言,中国依然是一个黄金小国。2007年黄金交易量占GDP的比重不到1%,远不及英国的38%,美国的25%和日本的12%;就人均黄金拥有量来说,世界平均水平为人均25g,而中国人均仅为3g,人均年度黄金消费量仅为0.2g,只有世界平均水平的1/6左右。因此,专家建议国家黄金储备力争达到5 000t规模目标,应占外汇储备的10%;力争10~15年时间成为世界第二大黄金储备国,与"零售投资第五大国"称号相称。2010年我国已成为黄金消费第二大国,消费铂、钯占全球2/3。

黄金是没有信用风险的资产,无论市场涨跌,黄金都是资产配置的必需品。黄金作为价值较为稳定的金融投资产品,充分担当着投资保险绳的作用。

第二节 贱金属

以人为本、标新立异,是观念更新和社会进步的标识。

传统饰品材料是贵金属和珍贵宝石,以展示拥有者的权利、地位与财富。随着科技发展、社会进步,人们对饰品的概念已逐渐由标榜富贵和收藏保值观念向个性化、艺术化、自由化形式转变,材料是否贵重已不再是最重要的自我需求。因为,珠宝首饰历来就代表着一个时代的生活潮流,具有明显的时尚性和流行性。特别是当人类社会发展到20世纪后期,以贱金属材料为代表的多种造型各异的新材料,广泛出现在与时装相搭配的新潮饰品中。

人们把金、银、铂、钯、锇、钌、铑、铱8种元素称为"贵金属",而其他金属元素则称为"贱金属"。用于饰品材料的贱金属主要有铜、锌、铝、钛、稀土、铁(不锈钢)、钨(钨钢)等。经常混杂在这些贱金属合金与某些贵金属合金中的镍、铅、汞、镉、六价铬、砷等是对人体有害的元素。

一、铜及铜合金

克拉克值为万分之一的铜,以硫化物、硫盐、氧化物、碳酸盐和单质等形式赋存于224种矿物中。铜及其合金是饰品中的重要仿真材料。

(一)纯铜

纯铜有两种,一种是天然单质自然铜,一种是从含铜矿物中提炼出来的金属铜。

纯铜为铜红色,表面氧化后呈现棕黑色锈色,称红铜(紫铜),密度$8.95g/cm^3$,硬度$2.5\sim3$,熔点1 083℃,无磁性,延展性好。但其抗拉强度较低,铸造性能差。

纯铜常被用作铜公和仿真项链。

(二)铜合金

铜合金是以铜为基体,从中加入其他元素而构成的金属复合体。用于饰品的铜合金,一般要求是颜色美观、机械性能好、耐腐蚀,并具有较好的铸造成型性能、焊接性能、切削加工性能和表面处理性能,如黄铜、白铜、青铜等。

1. 黄铜

黄铜是铜锌构成的二元合金,色铜黄,故称黄铜。

若在黄铜中再加入1%~5%的Sn、Pb、Al、Si、Fe、Mn、Ni等元素,则可构成多元的特殊黄铜或复杂黄铜。加入的这些元素往往可以改变黄铜的某些性能。如广泛用于饰品的有:

(1)稀金。是将稀土元素掺入黄铜冶炼而成,色泽接近18K~22K黄金,用来做仿金材料。稀金首饰主要有仿纯金戒指,仿金镶宝石戒指等。

(2)亚金。是以铜为基体的仿金材料,外观色泽与18K金相似,质地亦接近于K金,抗腐蚀性能略低于黄金。

2. 白铜

白铜是一种很好的仿银、仿白金的饰品材料,其硬度和光泽极似银饰,很受欧美人士喜爱。白铜是中国古人首创,名"鋈",又称"云白铜"。波斯人称为"中国石",到18世纪欧洲人称之为"中国银",随着德国人仿制成功,改称"德国银"或"镍银"。

白铜品种有简单白铜、复杂白铜和工业白铜三类。

(1)普通白铜。是由30%的镍和70%的铜构成。

(2)复杂白铜。是指加有 Mn、Fe、Zn、Al 等元素的白铜合金。

1) 亚银。它是由 60% Cu、20% Ni 和 20% Zn 组成的三元白铜合金,若镀上白银或铑,外观色泽近似白银。

2) 铁白铜。白铜中加入铁的量不超过 2%,以增加白铜的防蚀开裂能力和提高合金强度。

3) 锰白铜。为低电阻温度系数,适用温度范围大,耐腐蚀性好,具有良好的加工性。

4) 铝白铜。是以铜镍合金为基体,加入 Al 元素所形成的合金,易作高强耐蚀工件。

5) 锌白铜。具优良的综合机械性能,耐腐蚀性优异,冷热加工成型性能好,易切削。其耐蚀性是白铜中最强的。15 世纪时称"中国银"。在锌白铜中加入铝后,广泛用于仪器仪表及医疗器械中。

(3)工业白铜。分为结构白铜和精密电阻用合金白铜(电工白铜)两大类。

1) 结构白铜。机械性能好,耐蚀性好,色泽美观。

2) 电工白铜。具高的电阻率和低的电阻温度系数。

白铜中用作饰品材料最多的是锌白铜。由于镍对人体健康有害,因此,国内外研究人员都在研制无镍白铜材料,如多元无镍白色 Cu-Mn-Zn 合金系列,确保合金具银的银白色,并具良好的加工性能。

3. 青铜

青铜是红铜与锡、铅等元素的合金,色灰青,故名"青铜"。青铜的发明,使人类历史进入一个新阶段——青铜时代。以青铜铸造的器物称青铜器。青铜可分为普通青铜与特殊青铜两类。

(1)普通青铜。这是一种铜锡二元合金,具有良好的耐磨性,很高的耐蚀性,还有足够的抗拉强度和一定的可塑性。

(2)特殊青铜。用其他价格低廉的元素(Al、Pb、Mn 等)代替价格昂贵的锡的合金,亦称无锡青铜。其品种有铝青铜、铅青铜、锰青铜、铍青铜、钛青铜等。用量最大的是锡青铜和铝青铜,强度最高的是铍青铜。

1) 锡青铜。含锡一般为 3%～14%,主要用于制作弹性元件和耐磨零件。变形锡青铜的锡含量不超过 8%,有时还添加 P、Pb、Zn 等元素。

2) 铝青铜。含铝量一般不超过 11.5%,有时还加入适量的 Fe、Ni、Mn 等元素,进一步改善其性能。

3) 铍青铜。含铍量小于 2.5%,其特点是强度和硬度高,弹性好,耐疲劳,导电、导热性好,无铁磁性,冲击时不产生火花。但铍有毒,价高。

4) 钛青铜。性能接近于铍青铜,价格便宜,无毒。

5) 其他青铜。其他青铜有耐酸蚀性好的硅青铜,适宜制作高温导电零件的锆青铜、铬青铜和镉青铜等。

4. 三色铜

所谓三色铜,是指由红铜(紫铜)、白铜和黄铜 3 种不同颜色的铜合金材料精心打制而成。如三色铜手镯、三色铜戒指等,是藏族特别喜爱的藏饰。

二、锡及锡合金

锡的克拉克值为 4×10^{-3},是仅次于铂、金、银之后的第 4 种稀有金属,色银白,熔点低

(232℃),延展性好,硬度低,塑性好,抗拉强度25～40MPa,屈服强度12～25MPa。

锡有白锡、灰锡及脆锡3种同质异构体。用于工艺品的锡合金主要有以下几类。

(一)白蜡

白蜡又称白镏,是铝和锡的合金。其中约含6%的Sb和1%～2%的Cu。用于拉丝的白蜡含Sb量在4%以下,对于铸造的白蜡可采用8%的Sb和2%的Cu。

(二)锡基压铸合金

该合金熔点低且具独特的流动性,可用于复杂坚固铸造生产。此外,该合金具有良好的耐腐蚀性,其表面还可进行电镀。

(三)锡基易熔合金

锡基中加入铋、铅、镉、铟等低熔点金属后,具有低蒸气压、良好的导热性、易加工、适合铸模的高流动性、固化时尺寸可控性、铸造中细部再现性和可重复使用性。

三、锌及锌合金

锌在地壳中的分布量约0.005%,熔点为419.5℃,密度为7.14g/cm³,室温下性能较脆,100～150℃时变软,超过200℃后又变脆。锌是一种蓝白色金属,化学性质活泼,易溶于酸,还原性强,常温下表面容易形成一层碳酸锌保护膜。

锌合金是一种重要的流行饰品材料,其品种主要有锌铝合金、锌铝镁合金、锌铝铜合金等。可见,锌合金中铝、镁、铜是有效合金元素。而锆、镉等元素会使锌合金的晶间腐蚀变得十分敏感,在温、湿环境中加快了本身的晶间腐蚀,降低合金抵抗冲击的性能,降低合金的抗拉伸强度,从而降低机械性能并引起铸件尺寸的变化。所以镉、锆含量绝对不能大于0.003%,如果含量过高,压铸成型工件在高温下存在一段时间表面会出现鼓泡。它们也是对人体健康有害的元素。

锌合金可分为形变锌合金和铸造锌合金两类。后者流动性和耐腐蚀性较好,适合铸造工艺饰品。根据采用的铸造工艺方法,主要有硅橡胶离心铸造用锌合金和压铸用锌合金。

(一)硅橡胶离心铸造用锌合金

这是一种不含铅、不含镉、不含镍的环保型锌镁合金(Mg 12.4%,Al 3.5%,Cu 0.06%,Be 0.06%,Ag 0.05%,余量为Zn),密度小,光面好,成型快,能有效地抑制晶间腐蚀,防止表面粗糙及沙孔的形成。产品表面光滑亮丽,亮泽而有油感。该合金广泛用于高硬度、大光面的饰品(吊坠、耳环、发卡、扣子等)。

常用的饰品用镁锌合金主要有A、B、C三类。A类适用于大光面的饰品、工艺品制作;B类适用于有难度的中等光面的各种饰品及工艺品;C类适用于强度、硬度大的小光面产品的制作。

(二)压铸用锌合金

其特点是熔点低,熔体流动性好,铸造速度快,温度低,能耗小,铸模寿命长。其铸件表面易加工、喷漆和电镀,成本低,机械性能好。常见的品种有Zamak3、Zamak5、Zamak2、ZA8、Swperloy等。

压铸锌合金中,有效合金元素有铝、铜、镁等。铝可提高合金机械性能;铜可增加合金硬度和强度,改善合金的抗磨损性能,减少晶间腐蚀;镁可减少晶间腐蚀,细化合金组织,从而增加合金的强度,改善合金的抗磨损性能。该合金工艺性能好,经济性好,生产成本低。

四、钛及钛合金

钛在1791年发现于钛铁矿和金红石中。纯净的钛,银白色,金属光泽,密度4.51g/cm³,熔点1 668℃,沸点3 287℃,有延展性,塑性与其纯度有关,具有良好的耐腐蚀性,机械强度大。钛又是唯一对人类植物神经和味觉没有任何影响的金属,医学上称为"亲生物金属",最适于制作饰品。

饰用钛合金一般为工业纯钛,是一种低合金含量的钛合金,其中含有较多的氧、氮、碳及其他杂质元素铁、硅等,因此,工业纯钛强度大、力学性能好、化学性质稳定。

工业纯钛按其杂质含量由少到多分为TA1、TA2和TA3三个牌号。饰品行业常用的是TA2。TA2号耐腐蚀性能和综合力学性质适中。这种钛合金的最大优点是轻、耐腐蚀、能着色、不易变形和特有的银灰色调,是国际上流行的饰品用材,备受年轻白领推崇,特别适宜做各种款式的戒指、吊坠、项链、耳环等与人体穿刺接触的首饰。

对于金属首饰色泽来说,可分为黄色(金)、白色(银、铂族)和银灰色(钛)。因此,钛将作为第3种金属跻身饰材,打破贵金属黄白两色一统天下的格局。

五、不锈钢

不锈钢引入饰品材料后,使饰品突显粗犷、简约、沉稳、含蓄、热烈、奔放的风格和冷冽金属表现,引起年轻人士的钟爱,成为时尚饰品的焦点。

所谓不锈钢,是指在大气、水、酸、碱和盐等溶剂或其他腐蚀性介质中,具有一定的化学稳定性的钢的总称。

不锈钢之所以有良好的耐腐蚀性能,是由于在铁碳合金中加入了Cr,此外还有Ni、Mn、V、W、B等,因Ni是有害元素,可用Mn和N来代替。

饰品用的不锈钢有304、304L和316、316L等几种典型的钢种(表1-6)。不锈钢的优点是:具有与铂金相似的光泽,不易变形,耐磨蚀,美观,新潮,价格便宜。因此,该材质可以制作出高贵典雅而又时尚的戒指类、链类、耳环类、吊坠类和各种袖扣。

表1-6 饰用不锈钢化学成分范围

钢种	C	Si	Mn	P	S	Ni	Cr	Mo
304	≤0.08	≤1.00	≤2.00	≤0.045	≤0.03	8~10.5	18~20	—
304L	≤0.03	≤1.00	≤2.00	≤0.045	≤0.03	9~13.5	18~20	—
316	≤0.08	≤1.00	≤2.00	≤0.045	≤0.03	10~14.5	10~18	2~3
316L	≤0.03	≤1.00	≤2.00	≤0.045	≤0.03	12~15	16~18	2~3

目前国内有许多所谓的钛钢饰品或钛合金饰品,实际上是含钛的不锈钢。

六、钨钢(钨金)

用钨钢做的饰品,有其独特的金属光泽,高的硬度,永不磨损,永不褪色,永不变形的特性,成为时尚饰品的新秀,甚受现代人酷爱。

"狼嘴里的白沫"(拉丁语)——钨,是一种具有重要战略性的稀有金属,银白色,金属光泽,外形似钢,熔点高达 3 410℃,沸点 5 927℃,密度大(19.35g/cm³),异常坚硬,化学性质非常稳定。

饰品用的钨钢,是以碳化钨为主要原料,用粉末冶金方法生产的硬质合金,又称钨金。当钨钢中钨含量达到 87.5% 时,饰品的抛光亮度最高,效果最佳。

钨钢饰品类别很多,常见的有戒指、手链、吊坠、手牌等系列和多种镶嵌饰品。

七、有害元素

随着人们对消费品质量的日益关注,对人体健康和环境保护影响较大的有害元素被逐渐重视。根据国家标准要求,贵金属(包括贱金属)饰品中不能含有对人体健康有害的元素。首饰中的有害元素是根据是否对生产者、佩带者的健康以及环境产生不良影响来界定。属有害的元素是首饰中的镍、铅、汞、镉、六价铬和砷 6 种(表 1-7)。除镍外,其含量都必须小于 1‰。因为,这些金属元素对人体健康具有极其重要的作用,不足或过量都会引起疾病甚至引起死亡。这些有害元素,主要存在于贱金属首饰和仿真首饰中。若非蓄意掺入,一般在贵金属首饰中不存在或含量非常之低。

表 1-7 金属元素对身体器官的危害

受影响器官	Ni	Cd	Hg	Pb	Cr^{6+}	As
肾脏		√	√	√		
神经		√		√		
肝肺					√	
肠胃		√		√	√	√
呼吸器官		√			√	
造血组织			√	√	√	√
骨骼		√				
皮肤	√			√	√	√
心血管		√	√			

1. 镍(Ni)

镍是一种既便宜又能增加首饰亮度和硬度的金属,常用于白色 K 金首饰、银首饰及钢合金表带等。部分人士长期直接接触含镍饰品,可能导致过敏性皮炎。在某些与人体长时间直接接触的物品中,镍的存在可能引起人的皮肤过敏,产生过敏反应。资料显示,在欧洲有5%~15%女性和约2%的男性对镍过敏。鉴于上述原因,1994 年欧共体欧洲议会和理事会颁布了 94/27/EC 指令,要求在穿孔愈合过程中使用的含镍制品 Ni 含量小于 0.5‰,与人体皮肤长期接触的含 Ni 释放量不能超过 0.5μg/(cm³·星期)。2004 年,欧共体欧洲议会和理事会再次修订为(2004/96/EC)Ni 释放量小于 0.2μg/(cm³·星期)。我国亦规定,含镍饰品不仅包括金、银、铂、钯等贵金属首饰,还包括由铜、锌和锡以及它们的合金等制作的贱金属首饰(也包括仿真首饰)。对用于穿孔部位的制品,如耳插、耳环等,当在穿孔部位愈合过程中使用该制品时 Ni 释放量应小于 0.5μg/(cm³·星期)。对于穿孔部位的制品,Ni 释放量大于或等于 0.2μg/(cm³·星期),且小于 0.5μg/(cm³·星期)时,则该制品不适宜在伤口愈合过程中使用,经销商应予以警示;若 Ni 释放量小于 0.2μg/(cm³·星期)时,则该制品可以在任何时候使用。

2. 铅(Pb)

铅是人类最早使用的金属之一。现今,年均排放量为 2×10^4 t。铅又是一种污染性较大的金属。在所有已知毒性物质中,历史记载最多的是铅,特别是在玻璃、陶瓷等器皿中的铅已成为美丽的杀手。现在人体含铅量比古人高达百倍以上。

过量铅会影响人体中枢神经系统,损害肾脏和免疫系统。铅和铅化合物还可能导致癌症发生。它能破坏血液,使红血球分解,同时通过血液扩散到全身器官和组织并进入骨髓,造成桡骨神经麻痹及手指震颤症,引起的疼痛是难忍的,严重时会铅中毒性脑病死亡。进入人体内(骨骼)的铅要自然排出需要 20~30 年(医学上称为半衰期),若长期铅中毒,排之将伴人的一生。铅一旦进入生态环境,则长期滞留而不降解,因其在环境中的长期持久性,又对许多生命组织(动植物)有较强的潜在毒性,所以铅一直被列为强污染物范围。

就饰品而言,铅主要存在于一些贱金属首饰和仿真首饰中,若非蓄意掺入,贵金属首饰原料中一般不含铅或铅含量非常低。目前世界各国对铅含量规定不一,如美国加州 65 法令规定珍珠、铂金、玻璃等第一类无蓄意添加 Pb 的材料,其 Pb 含量小于 2×10^{-4};第二类材料,带镀层的金属合金含 Pb 含量小于 10%,无镀层的金属合金材料含 Pb 量小于 1.5%;塑料和橡胶中 Pb 含量小于 0.6%;颜料和表面涂层 Pb 含量小于 0.06%。而美国消费者协会对儿童金属饰品的 Pb 含量要求规定,每种附件的总 Pb 含量小于 3×10^{-4},或大于 3×10^{-4} 的酸萃取实验下可萃取的 Pb 小于 175μg。

加拿大规定,销售的儿童珠宝饰品,Pb 元素转移量必须低于 90mg/kg;丹麦规定,Pb 含量限制值为 1×10^{-4};ROHS 标准规定 Pb 含量标准值为 0.6‰。

3. 镉(Cd)

镉是一种银白色或银灰色的软质金属,具金属光泽和延展性。它有 8 种天然的稳定同位素和 11 种不稳定的人工放射性同位素,溶于多种酸,易氧化。

镉具毒性。镉中毒可使肌肉萎缩,关节变形,骨髓疼痛难忍,不能入睡,发生病理性骨折,以致死亡。若长期饮食含镉的大米和水,易造成"骨痛病"。镉对铸造工人身体的危害性,使得工作场所必须有良好的通风设施。

镉元素若非故意掺入,在贵金属饰品原料中,一般不含或含量极少。它主要存在于用焊药焊接的金属首饰中和贱金属首饰中。ROHS 标准规定 Cd 含量标准值为 0.1‰。

4. 汞(Hg)

汞在自然界以金属汞、一价汞和二价汞化合物形式分布。其克拉克值为 0.08×10^{-6},过量的汞对人体和生物有明显的毒性,因此它是一个备受重视的微量元素。

汞的显著特点之一是具有很强的挥发性,它具有和其他金属不同的迁移性能。由于化学形态的不同,汞的气化难易程度也不一样。多数无机汞为不溶物,不宜进入生物体组织,一旦进入体内也易排出来。当遇到甲烷便生成甲基汞(CH_3HgCl)和二甲基汞[$(CH_3)_2Hg$]强脂溶性的化合物,几乎可被生物体完全吸收,而且又很难分解排泄,再加上通过食物链而逐渐富集,因而它具有很大的潜在毒性。烷基汞中的甲基汞、乙基汞和丙基汞是日本水俣病的致病性物质。汞中毒患者的尿液及头发中汞浓度均高于常人。

5. 砷(As)

砷自古以来就是被人们所熟悉的元素,它既有医疗作用,又有毒性。

砷的毒性,不仅取决于它的浓度,也取决于它的化学形态。五价砷在低浓度下是无毒的,但三价砷却是剧毒的物质。这一点恰好与铬的化合物相反。如亚砷酸盐的毒性比砷酸盐大60倍,这是因为前者能与蛋白质中的硫基反应,而后者则不能。

砷的毒性是积累性的,而且哺乳动物常对砷很有耐受性,故中毒往往在几年后发生。砷中毒的主要症状是皮肤出现病毒,神经系统、消化系统和心血管系统发生障碍。有人认为,砷还能引起皮肤癌、肺癌、肝癌和膀胱癌。砷和铬的危害有相似之处。

对正常的成年人来说,砷的身体负荷量为:体内平均浓度 $0.2 \sim 0.3 \times 10^{-6}$,含量 $15 \sim 20\text{mg}$。而砷在地壳中的含量约为 $2 \times 10^{-6} \sim 5 \times 10^{-6}$。

6. 铬(Cr)

在正常的 pH 值和 Eh 条件下,铬通常以 4 种化学状态存在,即三价态的铬有 Cr^{3+} 阳离子型和 Cr^{2-} 阴离子型,六价态的铬有 $Cr_2O_7^{2-}$ 型和 Cr_4^{2-} 型两种。在 pH 值为酸性的条件下,三价态的铬和六价态的铬可以相互转化。

金属铬由于生物学上的非活动性,所以无害,而且易从尿液和粪便中排出。不同价态的铬对生物的毒性不同,六价铬的毒性远远要高于三价铬。引起健康障碍的主要原因是六价化合物,它可以经口腔、呼吸道、皮肤而被吸收。经口摄取铬的安全范围较宽,在制造铬酸盐、镀铬作业的工人中,经呼吸道和皮肤摄入的铬将使肺癌和鼻癌的发病率大为增加。

铬的毒性主要来自六价态,但铬又是胰岛素参与作用的糖代谢过程和脂肪代谢过程必需的元素。它也是维持正常胆固醇代谢和糖代谢所必需的。铬能增进肌体生长,动物在严重缺铬情况下将会很不健康并发育不良(表1-7)。

第三节 天然珠宝玉石

当代市场,珠宝玉石包括天然的和人工的两类。

天然珠宝玉石,简称珠宝,是指由自然界产出,具有美观、耐久、稀少性,具有工艺价值,可加工成装饰品的物质。按其组成和成因不同,分为天然宝石、天然玉石和天然有机宝石。天然观赏石亦应归之。

全球的珠宝玉石,主要分布在以下几个区域带上:北美洲西部—南美洲一带,非洲东南部,澳洲,南亚—东南亚和俄罗斯的乌拉尔一带。在南亚—东南亚宝玉石产区,斯里兰卡、印度、缅甸、泰国等都在世界宝玉石贸易上占据着重要地位,巴基斯坦、阿富汗境内不断发现上等和珍贵的宝石资源,也都正逐步成为世界上著名的宝石出产国之一。

"珠宝"一词始现于《红楼梦》语"珠宝晶莹,黄金灿烂。"《现代汉语词典》里提及"珠宝,珍珠宝石一类的饰物。"

"珠",在《说文解字》中,谓之"珠,蚌之阴精,水精也。从玉,朱声。或生于蚌,阴精所凝。"在《春秋》、《国语》中认为"珠,以御火灾是也。"而《淮南子·说山》又指出"渊生珠,而岸不枯。"

"宝(寶,寳)",韦昭对《国语·鲁语上》"以其宝来奔"注释为"宝,玉也。"从汉字的起源和形成而论,"寶"字形成的背景和基础均为"含玉"、"藏贝",像房子里有宝贝和美玉,家里藏有珍宝之意。在西周金文里,又加上一个声符"缶"(古音与宝同)改写为"寶",本意:珍宝。

"宝石"一词至迟出现在宋代许仲琳的《封神演义》"玛瑙砌就栏杆,宝石妆成梁栋"中。在《天工开物》一书中,宋应星认为"凡宝石自大至小,皆有石床包其外,如玉之有璞。"李时珍在

《本草纲目》中称"碧者唐人谓之瑟瑟,红者宋人谓之靺鞨,今通称宝石。以镶首饰器物。"

至于"宝玉石",《后梁传·定公八年》说:"宝玉者,封挂也。"

"珠"、"宝"在华夏文明史中,如胶似漆地联系在一起,成为中华文化里立体的画、无声的诗,珠联璧合的哲理构建了家庭和谐、民族和谐、社会和谐、国家和谐、人与自然和谐的天地人和景象,使中华民族永远雄立于世界民族之林。

一、天然宝石

正如古罗马一位伟大哲学家普林尼所说:"在宝石微小的空间,它包含了整个大自然。仅一颗宝石,就足以表现天地万物之优美。"

1. 定义

天然宝石,是指由自然界产出,具有美观、耐久、稀少性,可加工成装饰品的矿物的单晶体(可含双晶)。

2. 分类

天然宝石种类很多。虽每种宝石都有特定的化学成分和内部结构及其形态特征和物理性质,但同时有些宝石之间又具有某些共性。因此,为更好地理解这种规律性和提高对宝石的鉴评能力,可将宝石划分为族、种、亚种3级类型(表1-8)。

表1-8 天然宝石分类鉴定表

族 晶族/光轴		种	亚 种	鉴定特征		矿物名称
				折射率	光性符号	
高级晶族	等轴晶系	钻石	白色系列钻石、彩色系列钻石	2.417	O	金刚石
		尖晶石	红色、黄色、蓝绿色及黑色系列尖晶石	1.718	O	尖晶石
		石榴石	镁铝、铁铝、锰铝、钙铝、钙铬、水钙铝榴石、翠榴石、黑榴石	1.714~1.888	O	石榴子石
		天然玻璃	黑曜岩、莫尔达玻璃、陨石、雷公石	1.490	O	天然玻璃
		方钠石	蓝色、灰色、绿色、黄色、白色、粉红色方钠石	1.483	O	方钠石
		萤石	绿色、蓝色、红色、紫色、黑色、白色萤石	1.438	O	萤石
中级晶族	一轴晶	白钨矿	无色、浅—中橙色,黄色白钨矿	1.918~1.934	(一)	白钨矿
		菱锌矿	碧色、蓝色、黄色、橙色、粉色、白色及无色菱锌矿	1.849~1.621	(一)	菱锌矿
		菱锰矿	粉红色、紫红色菱锰矿	1.817~1.597	(一)	菱锰矿
		红宝石	浅红色、红色、深红色、紫红色红宝石	1.762~1.770	(一)	刚玉
		蓝宝石	黄色、蓝色、绿色、蓝绿色、黑色、橙色蓝宝石	1.762~1.770	(一)	刚玉
		塔菲石	粉红—红色、蓝色、紫色、紫红色、棕色、绿色、无色塔菲石	1.719~1.723	(一)	塔菲石
		磷灰石	黄色、绿色、紫色、紫红色、粉红色、蓝色、褐色磷灰石	1.634~1.638	(一)	磷灰石
		碧玺	红色、绿色、红色—绿色碧玺	1.642~1.644	(一)	电气石
		祖母绿	绿色、蓝绿色、黄绿色祖母绿	1.577~1.583	(一)	绿柱石
		海蓝宝石	绿蓝色、蓝绿色、浅蓝色海蓝宝石	1.577~1.583	(一)	绿柱石
		绿柱石	无色、绿色、黄色、浅橙色、粉色、红色、橙色、黑色绿柱石	1.577~1.583	(一)	绿柱石
		方柱石	无色、粉红色、橙色、黄色、绿色、蓝色、紫色、紫红色方柱石	1.550~1.564	(一)	方柱石

续表 1-8

族 晶族/光轴	种	亚 种	鉴定特征		矿物名称
			折射率	光性符号	
中级晶族	一轴晶	鱼眼石	粉红色、紫色、绿色、黄色、无色鱼眼石	1.535～1.537	(－)	鱼眼石
		符山石	黄色、棕黄色、浅蓝至绿蓝色、灰白色符山石	1.713～1.718	(±)	符山石
		金红石	浅黄色、褐橙色金红石	2.616～2.903	(＋)	金红石
		锡石	暗褐色、黑色、黄褐色、黄色、无色锡石	1.997～2.093	(＋)	锡石
		锆石	无色、蓝色、黄色、绿色、褐色、橙色、红色、紫色锆石	1.810～1.984	(＋)	锆石
		蓝锥矿	蓝色、紫蓝色、浅蓝色、粉白色、无色蓝锥矿	1.757～1.804	(＋)	蓝锥矿
		透视石	蓝绿色、绿色透视石	1.655～1.708	(＋)	透视石
		硅铍石	无色、黄色、浅红色、褐色硅铍石	1.654～1.670	(＋)	硅铍石
		水晶	水晶、紫晶、黄晶、烟晶、红水晶、绿水晶、芙蓉石	1.544～1.553	(＋)	石英
低级晶族	二轴晶	磷铝锂石	无色、浅黄色、绿黄色、浅粉色、绿色、蓝或褐色磷铝锂石	1.612～1.636	(±)	磷铝锂石
		赛黄晶	黄色、无色、褐色、粉红色赛黄晶	1.630～1.636	(－)	赛黄晶
		橄榄石	黄绿色、绿黄色、褐绿色橄榄石	1.654～1.690	(－)	橄榄石
		天蓝石	天蓝色、蓝色、深蓝色、蓝绿色、紫蓝色、蓝白色天蓝石	1.612～1.643	(－)	天蓝石
		堇青石	深蓝色、紫色堇青石	1.542～1.557	(－)	堇青石
		奥长石	黄色、橙色、棕色、棕红色、红色、浅(灰)绿色奥长石	1.537～1.547	(－)	奥长石
		日光石	黄色、橙黄色、棕色、红色、金色日光石	1.537～1.547	(－)	奥长石
		正长石	无色—白色、绿色、橙色、黄色、褐色、灰黑色正长石	1.518～1.526	(－)	正长石
		月光石	蓝色、无色、黄色月光石	1.518～1.526	(－)	正长石
		天河石	亮绿色、亮蓝色、浅蓝色天河石	1.522～1.530	(±)	微斜长石
		冰洲石	无色冰洲石	1.486～1.658	(－)	方解石
		榍石	黄色、绿色、褐色、橙色、无色、红色榍石	1.900～2.034	(＋)	榍石
		金绿宝石	黄、黄绿、灰绿、褐色、褐黄色、鹦鹉金绿宝石	1.746～1.755	(＋)	金绿宝石
		猫眼	黄色、黄绿色、灰绿色、褐黄色猫眼	1.746～1.755	(＋)	金绿宝石
		变石	日光下:黄绿、褐绿、灰绿至蓝绿;灯光下:橙红、褐红色至紫红	1.746～1.755	(＋)	金绿宝石
		变石猫眼	蓝绿和紫褐色	1.746～1.755	(＋)	金绿宝石
		普通辉石	褐色、紫褐色、绿黑色普通辉石	1.670～1.772	(＋)	普通辉石
		坦桑石	蓝色、蓝紫色、绿色、黄绿色、粉色、褐色坦桑石	1.691～1.700	(＋)	黝帘石
		透辉石	蓝绿—黄绿色、绿色、黑色、紫色、白色透辉石	1.675～1.701	(＋)	透辉石
		顽火辉石	红褐色、褐绿色、黄绿色、无色顽火辉石	1.663～1.673	(＋)	顽火辉石
		锂辉石	粉红—蓝紫红色、翠绿—绿色、蓝色、黄色、无色锂辉石	1.660～1.676	(＋)	锂辉石
		矽线石	白—灰黑色、褐色、绿色、紫蓝色、灰蓝色矽线石	1.659～1.680	(＋)	矽线石
		天青石	无色、浅蓝色、黄色、橙色、绿色天青石	1.619～1.637	(＋)	天青石
		拉长石	灰—灰黑色、无色、绿色、黄色、橙—棕色、棕红色拉长石	1.559～1.568	(＋)	拉长石

这里的"族",是指化学组成类似和晶体内部结构相同的一群类质同象系列的宝石,如石榴石族、长石族、辉石族、角闪石族等;"种"是指主要化学组成和晶体内部结构都相同的一种宝

石,"种"是分类的基本单位,如辉石族矿物中的硬玉、绿辉石、透辉石等种;而"亚种"则是指同一种宝石,因化学组分中的微量元素不同,导致在晶型、物理性质(如颜色,透明度)等外观上有较明显变化的"亲缘"宝石,如刚玉宝石中的红宝石和蓝宝石,绿柱石宝石中的祖母绿和海蓝宝石。

3. 特征

(1)所有天然宝石都具有以下共性

1)在适当条件下可自发形成多面体的自限性。

2)因晶体内部质点做规则排列,往往在不同方向上晶体的性质亦随之不同的异向性。

3)晶体具有格子构造,导致了晶体的结晶要素(晶面、晶棱、顶角)在晶体不同方向和部位有规律的重复出现的对称性。

4)在相同的热力学条件下,晶体宝石与同种的非晶质体相比具有最小内能和相对的晶体稳定性。

(2)每种宝石都具有固定的化学组成,通常表现出各自典型的规则几何形态(晶形)。这种形态又是其内部格子构造的外观表现。

(3)天然宝石常因生成环境不同,而具有不同种类或形态的天然内含物。

(4)天然宝石在地质应力作用下,常产生应力裂隙或碎裂结构,以致发生光性异常或次生变化(蚀变)。

(5)天然宝石可因晶体构造缺陷和微量组分的加入而致色,而且颜色常有浓淡不匀之变。

(6)天然宝石,特别是高档名贵宝石的晶体,通常都很细小,而且双晶、聚晶常现。

4. 标识

名称,是物质属性的人为代号。长期以来,由于历史原因和地域差异,有关宝石的定名,目前国际上尚无统一的原则和标准。因此,宝石名称的标识多种多样:或以颜色,硬度;或以产地,国家,人名;或以特殊光学效应等命名。

我国珠宝界出版的《珠宝玉石名称》国家推荐标准(GB/T16552),是以矿物(岩石)名称作为天然宝石材料的基本名称,保留了部分传统名称。

对于天然宝石,在名称标识时,可直接使用天然宝石的基本名称或其矿物名称,无需加"天然"二字。

在定名时,还应遵循下列规则:

(1)产地不参与定名。

(2)禁止使用由两种天然宝石名称组合而成的名称,"猫眼变石"除外。

(3)禁止使用含混的商业名称。

二、天然玉石

玉,甲骨文字形,"象三玉之连其贯也"。"三玉之连"代表天地人三通与和谐。古人云:"玉,水之精,石之美也,盖天下坚洁精美之品无有过于玉者。"美,只是对事物表象按人类个体嗜好和追求所作的评价。古人辨玉,是"首德而次符","德"指玉质,"符"指玉色。

玉之"德",孔子有十一说:"温润而泽,仁也;缜密而栗,知也;廉而不刿,义也;垂之如坠,礼也;叩之其声清越以长,其终诎然,乐也;瑕不掩瑜,瑜不掩瑕,忠也;孚尹旁达,信也;气如白虹,天也;精神见于山川,地也;圭璋特达,德也;天下莫不贵,道也。"许慎将其归纳为五德"润泽而温,人之方也;鳃理自外,可以知中,义之方也;其声舒扬,专以远闻,智之方也;不挠而折,勇之方也;锐廉而不忮,洁之方也。"

玉之"符",王逸正部论"以赤如鸡冠,黄如蒸栗,白如猪肪,黑如纯漆"为佳。

1. 定义

天然玉石,是指由自然界产出的,具有美观,耐久,稀少性和工艺价值的矿物集合体(岩石),少数为非晶质体。

2. 分类

我国古代把天然玉石分为玉和珉两类。《荀子》云:"虽有珉之雕雕,不若玉之章章。"玉石行业习以材料价值分为高档、中档、低档3类。而欧洲人则提出玉和玉石的二分法,又将"玉"分为"软玉"和"硬玉"两种,而把其他的玉雕石料统称为"玉石"。

上述这些分类,都具有不确定性,无助于科学研究和鉴定依据。

自然界产出的天然玉石同天然宝石一样,玉石之间既具有特征性又具有共同性。从玉石学角度,可以族、种、亚种来划分(表1-9)。

表1-9 天然玉石分类鉴定表

族	种	亚种	鉴定特征		主要组成矿物
			折射率	光性	
单质玉		粉红色、褐红色蔷薇辉石	1.733~1.747	2(±)	蔷薇辉石集合体
		蓝绿色、绿色、褐色、黑色孔雀石	1.655~1.909	2(±)	孔雀石集合体
		绿色、蓝绿色、粉色、白色、无色水钙铝榴石	1.720	O	水钙铝榴石集合体
		浅绿、浅黄、粉、紫、褐、白色硅硼钙石	1.626~1.670	2(一)	硅硼钙石集合体
		深灰色、黑色赤铁矿	2.940~3.220	O	赤铁矿集合体
		粉红色、深红色、花纹状菱锰矿	1.597~1.817	1(一)	菱锰矿集合体
		绿色、蓝色、棕色、粉色、无色菱锌矿	1.621~1.849	1(一)	菱锌矿集合体
		蓝色、绿蓝色、绿色、白色绿松石	1.610~1.650	1(+)	绿松石集合体
		无色、白色、浅黄色、浅褐色白云石	1.486~1.658	1(一)	白云石集合体
		白色、无色、黑色、各种花色方解石	1.486~1.658	1(一)	方解石集合体
		虎睛石、鹰眼石、木变石	1.544~1.553	1(+)	石英集合体
		玉髓、绿玉髓、玛瑙、碧玉、天珠(磁性玛瑙)	1.535~1.539	O	玉髓隐晶质集合体
		白色、浅黄色、肉红色、绿色、浅绿色葡萄石	1.616~1.649	2(+)	葡萄石集合体
		黑欧泊、白欧泊、火欧泊	1.450	O	蛋白石集合体
		黄色、灰绿色、黑色、褐色、红、蓝色天然玻璃	1.490	O	陨石玻璃、火山玻璃
		绿、蓝色、棕色、粉色、紫、蓝色、黑、无色萤石	1.438	O	萤石集合体
复质玉		白色、绿色、黄色、红色、紫色、蓝色、黑色翡翠	1.666~1.680	2(一)	硬石、钠铬辉石、透辉石、角闪石、长石
		白色、青白色、青色、绿色、黄色、黑色和田玉	1.606~1.632	2(一)	透闪石、阳起石、方解石、滑石、石墨
		白、绿、紫、黄、蓝、红、黑、花的独山玉	1.560~1.700	2(一)	斜长石、黝帘石、辉石、云母、葡萄石等
		绿至黄绿、白、棕、黑色蛇纹石玉	1.50~1.573	2(±)	蛇纹石、方解石、滑石、绿泥石
		密玉、东陵石	1.544~1.553	1(+)	石英、云母、绿泥石、赤铁矿、电气石
		绿蓝色、浅绿色、蓝绿色青金石	1.50	O	青金石、方解石、黄铁矿
		灰绿色、浅绿色、蓝绿色蓝田玉	1.486~1.658	1(一)	方解石、蛇纹石、绿泥石、滑石

注:光性栏中的数字,表示光轴多少,括号中的"+""一"表示光性正负,"O"表示为均质体。

3. 特征

(1)天然玉石是由难以计数的一种或多种矿物质按一定的结构组成的工艺材料。

(2)具有润泽而温,色相纯正的美观性。

(3)具有晶莹无暇,击之有音的灵透性。

(4)具有质地缜密,硬韧兼备的耐久性。

对于同一种玉则常以色相分品级。即玉的质地优劣,取决于颜色、透明度、净度、结构、绺裂诸因素。

4. 标识

根据国家标准 GB/T16552 规定:

(1)直接使用天然玉石基本名称或其矿物(岩石)名称。在天然矿物或岩石名称后可附加"玉"字,无需加"天然"二字,"天然玻璃"除外。

(2)不用雕琢形状定名天然玉石。

(3)不允许单独使用"玉"或"玉石"直接代替具体的天然玉石名称。

(4)标准中常有地名的天然玉石基本名称,不具有产地含义。

三、天然有机宝石

有机宝石因具独特美质,备受世人宠爱。圆润的珍珠,世称"宝石皇后",为印度、法国、菲律宾的国石,象征健康、长寿和富有,被推荐为六月生辰石,并将结婚三十年定为珍珠婚;外射精光、内含生气的琥珀誉为"小块太阳",恩泽万物;"晶光夺凡目,奇彩照九州"的珊瑚,号称"无叶无果绛火树",宗教界视为神的化身,吉祥的象征,被阿尔及利亚、摩洛哥选为国石,被推荐为八月生辰石,并将结婚三十五年定为珊瑚婚;质地细腻、肃穆凝重的黑色煤精,充作"未亡人"的首饰,以寄托人们的哀思;辉宏壮观的砗磲,如王粲《砗磲椀赋》所说:"待君子之宴坐,览砗磲之妙珍。挺英才于山岳,含阴阳之淑真。飞轻缥与浮白,若惊风之飘云。光清朗以内曜,泽温润而外津。体贞刚而不挠,理修达而有文。兼五德之上美,超众宝而绝伦。"

象牙制品,在古代作为地位、身份的象征和生活用品。如周制,诸侯始执象笏(即记事用的手版),明以前一至五品,笏俱象牙,五品以下则用木。战国时,孟尝君到楚国献象牙制的床,"象床瑶席镇犀渠,雕屏合匣组帷舒"(鲍照《代白纻舞歌词》)。用象牙制作的筷子,据《韩非子·喻老》记载:"纣为象箸而箕子怖。"用象牙制作的笛子,周密《齐东野语·混成集》记载:"翁一日自品象管作数声,真有驻云落木之意,要非人间曲也。"浙江余姚河姆渡文化遗址中,出土了新石器时代的双鸟朝阳纹和蚕纹的象牙器物,山东大汶口文化遗址中出土了 19 件精美的象牙制品,河南安阳殷墟中出土的兽面纹嵌绿松石象牙杯,杯身通体刻满细带纹,十分精美和宝贵。河南陕县春秋战国墓中出土了一柄象牙铜剑,鞘以整块象牙雕成,通身布满了蟠螭纹,具有很高的工艺价值。唐宋以后,我国牙雕制品更赋艺术性。

如果说,五光十色的石质宝石具有阳刚浓烈之美,有机宝石则显示了阴柔温顺之德。国内外的古代统治阶级,都用高档有机宝石装饰王冠、官服、官帽、朝珠等以显示自己的权利、王位和官级。如我国清朝官员的帽子,用红珊瑚装饰的是二品官的标志。皇后、皇太后和皇贵妃在皇帝大典时要挂三串朝珠:中间挂东朝珠,左右挂的是红珊瑚朝珠;一般贵妃是中间挂东朝珠,两边挂青金石朝珠;而妃嫔的中间只能挂红珊瑚朝珠,左右挂琥珀朝珠等。这说明有机宝石的质量、颜色、种类在表示古代王孙贵族的地位和权利等方面起到明显的标志作用。

1. 定义

由自然界生物生成,部分或全部由有机物质组成,可用于装饰的固体称为天然有机宝石。人工养殖的生物产品(如珍珠、玳瑁、象牙等)亦归此类。

2. 分类

按生物分类原则,可分为动物类有机宝石和植物类有机宝石两大类。各类可进一步分为种和亚种(表1-10)。

表1-10 天然有机宝石分类与特征

族	种	亚种	材料	特征
动物类	天然珍珠	天然海水珍珠	文石、方解石、硬蛋白质	核心:微生物或生物碎屑、沙粒、病灶
		天然淡水珍珠		
		天然珍珠		
	珍珠	海水珍珠	文石、方解石、蛋白石、硬蛋白质	核心:空腔(无核)、贝壳圆珠(有核)
		淡水珍珠		
		养殖珍珠		
	玳瑁	龟甲、玳瑁	硬蛋白质	多珠状色素的斑纹
	贝壳	砗磲	文石、方解石、硬蛋白质	层状结构,"火焰"结构
	象牙	非洲象牙、亚洲象牙	含羟基碳酸磷灰石	同心分层结构,"勒兹构造"
		海象牙、鲸牙	有机质	同心分层结构
	珊瑚	红、白、黑色、蓝色珊瑚	方解石、白云石、文石	同心结构,小丘疹状外观
		金珊瑚、黑珊瑚	有机质	层纹结构,木纹结构
植物类	琥珀	血珀、金珀、花珀、水珀、虫珀、蜜蜡琥珀	石化松脂、硫化氢	三相包体、动植物碎屑;漩涡纹、裂纹,密度1.05~1.09 g/cm³
	煤精	黑煤精、褐黑煤精	腐殖质、腐泥质矿物、有机质	具可燃性,性韧
	硅化木	黄、褐、红、黑、灰—灰白等色硅化木	石英、蛋白石、玉髓、有机质	隐晶质集合体纤维状集合体
	百鹤石	五花石、百鹤玉	方解石、石英	假象

3. 特征

有机宝石是由无机质和有机质组合的混合体,遇酸起泡(溶解),高温下可部分灰化。

(1)除硅化木外,硬度一般小于4。

(2)具生物组织的结构和构造。

(3)密度均在3g/cm³以下。

(4)受热后有芳香气味(除硅化木外)。

4. 标识

(1)直接使用天然有机宝石基本名称。除"天然海水珍珠"、"天然淡水珍珠"和"天然珍珠"外,无需加"天然"二字。

(2)养殖珍珠可简称为"珍珠";养殖海水珍珠可简称为"海水珍珠";养殖淡水珍珠可简称为"淡水珍珠"。

(3) 不以产地修饰天然有机宝石名称,如"波罗的海琥珀"。

四、观赏石

观赏石是天然艺术品,又称美石、雅石、奇石等,极具观赏性和收藏性。我国素有爱石、玩石、采石、藏石的美德,常将观赏石誉为立体的画、无声的诗,寓意深邃。虽国标 GB/T16552 中未列其名,但仍因它特有的"鬼斧神工"、"惟我独尊"而价值无限。千百年来它已是珠宝玉石市场上不可或缺的天工神石,理应成为"珠宝玉石"中的"石"的代名词。

1. 定义

观赏石由自然界产出的,具有人文价值和收藏价值,可移动的稀奇造型的石质景观品。

观赏石不同于其他宝石,它既无固定的宝石(矿物)或玉石(岩石)属性,又无随机的人工造化;虽属自然景观之列,但又不同于奇峰伟岳之巨。可谓珠宝易得,一石难求。

2. 分类

观赏石具有寓神于形、神形兼备、栩栩如生、诱人退想的天然灵气,胜似精雕细刻的珠宝玉器。根据其千姿百态的绮丽造型、姹紫嫣红的色彩、变幻无穷的花纹和坚贞沉静、孤高竹节的气魄,可将观赏石分为四大类(表 1-11)。

表 1-11 观赏石分类

类	种	亚 种
彩石	晶彩石	萤石、雄黄、雌黄、电气石、水晶、芙蓉石、黄铁矿、红宝石、方解石、鸡血石、自然金、自然银、辉锑矿
	变彩石	变石、猫眼、星光宝石、欧泊、虎睛石、鹰眼石
奇石	造型石	太湖石、灵璧石石、石钟乳、姜石、菊花石、牡丹石、晶族、晶花、晶穗
	图像石	雨花石、玛瑙、蛇纹石、孔雀石、锦文石、红河石、黄河石、木纹石
化石	植物化石	叠层石、硅化木、银杏、菊花石、笔石
	动物化石	三叶虫、石燕、珊瑚、角石、海百合、鱼、恐龙蛋、龟、角化石、骨化石
	古人化石	北京猿人、蓝田猿人、元谋猿人
史石	天文石	雷公石、铁陨石、石陨石、月球石
	地文石	构造岩、片麻岩、页岩、板岩、大理岩、花岗岩、火山弹、冰川石、风棱石、寿山石、田黄
	人文石	古石器、古玉器、事件石、文房石、名人石

3. 特征

观赏石是未经人工雕琢的天然石质景观品,一品一绝,举世无双。它既有别于人造工艺品,又有别于自然景观伟岳,精美奇特,令人观止,玩味无穷。

(1)天然性。观赏石是浑然天成的自然石质艺术品,允许人工修整,但不准精雕细刻。

(2)稀奇性。观赏石具有独一无二,罕见难求,构体趣妙,玩味无穷的属性。

(3)史诗性。观赏石是地质事件、历史事件的产物,诗画似的记录了各种事件的真实过程,包含着深奥难测的科学哲理,给人以美感、联想、激情、启迪和求索。

(4)收藏性。观赏石来自大自然,可鉴赏于股掌之间,可陈列于庭院堂阁,或存放于盆盒厘箱。稀世珍品,增值收藏。

4. 命名原则

未经人工改造的自然形成的石质景观品,可根据其色、形、神、意、质而定名。名称含义不得违反社会公德。

第四节　人工珠宝玉石

在当代珠宝市场上,天然珠宝玉石饰品与人工珠宝玉石饰品争艳斗美,各占半壁江山。

人工珠宝玉石,简称人工宝石(artificial products),是指完全或部分由人工制造或改造,用作首饰及装饰品的晶质或非晶质固体材料。它包括合成宝石、人造宝石、拼合宝石、再造宝石和改善宝石等。属于制造工艺的有合成宝石与人造宝石;而拼合宝石、再造宝石和改善宝石(优化处理)则属于改造工艺范畴。

制造宝石的方法有高温超高压法、焰熔法、水热法、冷坩埚熔壳法、助熔剂法、熔体法、化学反应法等。改造宝石的方法有粘结法、压结法、熔接法、覆膜法、充填法、热－辐照法、染色法、扩散法、漂白法、激光钻孔法等。

人类开发利用人工宝石,历时已久。早在5 000多年前,古埃及人烧制上釉陶瓷来仿绿松石。我国在先秦时期已能烧制陶瓷和玻璃用作饰品。早在罗马帝国时期,首饰工匠就会用威尼斯松油将3种不同颜色的宝石粘在一起制成较大体积的宝石,还将玻璃熔化后覆盖在石榴石上,经切磨、抛光和镶嵌工艺加工成拼合宝石首饰。公元前1300年古埃及就用火烧制肉红色玉髓。印度曾出土在公元前2000年前经热处理的红玛瑙和光玉髓等。

人工宝石的出现,极大地激活了传统珠宝市场,以其"物美价廉"的优势得到了广大普通消费群体的认可。随着社会科技的发展,将会有比天然宝石更美的仿真饰品满足市场需求。

一、合成宝石

1. 定义

合成宝石(synthetic stones)是指完全或部分由人工制造且自然界有已知对应物的晶质体或非晶质体。其物理性质、化学成分和晶体结构与所对应的天然珠宝玉石基本相同。

2. 特征

合成宝石与其对应的天然珠宝玉石,无论在化学组成上抑或内部结构上都相同,因此二者在物理性质和光学特征上也都基本相同,一般条件下不易区别。但因合成宝石与对应的天然宝石生成环境不同,二者尚存微弱差异。同时,一种宝石由于合成方法不同,彼此亦有某些不同特征(表1 12)。

合成宝石与对应天然宝石的差异在于:

(1)颜色浓艳,匀,正。

(2)内部洁净,完整度好,晶莹剔透。

(3)内含物多为未熔料粉的"面包渣"或金属屑,并常具圆形或水滴形气态包体。

(4)若有荧光,一般强于对应的天然品。

(5)折射率一般比对应的天然宝石稍高。

(6)绿色合成宝石,在滤色镜下常呈红色。

(7)晶体体积较大,成品也大。

3. 标识

(1)必须在其所对应天然珠宝玉石基本名称前加"合成"二字,如"合成红宝石"、"合成欧

(2) 禁止使用生产厂家或制造商的名称直接定名,如"查塔姆(chatham)祖母绿"、"林德(linde)祖母绿"等。

(3) 禁止使用易混淆或含混不清的名词定名,如"鲁宾石"、"红刚玉"等。

表 1-12 合成宝石特征一览表

名 称	硬度	密度	折射率	荧光	内含物
合成钻石	10	3.52	2.147	无,不均匀	色带、微粒、片状针状金属
合成红宝石	9	4.00	1.762～1.770	强棕色,粉红	气泡、弧形生长纹、"面包渣"
合成蓝宝石	9	4.00	1.762～1.770	无至中,蓝白色	气泡、弧形生长纹、"面包渣"
合成祖母绿	7～8	2.67～2.23	1.561～1.578	强,红色	助溶剂残余、钉状包体
合成金绿宝石	8～9	3.73	1.746～1.775	无至黄绿色	助溶剂残余、铂金片
合成变石	8～9	3.64	1.746～1.775	中至强,红色	助溶剂残余、弯曲生长纹
合成尖晶石	8	3.64	1.728	弱至强,各种颜色	弧形生长纹、气泡、金属片
合成欧泊	4～6	1.97～2.20	1.430～1.47	无至中,各种颜色	齿状镶嵌结构、蛇皮结构
合成多色石英	7	2.66	1.544～1.553	无至弱,紫色	"面包渣"状包体
合成金红石	6～7	4.26	2.616～2.903	无	偶有气泡
合成绿松石	3～4	2.76	1.610～1.650	无至弱,绿黄色	蓝色絮状包体、球粒结构
合成立方氧化锆	8～9	5.08	2.15	因色各异	"面包渣"、气泡
合成翡翠	6～7	2.9～3.3	1.66	无至弱	无翠性及毡状结构、滤色镜下呈红色
合成水晶	7	2.62	1.544～1.553	无	"面包渣"

二、人造宝石

1. 定义

由人工制造且自然界无已知对应物的晶质体或非晶质体,称人造宝石。

人造宝石和合成宝石的制造工艺相同,他们的区别在于有无对应的天然品。

2. 特征

人造宝石早在五百多年前就已出现,通常用来仿宝石。由于这些人造材料具有与某些天然珠宝玉石相似的物理性质,因此可以用来做宝石的代用品或充当某些外观相似的宝石,俗称"赝品"。

人造宝石始于1500年,但近半个世纪以来发展迅速,市场不断涌现新的人造宝石品种,而且仿真效应极高,甚至达到以假乱真的程度。但是人造宝石材料的鉴定特征,与外观相似的天然材料则无相同性(表1-13)。

近年来,以树脂、塑料、亚克力为材料制作的仿真工艺饰品,正在悄然兴起。其特征如下:

(1) 树脂。质地轻盈、光泽柔腻、颜色丰富,善于表现饰品各种色彩,并具有良好的可塑性,形状和效果多样,立体感强,成本低、成型快,用以仿铜、仿金、仿银、仿水晶、仿玛瑙、仿汉白玉、仿红木等,制作的各种饰品已被广泛应用。

表 1-13　人造宝石及仿宝石

年代(年)	名　　称	仿　宝　石
1500	玻璃	用于仿祖母绿、碧玉、青金石、绿松石
1656	仿珍珠	在法国,用空心玻璃填充蜡和重晶石
1758	铅玻璃	用于仿钻石、翡翠
1869	赛璐珞	用于仿象牙、牙板和珠宝
1927	醋酸纤维素	用于仿珍珠
1929	尿素树脂	塑料,仿不透明或半透明的宝石
1936	丙烯酸树脂	塑料,仿紫晶、祖母绿、红宝石、蓝宝石、黄玉
1955	钛酸锶	焰熔法,用于仿钻石
1964	钇铝榴石	助熔剂法、提拉法,仿钻石
1976	钆镓榴石	提拉法,仿钻石
1977	Slocum 石	美国人 J. Slocum 制造,仿欧泊

(2)塑料。是以树脂为主要成分,在一定温度和压力条件下,塑造成一定形状,并在常温下能保持既定形状的高分子有机材料。在制作过程中结合先进的制作技术和表面处理工艺,并融入各种时尚元素,制作的饰品具有材质轻盈(密度 $0.9 \sim 2.3 g/cm^3$)、强度高于钢材($170 \sim 450 MPa$)、可塑性高、坚固耐用、色彩丰富、价格低廉等诸多优点。塑料常用来制作戒指、手镯、手链、耳环、挂坠、发卡等,深受市场欢迎。

(3)亚克力。俗称"经过特殊处理的有机玻璃",是丙烯酸(酯)和甲基丙烯酸(酯)类化学物品的总称。与陶瓷相比,具有无与伦比的高光亮度和高透明度,透光率达92%,有"塑料水晶"的美誉,抗冲击力(冲击强度≥16MPa,拉伸强度≥61MPa)强于玻璃16倍,比普通玻璃自重轻一半($1.19g/cm^3$),可塑性强,具有极强的耐蚀性,兼具良好的表面强度与光泽,韧性好,不易磨损,修复性好,易清洁,质地柔和。制作的饰品不仅款式精美、经久耐用,而且具有环保作用(其辐射线与人体自身骨骼的辐射强度相差无几),但市场上不少的廉价"亚克力"其实都是普通有机板和复合板(又称夹心板)。真假亚克力可从板材断口的细微色差和抛光效果中去识别。

在流行首饰中,玻璃琉璃饰品和陶瓷饰品更让广大消费者青睐。

3. 标识

人造宝石的名称标识,必须在材料名称前加"人造"二字,如"人造钇铝榴石"等,但"玻璃"、"塑料"除外。

三、拼合宝石

1. 定义

由两块或两块以上材料经人工拼合而成,且给人以整个印象的珠宝玉石,称拼合宝石,简称"拼合石"。

约在1850年之前,人们就用石榴石和玻璃制成二层石来仿钻石、红宝石和祖母绿等稀有宝石。现在,拼合石是用天然珠宝玉石、人工珠宝玉石等各种材料粘合而成。从外观上看,其琢工精湛,颇似完美无缺的天然珠宝玉石。

2. 特征

按其所用材料、结构、组合方式、工艺美术效果等的不同，拼合石通常分为3种：

(1)二层拼合石。是一种不加颜色的方式把两块完全不同的材料组合而成，如1852年制造的石榴石和玻璃粘合的二层石。

(2)三层拼合石。是用粘结剂把两块宝石材料粘合而成，并由粘合剂为宝石着色，也可由三种材料粘合而成。如绿柱石、合成祖母绿和玻璃三种材料组合而成的三层拼合石，层与层之间常有气泡、粘结物等。

(3)底衬石。是用反射力极强的材料作底座，附在宝石底面，借以增强宝石的颜色或特殊光彩。底衬石不透明，并常用封闭的金属托架镶嵌着宝石下部。

3. 标识

拼合宝石在标识名称时：

(1)逐层写出组成材料名称，在组成材料名称之后加"拼合石"三字，如"蓝宝石，合成蓝宝石拼合石"；或以顶层材料名称加"拼合石"三字，如"蓝宝石拼合石"。

(2)由同种材料组合而成的拼合石，在组成材料名称之后加"拼合石"三字，如"锆石拼合石"。

(3)对于分别用天然珍珠、珍珠、欧泊或合成欧泊为主要材料组成的拼合石，分别用拼合天然珍珠、拼合珍珠、拼合欧泊或拼合合成欧泊的名称即可，不必逐层写出材料名称。

四、再造宝石

1. 定义

通过人工手段，将天然珠宝玉石或人工珠宝玉石的碎块或碎屑，熔接或压结成具整体外观的珠宝玉石称再造宝石(reconstructed stones)。

熔接法可分烧结和熔融两种。所谓烧结法，是将粒度小于3mm的宝石级矿物或宝石原料在加工过程中切割下来的边角余料，在高温火焰下烧结在一起，形成可切磨的宝石块体。这种再造宝石的化学成分同其前身宝石碎料相同，物理性质也基本相同，如著名的"日内瓦红宝石"。

熔融法，是将宝石材料加入某些助熔剂或致色剂，混匀后在高温下熔融，冷却后成为整装晶体，在某种程度上美化了原来粉状宝石。

2. 特征

目前，再造宝石主要是再造绿松石和再造琥珀。其特点如下。

(1)结构：放大观察可见粒状结构，粒间界线清楚。粒间有色差。

(2)密度：通常小于原生宝石。

(3)荧光性：强于原生宝石。

(4)其他：1 725cm^{-1}的吸收峰是再造绿松石典型特征，而且吸收光谱曲线较宽；透明度高和搅动构造是再造琥珀的特征。

3. 标识

在对再造宝石的名称标识时，应在新组成珠宝玉石名称前加"再造"二字，如"再造琥珀"。

五、改善宝石

改善宝石(enhacement gemstone)亦称优化处理宝石。

1. 定义

除切磨抛光外,经过人工优化和处理的珠宝玉石称为改善宝石。用以改善珠宝玉石外观(颜色,净度或特殊光学效应),耐久性或可用性的所有方法可分为优化和处理两类。

优化(enhancing)是指传统的,不破坏结构的,被人们广泛接受的使珠宝玉石潜在的美显示出来的改善方法。处理(treating)是指非传统的,可破坏结构的,尚不被人们接受的改善方法。

2. 分类

改善宝石的方法随科技发展而不断创新换代。而优化与处理的分类标准,目前国际上尚无统一意见。根据我国现行标准 GB/T16552 规定,可按宝石改善工艺特征予以分类(表1-14)。

表 1-14 宝石改善工艺特征性分类

组	种	亚 种	认可程度	
			优化	处理
能量活化	热能工艺	普通热处理法	✓	
		熔盐电解处理法	✓	
	辐照工艺	重带电粒子辐照法		✓
		高能电子辐照法		✓
		电磁辐照法		✓
		中子辐照法		✓
	热-辐照工艺	热-重带电粒子辐照	✓	
		热-高能电子辐照	✓	
		热-电磁辐照	✓	
		热-中子辐照	✓	
化学反应	热扩散	粉末包渗法		✓
		盐浴法		✓
		熔烧法		✓
	净化与漂白	强酸强碱净化法		✓
		净化融合法		✓
		化学漂白法	✓	
		光照褪色法	✓	
	化学沉淀	盐溶浸泡法		✓
		色液热解法		✓
物理修饰	孔隙注入	静态注入法		✓
		热注入法		✓
		高压注入法		✓
	表面遮盖	涂覆法		✓
		镀膜法		✓
		贴箔法		✓
	除杂掩脏	激光除杂法		✓

3. 特征

改善宝石的目的,是使被改善的宝石达到色泽艳丽,即用最先进的方法和手段,以廉价的材料仿制成更有价值的宝石外观,而且对人体无害。但是,无论采用任何先进的方法和手段去优化处理珠宝玉石材料,都将或多或少、或隐或现地留下其特有的改善迹象。这些迹象就成为鉴别宝石是否经过优化处理的依据。

目前常见的宝石改善工艺特征,列于表 1-15。

改善宝石的特征鉴别,特别是"处理"级别宝石的特征鉴别,必须在明确工艺流程的基础上才能进行。

表 1-15 常见改善宝石工艺分类及鉴定特征

宝石名称	改善方法	改善效果	鉴定特征	分类
钻石	激光钻孔	改善净度	可见白色的管状物、激光孔,少有无色充填	处理
	覆膜处理	改善颜色、耐磨性	覆膜可脱落,可用刀、针刮掉,膜多为晶粒状结构,具 1 500cm^{-1} 宽峰增大	处理
	充填处理	改善颜色	充填裂隙可见可变的闪光效应,暗域是橙黄或紫至紫红、粉红色等闪光,亮域下呈蓝至蓝绿、绿黄、黄等闪光;充填物中可有气泡、絮状物或雾状结构,流动构造等;透明度降低,可有不完全充填区域	处理
	热—辐照处理	改善颜色	彩钻在油浸镜下,亭部有色带、色斑,呈伞状分布;可见 594nm、699nm 吸收线,深色绿钻可具 741nm 吸收线(在低温状态);此法均将浅色改为深色,是从原子空位缺陷改造的色心	处理
	高温高压处理	改善颜色	可见雾状包体,常规不易检测;拉曼光谱可见较明显的 637nm 吸收峰,575nm 激发光谱;以改变晶格结构而改色	处理
红宝石	热处理	改善颜色	固态包体周围出现片状、环状应力裂纹,丝状和针状包体呈断断续续的白色云雾状,负晶外围呈溶蚀状或浑圆状,还可见双晶纹和指纹状包体;具格子状色块,不均匀扩散晕,麻坑	优化
	浸有色油	增色	裂隙有五颜六色的干涉色,渣状沉淀物;可见表面油迹,颜色集中于裂隙内,可见流动纹;荧光下可发橙色、黄色荧光	处理
	染色	增色	可见颜色集中于裂隙中,表面光泽弱,出现多色性异常,丙酮擦拭掉色;可发橙红色荧光	处理
	扩散处理	增色或产生星光效应	色布于表层,不均匀,星线均匀;二色性模糊;色斑发红色荧光;折光率 1.78～1.79(1.80)。颜色可集中于处理前的裂隙或凹坑等的边缘或内部;内部具热处理相似的特点	处理
	充填处理	增加透明度	可见裂隙或表面空洞中的玻璃状充填物,残留的气泡,光泽弱;其成分结构与红宝石不同,可用红外光谱或拉曼光谱确定其充填物	处理
蓝宝石	热处理	改善颜色	与红宝石热处理结构相似;格子状色斑,原色带、色斑边缘模糊,无 450nm 吸收带	优化
	扩散	增色或产生星光效应	油浸下或散光下可见颜色集中在棱线或裂隙处,不均匀,呈网状;或集中在凹坑等缺陷的边缘及内部,星光细而直,而且针状包体都集中在表面,短波下可有蓝白或蓝绿色荧光,可缺失 450nm 吸收带	处理
	辐照	改善颜色	无色、浅黄色和某些浅蓝色蓝宝石经辐照后可产生深黄或橙黄色,极不稳定,难测	处理

续表 1-15

宝石名称	改善方法	改善效果	鉴定特征	分类
祖母绿	浸无色油	改善颜色	裂隙中可见油的无色或浅黄色干涉色;长波下呈黄绿色或绿黄色荧光;受热后"出汗"	优化
	浸有色油	增色	裂隙中呈绿色反光;丙酮拭之掉色;长波下呈黄绿色或绿黄色荧光	处理
	充填处理	改善颜色耐久性	充填物沿裂隙分布并呈绿色反光,呈雾状,有气泡及流动构造;热针探之"出汗";丙酮拭之可溶解充填物	处理
海蓝宝石	热处理	改善颜色	蓝绿色、黄色、由铁致色的绿色,经热处理可转呈蓝色,稳定,不可测	优化
猫眼	辐照	改善颜色及眼线	不易检测	处理
绿柱石	热处理	改善颜色	常用于摩根石的颜色处理后去除黄色调而产生纯粉红色;400℃以下稳定,不易检测	优化
	辐照	改变颜色	由无色、浅粉色变成黄色(250℃以下稳定)或蓝色,常不易检测;辐照的蓝色绿柱石有中心谱带位于 688nm、624nm、578nm、560nm 等吸收带	处理
	覆膜	产生绿色外观	放大检查不时可见绿膜脱落	处理
碧玺	热处理	改善颜色	暗色加热产生绿色至蓝绿色,粉色或红色产生无色;橙色产生黄色、棕色、紫色产生蓝色,稳定;不可测	优化
	浸无色油	改善外观	油浸于裂隙中	优化
	染色	改善外观	用染色剂渗入空隙染成红、粉、紫等色,丙酮拭之掉色	处理
	充填	改善外观,耐久性	用树脂充填表面空洞裂隙;可见表面光泽差异,裂隙或空洞偶见气泡	处理
	辐照	改善颜色	浅粉、浅黄、绿、蓝或无色者经辐照产生深粉色至红或深紫红色、黄至橙色、绿色等,不稳定,热处理会褪色,不易检测	处理
锆石	热处理	改善颜色	几乎所有无色、蓝色锆石都是热处理产生的,也可产生红色、棕色、黄色等;通常稳定,少数遇光线会变化;表面或棱角处易发生碎裂和小破坑	优化
托帕石	热处理	产生粉红色	黄色、橙色和褐色加热能呈粉或红色,稳定,不可测	优化
	辐照	产生绿、黄、蓝色等	无色能转成深蓝或褐绿,常经热处理产生蓝色;黄色、粉色、褐绿色可经辐照加深颜色或去除杂色;多数不可测	处理
	扩散	产生蓝色	无色者成蓝色、蓝绿色;放大观察可见颜色在刻面棱线处集中	处理
石英	热处理	产生黄色	暗色紫晶变浅;去除灰色色调,紫晶加热变黄晶,绿水晶;有些烟晶变成绿色色调之黄晶。颜色不稳定,不可测	优化
	辐照	产生紫色、烟色	水晶成烟晶,不可测;芙蓉石加深颜色,稳定,不可测	处理
	染色	用于仿宝石	淬火炸裂纹、浸入染料中着色;放大检查见染料集中于裂隙中;发荧光	处理
长石(月光石、天河石、日光石、拉长石)	覆膜	改善外观	盖上蓝色或黑色覆膜,以产生晕彩;放大检查可见覆膜脱落	处理
	浸蜡	改善外观	用以充填表面解理,缝隙;中等稳定,热针可溶蜡;红外光谱测定	处理
	辐照	用于仿宝石	白色微斜长石处理可成蓝色天河石,很少见,不易检测	处理
方柱石	辐照	改善颜色	无色或黄色变成紫色,不稳定,遇光会褪色	处理
坦桑石	热处理	产生紫色	某些带褐色调的晶体产生紫蓝色,稳定,不可测	处理
辉石(锂辉石等)	辐照	改善颜色	常用于锂辉石,无色或近于无色者成粉色,紫色调转成暗绿色,稍加热或见光会褪色;辐照产生的颜色,黄色、黄绿色锂辉石残留放射性,稳定,不易检测;亮黄色无天然对应物	处理

续表 1-15

宝石名称	改善方法	改善效果	鉴定特征	分类
红柱石	热处理	改善颜色	由一些绿色加热产生粉色,稳定,不可测	处理
蓝柱石	辐照	改善颜色	无色者可成蓝色或浅绿色,稳定性不详,不易检测	处理
方解石	染色	改善颜色	可染成各种颜色,解理缝内可见染料	处理
	浸蜡或注胶	改善外观,防裂开	表面呈油脂光泽,易熔,可用热针探测	处理
	辐照	产生颜色	产生蓝色、黄色或浅紫色;某些颜色会褪色;不易检测	处理
翡翠	热处理	产生红色、黄色	浅棕色或无色者能成棕色、棕黄色,红色者有干的感觉,不易检测	处理
	漂白,浸蜡	改善外观	酸洗后用蜡浸泡;表面成蜡状光泽,加热出蜡,有蓝白色荧光	处理
	漂白,充填	改善外观,耐久性	树脂光泽,底变白,色发黄;原色定向性破坏,表面有橘皮效应(或无),颗粒破碎,解理不连贯;见沟渠状构造;抛光面见显微裂纹;结构松散,密度 3.00～3.34,折光率 1.65(点测),具 2 400～2 600cm^{-1}、2 800～3 200cm^{-1} 强吸收峰,常有荧光	处理
	染色	产生鲜艳绿色	染料沿裂隙呈网状分布,铬盐染色者常具 650nm 吸收带,有些色料在滤色镜下可呈红色,某些则无反应;常见人工炸裂纹	处理
	覆膜	产生绿色	折光率低,表面光泽弱,无颗粒感,局部可见 650nm 吸收峰	处理
软玉	浸蜡	改善外观	以无色蜡或石蜡充填表面裂隙;热针可熔;红外光谱可见有机物吸收峰	处理
	染色	产生鲜艳颜色	常染成绿色,染料沿粒隙分布;吸收光谱可见 650nm 吸收峰	处理
欧泊	注无色油	改善外观	无色油或无色非固体材料;可见异常晕彩、闪光效应,不易检测	处理
	染色	加强变彩	染料常在缝隙中呈微粒状聚集,遇水会失去变彩	处理
	塑料充填	改善外观	注入有色或无色塑料,密度低 1.90g/cm^3,特征包体有黑色细纹,有时可见不透明金属小包体	处理
	覆膜	改善变彩	用黑色材料作衬底;可放大观察,可用细针尖刻划	处理
石英岩	染色	用于仿宝石	可有多种颜色;染料沿粒间裂隙分布,吸收光谱可见 650nm 吸收峰(绿色谱)	处理
玉髓	热处理	改善颜色	色匀,鲜艳,不易检测	优化
	染色	产生鲜艳颜色	可有各种颜色;染料沿裂隙分布,染绿色者可有 645nm、670nm 模糊吸收带	优化
蛇纹石玉	浸蜡	改善外观	用无色蜡充填裂隙或缺口,一般较稳定;蜡状光泽,热针探之"出汗"	优化
	染色	产生鲜艳颜色	有各种颜色,染料沿裂隙分布;染绿色者可有 650nm 吸收宽带	处理
绿松石	浸蜡	加深颜色	用来封住细小的孔隙;热针可熔蜡,密度低,蜡状光泽	处理
	充填	改善颜色,耐久性	无色或有色塑料或加有金属的环氧树脂等材料;密度小(2.4～2.7 g/cm^3),硬度低(3～4);热针可熔有机物,红外光谱可测定有机物;放大观察可见不规则片状	处理
	染色	加深颜色	黑色液状鞋油等材料;色深而不自然,色层浅,易脱落,氨水可洗掉,热针可熔化;用于仿暗色基质	处理

续表 1-15

宝石名称	改善方法	改善效果	鉴定特征	分类
青金石	浸蜡或无色油	改善外观	蜡层易剥落；油密集于裂隙；用热针探之"出汗"	优化
	染色	改善外观	色沿裂隙分布，用丙酮、酒精或稀盐酸可擦掉色	处理
孔雀石	浸蜡	改善外观	将蜡从表面浸入裂隙内，热针可熔之	优化
	充填	改善耐久性	塑料或树脂充填其裂隙。放大检查可见充填物，热针可熔之	处理
大理石	染色	用于仿宝石	可有各种颜色，放大检查可具染料；试剂擦拭掉色；隙间色浓	处理
滑石	染色	产生各种颜色	染料浓集于裂隙，放大检查可见染料，试剂擦拭掉色	处理
	覆膜	改善外观，掩盖裂隙	塑料或石蜡等材料以掩盖表面裂隙与抛光纹；增大硬度；薄膜易剥落；触之有温润粘手感	处理
萤石	热处理	改善颜色	常将黑色、深蓝色处理成蓝色，稳定，避免300℃以上的浸热；不易检测	优化
	辐照	改善颜色	无色的成紫色，绿色者可发荧光；易褪变，不稳定，不易检测	处理
	充填	改善颜色	用塑料或树脂充填表面裂隙，以保加工时不裂开，放大检查可见，热针熔之	处理
羟硅硼硅石	染色	增色	易着色，可染成绿色（仿绿松石）、蓝色（仿青金石）等颜色；颜色非天然分布，而是集中于网脉裂隙中，放大检查可见；会褪色；在查尔斯滤色镜下呈粉红或红色	处理
鸡血石	充填	增加红色	胶或树脂将红色颜料或辰砂粉充填于裂隙或凹坑中，干燥后涂上一层树脂；表面呈蜡状或油脂状光泽，可见"血"色单一，多沿管缝或凹坑分布，染料颗粒不完全浮于胶中；色亮而佳，触之有温感；硬度大，密度低，加热可烧焦	处理
	覆膜	改善外观，增加红色	用辰砂粉或红色颜料与胶混合，涂于表层，以增加"血色"；放大检查可见"血"色飘浮于透明层中，偶见涂刷痕迹；王水滴上不产生薄膜	处理
寿山石	热处理	改善或改变染色	烟熏或化学试剂烧烤或恒温加热，将其表面处理成黑色或红色，颜色分布均匀完整，且仅在浅层面；易干裂，水头差，无"萝卜纹"	优化
	染色	产生黄、红—棕红色	蒸煮或罩染等方法将之染成黄色或红色至暗红色，以仿"田黄"；均染其皮，内为白色（石粉），而且染色不均不自然，并浓集于裂隙或空洞，无"萝卜纹"；染色者丙酮拭之掉色	处理
	覆膜	改善外观	用黄色石粉与环氧树脂调和均匀，涂染于表面制成假石皮，以仿"田黄"；其表面光泽异常，易具擦痕，刮下石粉呈黄色，石质较干燥，无"萝卜纹"；薄膜易脱落	处理
天然珍珠	漂白	改善颜色与外观	除去珍珠表面杂质；过氧化氢法，氯气法，荧光增白法等处理；不易检测	优化
	染色	产生黑色，灰色	有化学着色与中心染色两种方法，而后抛光；染料可在表面凹坑处及孔中见到；丙酮拭之褪色，银盐染黑者可测出银元素	处理
养殖珍珠	漂白	改善外观	除去珍珠表面杂质；过氧化氢法，氯气法，荧光增白法等处理；不易检测	优化
	增白	改善颜色	在漂白基础上添加增白剂	优化

续表 1-15

宝石名称	改善方法	改善效果	鉴定特征	分类
养殖珍珠	染色	产生颜色	同天然珍珠。放大检查可见色斑,表面有点状沉积物,用稀盐酸或丙酮拭之可见染料;长波下呈惰性,银盐染色者可测出银;X-射线照相可见白色线条	处理
	辐照	改变颜色	可成黑色、绿黑色、蓝黑色、灰色等;放大检查珍珠质层可见辐照晕斑,用拉曼光谱分析与未处理黑珍珠有差异	处理
珊瑚	漂白	改善外观	双氧水除混色,体色变浅,不易检测	优化
	浸蜡	改善外观	蜡充于缝隙空洞,放大检查可见,热针探之"出汗";有荧光	优化
	染色	产生红色	染料沿生长条带分布,裂隙中可见染料集中,色分布不均匀,丙酮拭之掉色	处理
	充填	改善颜色、耐久性	用环氧树脂或似胶状物质充填多孔质珊瑚,密度降低,热针探之可有胶脂溢出	处理
琥珀	热处理	加深颜色	将云雾状琥珀放入植物油中加热变得更透明,产生针状裂纹呈"睡莲"状或"太阳光芒"状;再生琥珀具搅动构造,粒状结构;异常双折射,具白垩蓝色荧光	优化
	染色	加深颜色	仿暗红色琥珀,也有绿色或其他颜色;可见有染料沿裂隙分布	处理
象牙	漂白	去除杂色	用双氧水等氧化性的溶液去除黄色,使其变浅或去除杂质。不稳定,不易检测	优化
	浸蜡	改善外观	可见表面有蜡感,显油润;热针可测,一般不易检测	处理
	染色	用于工艺品	以产生古象牙的外观,不常见;放大观察可见颜色沿结构纹理集中或见色斑	处理
贝壳	覆膜	仿珍珠(光泽)	表面覆涂珍珠精液等材料,产生珍珠光泽,仿珍珠;放大检查可见部分薄膜脱落,表面光滑无"砂",光泽异常,不具珍珠表面特有的生长回旋纹,而只是类似鸡蛋壳表面那样高高低低的单调的粗面;内部呈层状结构	处理
	染色	产生各种颜色	色浮于表面层,丙酮拭之掉色	处理
合成红宝石	淬火炸裂	产生裂纹	以仿天然红宝石	处理
玻璃	覆膜	增强光彩	以仿天然宝石;常可见到部分薄膜脱落,锐器可剥	处理

4.标识

(1)优化的珠宝玉石名称标识:

1)直接使用改善前的珠宝玉石名称。

2)珠宝玉石鉴定书中可不附注说明。

(2)处理的珠宝玉石名称标识:

1)在所对应珠宝玉石名称后加括号并注明"处理"二字,或注明处理方法,也可在所对应珠宝玉石名称前描述具体处理方法,如"蓝宝石(处理)"或"蓝宝石(扩散)"及"扩散蓝宝石"。

2)在珠宝玉石鉴定书中必须描述具体处理方法。

3)当不能确定是否处理时,可在珠宝玉石名称后不予表示,但必须加以附注说明"未能确定是否经过×××处理"或"可能经过×××处理"。

4)经处理的人工宝石,可直接使用人工宝石基本名称定名。

第二章　工艺检验

古往今来，无数能工巧匠凭借自己的心灵感悟和奇妙构思创造了无数技艺精湛的满足人们心身需求的金银珠宝饰品。在我国，自商代青铜器的出现，金银首饰制作技艺发生了革命性的变化。予以佐证的是河南辉县固围村5号战国墓出土的包金镶玉嵌琉璃银带钩，说明古人已能运用多种材料相结合的包、镶、嵌等手法，集金、银、玉、琉璃于一身，充分体现了我国古代艺人的高超技艺水平，并为后世乃至现代首饰制造行业奠定了基础。

金银珠宝首饰，从原材料选择到形成艺术性商品，其间需要经过设计和加工两大工序，于是就有了设计与加工的工艺。工艺既是一种技术方法，同时也是一种业务管理。

首饰的美学价值和艺术效果取决于首饰设计和制造工艺以及材料的选择与搭配。设计工艺包括以料取材、以材赋形的造型设计和设计款式的质量管理；加工工艺包括因材施艺的加工方法、方式，尽显质美和工艺质量检验。常言道，好的珠宝首饰要有好的设计，所以，设计者在求美，检验者在求真，购物者在求真、工、型。

第一节　造型设计

造型设计，是指专业设计人员根据适用、经济、美观的原则，运用变像和变形手法，将仿生对象的特征形象转化为超自然的悟性图案，因材施艺，以达到最佳装饰目的。

这里所说的变像，是指为达到装饰效果，把仿生物象（如动物、植物、晶体等）的个性、特征及规律性转化为悟性图案的过程。悟性图案既保留有自然形象的特点，又比自然形象更美、更典型。实现变相的手法有很多，如形象特征进行夸张的艺术处理，使造型极具个性化；利用整体轮廓来表现物象，对细节进行夸张处理以突出形象特征；以外轮廓来表现对象，起到化繁就简、突出主体的作用等。所谓变形，是指为了达到装饰的目的，将仿生对象抽象转化，超脱自然，达到一种源于自然而非自然的艺术境界。

以往的造型设计，多以动物、植物、宝石矿物等自然形态为设计原型，但此法尚不能反映整个设计内容。因而就要求设计师摆脱写实的自然形态，而注重对自然形态的理解及其规律的探索，能从中找出合理的最具代表性的优美线条，并将之提升为一种抽象化的几何造型元素。这些造型元素不仅反映了仿生对象的形象，同时也强调了首饰制作中的材质特性及功能性。当这些几何造型元素与现代加工工艺技术巧妙相结合，就能创造出给人以全新视觉感受的优美的珠宝首饰。

任何首饰的造型，都是由线和面组成的。线是造型中最富表现力的因素，首饰上的线包括形体轮廓线、面的转折线、结构的分割线、装饰线等。不同的线型具有不同的感性色彩：直线给人以刚直、理性、简洁的印象；曲线带有丰满、含蓄、活泼的韵味；竖线显得高直、挺拔；水平线显得稳定恬静；斜线表现运动和倾向；微曲线显得含蓄柔和，而大曲线则显得飘逸动荡。

首饰的面由线组成,它是决定造型风格特征的主要方面。不同首饰面寄托着设计者的愿望,千百年来逐渐形成了自己固有的习俗和不成文的规定:祖母绿形,近似长方形,全面由直线构成,表现出方直、刚直,长方形被切方的四角起点缀的作用,显示变化的倾向。祖母绿形象征着规矩和秩序,虽保守但不呆板,特别适合于工作有条理、性格稳重理智的人选用;鸡心形则曲线生动活泼,对比性好,上部对称曲线在凹点处,一向用于表现男女之间纯真的爱情。鸡心形首饰是爱的信物,象征感性的融汇和爱情的忠贞;椭圆形具有圆滑的曲线美,线条流畅,富有进取感。椭圆形首饰适于表现文静和中庸个性的人佩戴;圆形,其含义是"无限",它可以代表万物之始,也可以代表万物之终。俗语"如环无端"正表示了万物的无始无终、包罗万象的概念。圆形首饰有始终如一、往复不止的象征,最适合温和稳重、循规蹈矩的人佩戴;梨形,给人以渐变、起伏的韵律感。其尖峰则象征着不同凡响的进取精神。梨形体现了在圆的基础上的变化、含蓄和象征。梨形首饰适宜于生动活泼而又端庄秀丽的女性佩戴;橄榄形,兼有鸡心形和梨形的特点,曲线在两端有极大的曲率变化,显得激烈而冲动。橄榄形首饰是追求突出、富于冒险精神的男子乐于选用的;三角形,是直线的断续所构成的封闭图案,给人锋芒显露的感觉,非规则的三角形具飘忽不定之感,给人以特殊魅力。

首饰设计是决定首饰艺术价值最重要的因素,其艺术性是通过首饰的款式来体现的。通过对首饰款式的艺术设计使首饰的美和首饰对人体装饰的效果达到质美、色美、形美,彰显佩带者特质,以饱观者眼福的目的。美质能体现佩带者的素质和涵养,表现出人的意志和身份。美色能体现佩带者的性格和情绪,如金黄色联想到阳光、明朗和温暖;银白色联想到雪和月光,显示纯洁、爽快的韵味;红色是火与血的象征;绿色是生命的源泉,充满生机盎然、欣欣向荣的气象;蓝色使人想起蓝天碧海,给人一种无限宽广的境界。美形则能体现人们的一种美好的愿望,一种追求,一种理想。形的好坏是首饰美不美的关键。美形应以整齐、对称、均衡、反复、节奏等为基础,达到比例适宜、变化多样、协调统一、不落俗套的效果。总之,首饰设计必须迎合消费者的心理,满足消费者的欲望。

一、经典造型

首饰虽小,但内涵十分丰富,无所不包。设计的仿生对象上至日月星辰的浩瀚宇宙,下到人间万物的陆、海、空三界,实可谓"小首饰、大艺术"。常见的造型设计有如下几种。

1. 植物型造型

该设计是以植物图案为素材而制作的一种仿生饰品。造型应尽量接近天然,给人以逼真的视觉享受,或将植物造型加以图案化、典型化、抽象化,或利用植物的某部分加以艺术处理,使植物的美得以提炼、升华,给人以更高一层的艺术享受(图2-1至图2-3)。

2. 动物型造型

该设计是以动物造型为素材而制作的仿生饰品,多以动物瞬间动势为图案,或将动物某一部分扩大、抽象化、表情人格化的卡通形象,给人以内心的"童趣"享受(图2-4至图2-6)。

3. 人物型造型

该设计是以不同历史时代、不同性别的人物形象,或以神话故事的虚拟人物形象为素材而制作的饰品,多以古代仕女、佛祖、圣母、观音等造型为常见,造型优美、生动、庄重,给人以心灵的享受(图2-7至图2-9)。

图2-1 岁寒三友　　　　图2-2 事事如意　　　　图2-3 连升三级

 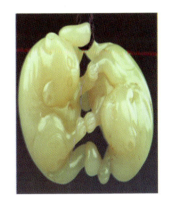 

图2-4 封侯拜相　　　　图2-5 欢天喜地　　　　图2-6 三阳开泰

图2-7 观音　　　　　　图2-8 玉佛　　　　　　图2-9 喜相逢

4. 吉祥图案型造型

该设计是以吉祥图案为素材设计饰品造型。常见的有现实中的动物或想象中的动物,有一些特定的纹饰图案或特定的美术字等。吉祥图案往往具有明显的民族特色和地方特色,为趋吉避凶的象征(图2-10至图2-12)。

图 2-10　连生贵子　　　图 2-11　喜上眉梢　　　图 2-12　吉祥如意

5. 几何图案型造型

该设计是以几何图形为造型来制作饰品。几何学上的点、线、面、三角形、矩形、圆形等或以这些图形有机搭配而组合的图形,不仅可以对具体事物进行简化抽象,还可以脱离事物的具体细节,给人以明确的思考。此种造型将原始美与现代美有机地结合起来,给人一种既前卫又返朴归真的感觉。

6. 生活图案造型

该设计是以日常生活用品、生活内容、山水风情作为饰品的造型。可用写实和抽象两种手法,将生活中的东西艺术化,使饰品常有浓郁的生活情趣和时代感,令人热爱生活,开拓未来(图 2-13)。

图 2-13　如意

二、时尚造型

珠宝首饰能够成功销售的因素,主要是工艺质量佳、外观造型优美及色彩配衬得宜。

时尚首饰,首先要有独特的设计风格和鲜明的形象,具有张扬个性、突出自我的能力,要将浪漫与实用巧妙地融为一体,去迎合各种风格群体消费的需要,并应紧跟世界前卫的首饰潮

图2-1　岁寒三友　　　　　图2-2　事事如意　　　　　图2-3　连升三级

 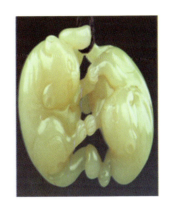 

图2-4　封侯拜相　　　　　图2-5　欢天喜地　　　　　图2-6　三阳开泰

图2-7　观音　　　　　　　图2-8　玉佛　　　　　　　图2-9　喜相逢

4. 吉祥图案型造型

该设计是以吉祥图案为素材设计饰品造型。常见的有现实中的动物或想象中的动物，有一些特定的纹饰图案或特定的美术字等。吉祥图案往往具有明显的民族特色和地方特色，为趋吉避凶的象征（图2-10至图2-12）。

图 2-10　连生贵子　　　图 2-11　喜上眉梢　　　图 2-12　吉祥如意

5. 几何图案型造型

该设计是以几何图形为造型来制作饰品。几何学上的点、线、面、三角形、矩形、圆形等或以这些图形有机搭配而组合的图形,不仅可以对具体事物进行简化抽象,还可以脱离事物的具体细节,给人以明确的思考。此种造型将原始美与现代美有机地结合起来,给人一种既前卫又返朴归真的感觉。

6. 生活图案造型

该设计是以日常生活用品、生活内容、山水风情作为饰品的造型。可用写实和抽象两种手法,将生活中的东西艺术化,使饰品常有浓郁的生活情趣和时代感,令人热爱生活,开拓未来(图 2-13)。

图 2-13　如意

二、时尚造型

珠宝首饰能够成功销售的因素,主要是工艺质量佳、外观造型优美及色彩配衬得宜。

时尚首饰,首先要有独特的设计风格和鲜明的形象,具有张扬个性、突出自我的能力,要将浪漫与实用巧妙地融为一体,去迎合各种风格群体消费的需要,并应紧跟世界前卫的首饰潮流,把千变万化、色彩缤纷的珠宝首饰与个性化的需求相搭配,给予首饰以新鲜完美的注释。无论是品牌系列的贵重高级珠宝首饰或商业化大众首饰,色彩渲染力能带动人类的感性,影响消费者购买的决定,持续引领珠宝首饰的潮流。

现代珠宝首饰流行趋向是崇尚回归,纯净简练,柔情浪漫,取材广泛,轻巧怪异,静动相济,注重装饰。今天,风格多元、时尚创意的提炼和构思及对构图的提炼,是设计水平高低的标准之一。随着科技发展和观念更新,使得时尚首饰设计有了广阔的市场前景和发展空间,观念、材料、风格、品味、装饰手段等都有可能出现重大突破,由此,会引起不同凡响的时尚风潮。时尚首饰丰富的色彩和独特的款式蕴含着各种文化风情,已经开始引领世界时尚潮流。

三、设计质量

(1) 根据材料的质量、形体、色泽,量料取材,因材施艺。对于宝石材料,应把握形体,避免逆着横竖性和颠倒阴阳面。善于剜"脏"去"绺"和掩"脏"遮"绺",改瑕为瑜。做到好色勿琢,绿色起活,"破形"要有章法。

(2) 造型应优美、自然、生动、真实,比例恰当。构图的布局、章法要有疏有密,层次分明,繁简有序,呼应传神。

(3) 主题突出,陪衬得当,避免喧宾夺主,杂乱无章。

(4) 造型设计中,应灵活运用,正确把握,重复渐变,近似对称,均衡对比,节奏的韵律协调统一,夸张规则,达到最佳艺术效果。

(5) 受消费者喜爱的首饰款式有以下特征:

1) 崇尚自然,不求奢华,形式简洁,做工精细。

2) 突出文化品位,艺术性强,不特意讲究富贵华丽,艳而不俗。

3) 花纹图案多取材于自然,由抽象取代具象形,讲究随意流畅,注重朴拙。

4) 以人为本,满足不同体型不同素养消费者的需求,做到同款多式,一款多变,由个性化取代同质化,多样化取代单一化。

第二节 铸造工艺

饰品加工工艺的类型,主要有贵金属饰品的加工工艺、镶嵌饰品加工工艺、珠宝切磨加工工艺和玉器雕琢加工工艺,即铸造工艺、镶嵌工艺、切磨工艺、雕琢工艺四类。

对不同类型饰品的加工工艺,有不同的工艺评价标准。饰品加工工艺水平,是影响饰品美观性、鉴赏性、收藏性和科学性的最重要因素。

对于贵金属和贱金属饰品来说,其加工工艺主要是铸造工艺,即金属材料在外力作用下制作成型的工艺。

一、传统手工工艺

1. 花丝镶嵌工艺

花丝镶嵌工艺,又称细金工艺,是我国手工艺史上一种独门绝技,以花丝和镶嵌两种主要工艺为代表。此工艺起源于商周时代,兴盛于汉朝,明清发展到鼎盛时期。花丝镶嵌工艺,是指用金、银、铜金属细线经盘曲、掐花、填丝、攒丝、焊接、堆垒、编制的传统技法和锉、锼、捶、闷、打、崩、挤、镶等镶嵌技法等多种手段将金属片做成托和爪子型凹槽,再镶以珍珠、金石制作成型的细丝工艺。该工艺几千年来一直为中国古代皇家珠宝首饰的御用技艺,为"燕京八绝"之一。该工艺用料考究、昂贵,制作工艺精细复杂,但自清末的侵略者的掠夺、战争的动荡以及文革冲击,几近消失,现已被国务院列为国家级非物质遗产名录。

花丝珠宝首饰纤细、精巧、富有内涵,近似效果极好。但一件精美的花丝镶嵌作品非能由一人完成,而需要每道工序制作者的高超工艺水准来共同完成。

花丝工艺,要求掐丝流畅自然,填丝均匀平衡,金属丝不歪斜、不扭曲、不松动。

2. 珐琅工艺

珐琅工艺,是一种在金属胎体表面施以各色釉料的金属装饰工艺。该工艺是利用现代技艺在传统珐琅工艺和景泰蓝工艺基础上制作首饰的新工艺。

珐琅,又称"佛郎"、"发蓝",中国南方称"烧青",北方叫"烧蓝",日本称作"七宝烧",是覆盖于金属制品表面的一种低温类玻璃质材料,也是搪瓷的旧称。珐琅首饰具有绚丽多彩的颜色和水晶般的质感,彰显了珐琅工艺在现代首饰设计中的独特魅力。

德国的皮特·卡尔·费伯奇的珐琅更像是一件工艺品,其珐琅颜色种类约有145种之多。每一次配方都有一些细微差别,而且也只用一次,因此,这些配方中都蕴藏着神奇的秘密。无论从技术还是艺术上,都给金属工艺带来了新鲜的活力。单纯从技术角度来说,珐琅可以同玻璃和钢铁通过重熔化、烘干而彻底溶合于一起。珐琅的粉末溶于水,将其拌涂在金属的表面,在800℃下进行烘烤,如此重复7次,可使不完美的珠宝饰品达到令人十分满意的效果。

按我国的传统,附在陶或瓷胎上的玻璃质称为釉,而用于瓦片建材上的称为琉璃,涂饰在金属器物外表的玻璃质称为珐琅。它们的原料大同小异,主要成分都是硅酸盐,唯珐琅需与不同材质的胚体相结合。

当不同色彩的釉料烧结后,表面自会形成一种富有光泽、色彩艳丽的玻璃质,装饰效果极强。根据胎体制作工艺和施釉方法的不同,可将珐琅工艺分为很多种,如掐丝珐琅、錾胎珐琅、画珐琅、透光珐琅等。

而流传久远的景泰蓝工艺,其实是一种铜胎的掐丝珐琅。它多用于制作炉、鼎、瓶等装饰器皿,既有浑厚凝重、富丽典雅的艺术特征,又有鲜明的民族特色。

景泰蓝的制作,是以红铜作胎,手工将轧扁的细铜丝制作成各种图案焊在胎体上,然后在铜丝构成的造型中加上各种颜色釉料,经过烧制、磨光、镀金等工序而成。景泰蓝的制作工艺既运用了青铜和烧瓷的传统工艺,又吸收了传统绘画和雕刻的技法,是一种综合艺术,是美术设计、雕刻、镶嵌、冶金、玻璃熔炼等技术与知识的融合。

珐琅工艺制作首饰,是以银料作为首饰的胎体,其色泽美观,透明度高,装饰性强;或用紫铜制作胎体,制成后在表面镀以金或银。

制作首饰时(起版),将金属(金或银)丝压扁,弯成设计图案的纹样,焊在底板上,然后,将由石英、长石、硼砂、金属氧化物等矿物质及着色剂混合均匀经1300℃左右的高温熔融在一起,经冷却干燥磨成粉状的釉料,点在洁净的胎体上,再进行700℃烧结,使釉料软化附着在金属胎体上形成结实、有光泽的玻璃态物质层。如果首饰件尺寸较小,也可直接用焊枪进行焙烧。烧成的首饰,其釉面常呈凹面,低于金属框架,而且金属表面有黑色氧化层,因此,需要后期处理。要多次反复点蓝、烧结,以确保釉料面与金属丝齐平。最后,进行打磨抛光。如果釉中加入颜色各异的金属氧化物,烧制后便显示出丰富多彩的色釉。色釉分高温色釉(60种以上)和低温色釉(30种以上)。除色釉外,还有结晶釉、裂纹釉、无光釉等多种釉。

由上述可知,掐丝珐琅首饰和景泰蓝首饰,在制作过程中有许多相同之处,如二者都需要经过制胎、点釉料、烧结釉料等工序。但二者也有很大差别,如胎体选料不同,景泰蓝常选用低价的紫铜,还需要经过电镀后期处理,而掐丝珐琅首饰的胎体材料为金或银,无需电镀处理;另外,二者的工件形态与大小亦不同,如景泰蓝胎体较大,其纹样的线条受到胎型、细丝工艺和釉料的限制,过稀或过密都不利于釉料的烧结。而珐琅首饰相对于景泰蓝的工件要小,可充分考虑其工艺特点来设计纹样和胎体形状,使之既符合首饰制作的标准,又便于实施掐丝珐琅工艺;其烧蓝的方法也比景泰蓝的受限制少,可用小型焙烧炉,也可以用焊枪。

3. 滴胶工艺

滴胶工艺多用于流行饰品,根据胶料性质可分为软胶和硬胶两种。前者不适于打磨抛光,可用于饰品的表面披覆;后者经打磨抛光后可得到平整光亮的效果。

通常是用环氧树脂水晶滴胶,其固化物具有耐水、耐蚀、晶莹剔透的特点。若在该胶中加入各种颜料可形成丰富的色彩,增加饰品表面的装饰效果。该工艺适用于金属、陶瓷、玻璃、有机玻璃等材料制作的工艺品表面装饰和保护。

滴胶效果与珐琅相似,又称作"软珐琅",用来仿珐琅产品。这种塑胶树脂类的产品,只需将液态的色胶涂在金属上自然风干或在烤温箱中烤干即可,制作简单,不会对金属产生有害影响,适合镶宝饰品的最终处理。但是滴胶由于胶料材质关系,与珐琅相比不耐久,也不耐高温,容易腐蚀和磨损,一定时间后容易出现老化褪色及失去光泽。

滴胶基本过程是,将滴胶(A胶与B胶 3:1 的混合物)装入带尖嘴的软塑胶瓶内进行滴胶,用胶料滴到饰品要求的位置。若滴胶面积大或滴胶水数量多时,为加速消除胶水中的气泡,可采用以液化气为燃料的火枪来催火消泡。消泡时火枪的火焰要调整到完全燃烧状态,且火焰离作业面最好保持 25cm 左右距离,火枪的行走速度也不能太快或太慢,保持适当速度即可。待气泡完全消除后,可将作业物以水平方式移入烤箱加温固化,温度 40℃ 左右,时间 30 分钟,再升温到 60~70℃,直至胶水完全固化。

4. 贴金工艺

贴金工艺是工匠们把 1g 重黄金夹在乌金纸中,再在乌金纸外套上皮筒,均匀锤击,黄金在乌金纸中延展成箔。1g 黄金可以打制 55 张 3 寸见方的箔。金箔常用于寺庙神像的服饰及其他建筑、匾额、屏风和一些工艺品上。

贴金要求贴紧、贴平,不留缝隙。

5. 蚀刻工艺

蚀刻工艺分阳纹与阴纹两种蚀刻加工工艺。

阳纹的加工首先将欲留存的金属部分用耐酸蚀的涂料涂好,再用酸性溶液对不需要的金属部分进行腐蚀。阴纹的加工与阳纹的加工正好相反。

蚀刻工艺要求,蚀纹匀称流畅,纹路明显光滑。

6. 错金工艺

错金工艺始于中国商代晚期,用于错镶铭文,盛行于战国中晚期至西汉时期,在中国工艺美术史上具有重要的地位。

传统的错金工艺,指在铸造的青铜器上用金银丝或金银片镶嵌成各种花纹、图像、文字,然后用错石把表面磨错光平,使器物显示纹彩。其艺术特征是用隐嵌技法。

制作一件错金（银）铜器需要高超技巧，方可在青铜器物上呈现出流畅的线条、繁缛精美的纹饰、鲜明跃动的图案和绚丽的错金（银）装饰。

现今的错金工艺，指在一种金属或合金饰品的表面因嵌入、压入、焊入、填入另一种颜色差别明显的金属或合金所形成的图案或轮廓。当今错金工艺的实现方式有传统工艺法、金（银）汞齐法、银泥法、焊药法、嵌焊法和铣槽嵌入法等（李举子、包德清、李小菊，2009）。

(1) 传统工艺法。具体过程是：①制槽。在金属器物表面按花纹、图像、文字铸成或刻出凹槽，凹槽内小外大，槽底刻凿出麻点；②镶嵌。将金属丝、片凿截成需要的大小和形状，嵌入槽内，锤打压实；③磨光。用磨（错）石将金属磨平，再用皮革、绒布蘸清水反复磨压，使表面光滑明亮、花纹清晰。

(2) 金（银）汞齐法。将金（银）汞齐液体灌入槽中，当汞挥发后，金（银）则以固态方式固定于槽内。这是鎏金工艺在错金工艺中的应用。其过程如下：①刻槽。槽较浅，阔度不宜太大；②填金（银）汞齐；③干燥；④重复填汞齐和干燥，直至金（银）填满槽口；⑤压磨光亮。用玛瑙刀或钢压笔将金（银）压平、抹亮。

(3) 银泥法。银泥可被捏、摆成一定的设计造型，加热使银泥硬化，形成多种造型的银首饰。制作过程：①刻槽；②挤填银泥，表面压平；③加热硬化。该法可用于表现较丰富的文字和图案，频率较高，颜色对比明显，形成的特别肌理更增添了错金工艺的艺术魅力。

(4) 焊药法。低熔点的合金焊药焊接于金属槽内，因二者颜色不同，从而形成错金工艺的外观效果。制作过程是：①刻槽；②焊接。在凹槽处涂抹适量的助焊剂，取适当焊药加热熔化填满槽口；③锉平打光。

(5) 焊压法。首先选取1mm厚的较大黄铜片和0.3mm厚的小红铜片。具体制作过程：①累片。按设计图案将锯锉好的红铜片置于黄铜片上；②焊片；③压片。将两者放入压片机中压薄，使红铜"陷入"黄铜片内，形成不同颜色组成的图案；④锉修磨亮，体现出错金效果。

(6) 嵌焊法。选取两片厚度均为1mm的黄铜片和红铜片。制作过程：①取设计样。按设计图分别在黄铜片和红铜片上锯切并锉修出尺寸相同的阴模和阳模，以阳模刚好嵌入阴模内；②嵌入。阳模嵌入阴模，二者间隙越小越好；③焊接；④锉修磨亮。制成的成品，颜色分明，效果较好，比传统工艺的效率高。

(7) 铣槽嵌入法。使用铣刀铣槽，将铣好的金属片垂直铣槽断面嵌入。具体过程：①铣槽。用尺寸合适的燕尾槽铣刀和厚度适宜的金属片，以铣床在锯片的合适部位铣削出一燕尾槽；②铣金属条。选取厚度、大小、颜色适宜的另一金属片，铣出断面为正梯形的金属条，使金属条可精确嵌入已铣好的槽口中；③焊接；④锉修磨亮，使之体现错金工艺的效果。

二、机械加工工艺

1. 机械成型工艺

该工艺对一些结构简单的饰品，可以直接加工成型。常用的方法是用机床加工（切削）成型和电火花成型。

(1) 切削成型。该工艺是利用车床将金属型材直接加工成饰品，如戒圈、手镯等。

(2) 电火花成型。该工艺是在液体中进行的。机床的自动给进装置，使工件和工具电极之间保持适当的放电间隙。当工具电极和工件之间施加很强的脉冲电压（达到间隙中介质的击穿电压）时，会击穿介质绝缘强度最低处。由于放电区域很小，放电时间极短，新的能量高度集中,使放电区的温度瞬时高达 10 000~12 000℃,工件表面和工具电极表面的金属局部熔化,甚至气化蒸发。局部熔化成气化的金属在爆炸力的作用下抛入工作液中,并被冷却为金属小颗粒,然后被工作液迅速冲离工作区,从而使工件表面形成一个微小的凹坑。如此反复,工件表面不断被蚀除,直至达到加工成型的目的。

2. 失蜡浇铸工艺

失蜡浇铸工艺,由商代青铜器的铸造工艺发展而来,是现今贵金属首饰制作的重要工艺,最适合凹凸明显首饰形态的生产。失蜡浇注分真空吸铸、离心铸造、真空加压铸造和真空离心铸造等,其工艺流程为:制作金属模型—压制胶膜—铸蜡膜—植蜡树—灌制石膏膜—铸件浇铸。

与失蜡浇铸工艺相似的是苗族银饰制作的刻钢模技术。首先将一些图案纹样雕刻在钢模上,把铜片放在钢模上用铁锤敲打,就得到了铜片的造型纹样,再将一个个铜片纹样焊接在一起。其传统焊接工艺,是在酒精灯的火焰上,利用一根很细的一端尖的吹管,用嘴巴吹入助燃气体,焊接需焊部位。这种独特的"铸造"方式,其速度之快丝毫不亚于现代的失蜡铸造。

失蜡浇铸工艺评价标准是表面光沾,无砂眼、无裂隙、无明显缺陷,金属表面的修饰度好。

3. 熔模铸造工艺

熔模铸造工艺由失蜡浇铸发展而来,是现代首饰制作工艺的主要方法,所需设备主要有真空注蜡设备和铸造机等。

注蜡设备主要有真空注蜡机和气压注蜡机,均采用气泵加压,使蜡液充填橡模腔。如日本Yasui 公司生产的数码真空注蜡系统,采用二次注蜡系统使蜡模的收缩降到最低程度,注蜡参数可以任意组合、设定和储存,以达到最合适的参数组合。

近年来,在部分结构上改橡胶模为金属模,使制作的蜡模非常薄,近乎透明,且其质量、尺寸的稳定性很好,适合构造简单的批量件。

开粉设备为真空自动搅粉机,它集搅拌器和真空密封装置于一身,可在真空状态下完成从搅拌铸粉到灌浆成形的整个过程,有效地减少了气泡,使产品的光洁度更好。

根据采用的外力形式,常用的铸造机有离心铸造机和静力铸造机两种。前者是利用高速旋转产生的离心力将金属液引入型腔,充填速度较快,有利于细小复杂工件的形成。现代离心铸造机集感应加热和离心浇注于一体,适合铸造 Au、Ag、Cu 等合金。

静力铸造机是利用真空的吸铸、加压等方式,促使金属液充填型腔。比较先进的、使用比较广泛的是自动真空吸铸机。它由感应加热、真空系统、控制系统等组成。其上部是感应熔炼室,下部为真空铸造室。最新一代的静力铸造机引入了人工智能系统,由系统控制整个铸造过程。有些机型还配有粒化装置,可以制备颗粒状中间合金。

4. 快速成型技术

快速成型技术是 20 世纪 90 年代发展起来的高新技术,可大大缩短新产品的研发周期,确保新产品上市时间和开发的成功率,提高市场竞争力和企业对市场的快速反应能力。目前,新技术已有十几种不同的成型系统。用于首饰行业的主要有激光固化成型(SLA)、融积成型(FDM)和数控精雕等方法。

(1)激光固化成型。该方法以光敏树脂为原料,激光按产品分层数据使树脂固化,具有速度快、原料利用率高、首饰产品成型形状复杂和精细等优点。缺点是光洁度较差、尺寸精度不够好、树脂昂贵等。日本的 Meiko 成型机其成形一件戒指需 6 小时,德国的 Envision 成型机则只需4小时。

（2）熔融成型。该方法以蜡为原料,由喷嘴挤压出半熔融状蜡料,在高度方向逐渐堆砌出成形零件的三维实体。其精确度较高,表面光洁度较好,但成型时间较长,喷嘴易堵。

（3）数控精雕。它是传统雕刻技术和数控技术相结合的产物,秉承了传统雕刻精细轻巧、灵活自如的操作特点,利用数控加工中的自动化技术,将二者有机地结合成一种先进的雕刻技术。利用精雕可以快速制作出尺寸精确、结构精细的原型,可采用金属、硬蜡、塑料、树脂等多种材料,使用范围广,在首饰行业中的应用逐渐扩大。

5. 冲压工艺

冲压工艺是一种浮雕图案制造工艺。它适用于底面凹凸的饰品,也适用于起伏不明显且易冲压成型的极薄的部件或需要精致的细部图案的首饰,如吊坠、耳环、手链等。

冲压是利用压力机和模具对金属板材、带材、管材和型材等施加外力,使之产生塑性变形或分离,清晰地复制出模具的表面形状,从而获得所需形状与尺寸的工件（冲压件）。

在冲压设备中,现在广泛使用电动冲裁机和气动冲裁机,其动作迅速、生产效率高、生产成本低、饰品空洞少、表面质量好、产品质量高、精度高、重复性好、规格一致,降低了劳动强度。与熔模铸造工艺的饰品相比,冲压件具有薄、匀、轻、强的特点,利用冲压方法可以大大减少工件的壁厚,并实现较高的机械化、自动化精度。

与冲压工艺相近的还有油压工艺,它是利用油压机的高压将金属挤压塑变,从而复制出模具表面的精细构造。

该工艺质量要求是表面光滑,抛光良好,无孔隙,致密坚硬,凹入部分精致,修饰度好,边棱尖锐。

6. 粉末冶金工艺

它可制作出颜色与成色连续变化的工件,可将两种或多种难于固熔的材料组合到一起,这些是常规生产手段无法做到的。

粉末冶金方法能将材料压制成最终尺寸的压胚。胚件的表面光洁度高,后续加工的修整量很少,能大大节省金属损耗（只有1%～5%）,有效地降低产品成本,并能保证材料配比的正确和均匀性,可充分保证合金的成色。对同一形状且数量多的产品,可以大大提高生产效率,明显缩短生产周期,从而降低生产成本。

7. 机链工艺

机链工艺是指用机械进行链状饰品的加工方法。主要流程是：拉丝→制链→焊接→表面处理→装配→清理。

机链工艺,要求光洁无裂,流畅圆活,符合工艺流程要求。

8. 电铸工艺

电铸工艺的原理类似于电镀,它是通过将金、银、铜等金属或合金,电沉积到模型表面。当模型除去后就形成具有体积大、质量轻的空心薄壁首饰。其工艺过程主要由雕、模、复模、注蜡模、涂油、电铸、执省、除蜡、打磨等相互交叉的生产工序组成,即在铸液中电铸材料作为阳极,以原模作为阴模,表面活化处理后产生导电层,通过电泳作用使金属逐渐沉积在阴模表面,达到一定厚度可取出,将电铸层与原模分离,便获得与原模形状相对应的金属复制件,再经打磨焊接、表面处理后成为中空的饰品。该法与熔模铸造工艺相比,电铸可以制作形体较大、壁非常薄的工件,特别适合制作工艺摆件。

这类饰品外观漂亮,体积大、质量轻,电镀速度快,常用于摆件。

现在,香港凯恩首饰公司使用"立体中空黄金电铸技术",已能生产出 3D 千足硬金首饰。该首饰的特点是形状复杂、细致、硬度高、抗磨性强。"3D 硬金"技术主要通过对电铸液中的黄金含量、pH 值、工作温度、有机光剂含量和搅动速度等的控制,大大提升了黄金的硬度(Hv=97),比传统黄金硬度高 4 倍。千足硬金技术让黄金首饰和摆件更加适宜市场,因为硬度增强后,使其比传统千足金摆件轻 2/3,大大降低了消费者的购买成本,让更多人收藏黄金饰品成为可能,更使黄金礼品摆件看上去更精致,也容易运输。具有保值和收藏双重功效的黄金首饰和摆件逐渐进入千家万户。

立体中空黄金电铸技术与常规电铸工艺相比,在保持相同外观、性能与寿命的条件下,可节省黄金消耗量,且保持纯金色彩。该技术亦可用于纯银、贵金属合金摆件及各种金银工艺制品的生产。

9. 冷挤压成型工艺

冷挤压技术是一种高精度、高效、优质、低耗的先进生产工艺。与常规工艺相比,可节省材料 30%～50%,节约能源 40%～80%,而且产品质量高,尺寸精度好,且可加工形状复杂和难以切削加工的零件。其工艺流程:熔料→铸料→下料→预成形→润滑处理→挤压成型→去除料→抛光。

10. 压铸工艺

压力铸造是指金属液在外力作用下注入铸型的工艺。即在高压作用下,使液态或半液态金属以较高的速度充填压铸型型腔,并在压力下成型和凝固而获得铸件的方法。其优点为产品质量高,生产效率高,经济效益好,实现了少切削、无切削的有效途径,是当前金属饰品的重要生产工艺之一。

11. 木纹金属工艺

木纹金属,源于传统的刀剑制作技术,其金属层呈现的视觉效果类似于木头纹理。该工艺在 17 世纪始于日本的铸剑装饰物上,1854 年流入欧洲,1970 年西方国家对该工艺的操作技法有了正确认识和根本性的突破。日本传统的木纹金属工艺中,主要采用的材质有纯银、24K 金,以及一些铜基合金(如赤铜、朦胧银和 kuromi-do),运用特殊的处理方法,使铜基合金产生出不同的色彩,同时通过调整各种金属的添加比例,精确地显现出金属水彩般色彩的浓淡。当代西方国家制作木纹金属的材质更加丰富,不仅采用日本传统的金属,甚至还可以加入不锈钢、铁、钛、铝等,但主要还是纯金、K 金、铂、钯、银、红铜等。

工艺技法:金属层利用扩散焊接技术完成。扩散焊接是压焊的一种,指在高温、压力作用下,相互接触的表面连接靠近,局部发生塑性变形。经过一定时间后结合层的原子间相互扩散而形成整体可靠连接的过程,成功地完成木纹金属工艺。

操作步骤:

(1)基材准备。选用的金属板材,其大小和形状完全一样,厚度可略有不同。将板材的边缘修整平滑,用酸去油处理,以增加熔接成功几率。

(2)基材熔接。有选择地堆叠准备好的金属板材,在每层之间加入纯银,使红铜、黄铜和 925 银更好地熔接。然后修整边缘,用酸清洗干净。

(3)木纹形成与处理。通过敲花、钻孔、扭转以及强酸腐蚀等手段形成木纹。

1)敲花。从合金背后敲錾出所需纹样,使金属表面凸起,再用锉刀修平显示纹样。

2) 钻孔。从合金正面以钻孔的方式钻出所需纹样,再用铁锤打薄至所需厚度。

3) 扭转。将制作好的木纹金属合金一头夹在台钳上,另一头用钳子夹紧扭转,用抽线板提成所需的棒状或线状,在此过程中要不断退火,避免断裂。

4) 腐蚀。把强酸涂抹到木纹金属合金表面腐蚀金属,可做出多层次的纹样。以锻打或碾压的方式将熔接好的合金调整至所需厚度,一般为5~7mm。

5) 金属表面处理。该处理方法有抛光,以保持金属原色;化学染色,如红铜与黄铜可用高锰酸钾(10mg)+氢氧化钠(25mg)+水(1L)混匀加热沸腾后放入部件,再加热30分钟,使红铜部分呈亮橘色,黄铜部分呈黑褐色。或用碳酸铜(125mg)+氨水(50ml)+水(1L)加热至沸腾后放入物件,再加热15~20分钟,红铜部分呈现雾面橘色,黄铜部分呈黑色。或将红铜放入硫化钾配方中,待红铜呈黑色时取出用清水清洗,再用拭银布擦拭,纯银部分呈现亮银色。

12. 激光加工技术

自1960年研制出红宝石激光器以来,激光加工技术以其高速度、高精度和方便性,逐渐成为珠宝首饰企业不可或缺的重要设备。激光加工技术包括激光焊接、激光快速成型、激光打标和激光切磨等方面。

(1) 激光焊接。在进行激光焊接操作时用手持或用夹具夹持工件,在惰性气体保护下,不需添加助熔剂,进行激光焊接。由于激光焊接强度高、速度快、废品率低的优点,与传统焊接技术相比,具有如下优势:

1) 焊接速度快而且变形小,焊接后无需矫形,也不需酸浸处理。虽因焊接只能一件一件进行,用时略有增加,但总体上激光焊接的生产效率更高。

2) 由于激光束聚集后可获得很小的光斑,并能定位,适于焊接精密工件和大批量自动化生产。热量集中、热影响区小,不影响工件的强度,而且焊点无污染,极大地提高了焊接质量,降低了废品率。如电铸Au质量分数为58%、Ag质量分数为42%的14K合金首饰,采用火焰焊接,Ag产生退火,使饰品硬度降低一半,若从1m高度跌落地上就会摔出凹痕。

3) 借助激光焊接技术可制作一些结构特殊的首饰,有助于开发装配精度高的新款首饰生产工艺和人们对首饰设计的思维方式。激光焊接可在很窄的区域内进行,易将不同类型的合金材料焊接在一起,而且彼此的颜色或组织互不混合。

4) 激光焊接通常不用填充金属和焊剂就可使工件局部熔化直接焊接,因此,焊接工艺一致性好、稳定性好,可简化工件的修理工作,而且不污染环境。

5) 激光焊接与传统焊接相比,可节省金属材料和不同类型的焊料。如传统焊接一般要求金属厚0.2mm,而激光焊接可减薄到0.1mm,因而使饰品质量可减轻35%~40%,这对电铸工艺产品尤为重要。

(2) 激光快速成型技术。该技术是在综合应用各种现代技术的基础上发展而来的,它可快速地将电脑设计数据转化为实物模型。该技术可用于生产铸造用树脂、蜡质模具和各种金属粉末铸型,还可利用该技术制成的原型(包括结合硅胶模、金属冷喷涂、精密铸造、电铸、离心铸造等)生产铸造金属原模,也可将其直接作为铸造用模型,如消失模、蜡模等,也可运用石膏、陶瓷等材料直接做出铸造型和生产铸件。

基本原理是:将电脑设计的三维实体模型数据分为层片模型数据,根据这些数据,快速成型机利用特定的材料制作薄层实体,每个薄层都贴合粘结到前个薄层上,直至完成整个实体的创建。目前已知有4种成型工艺:激光层压成型(LOM)、激光固化成型(SLA)、选择性激光烧结成型(SLS)和融积成型(FDM)。

激光快速成型技术于20世纪90年代引入首饰制造业,现已成为首饰原型制造的重要生产方式。由于该技术可使设计的产品在无需任何中间工程图纸和中间环节的情况下直接生成三维实体模型,具有明显的优点:

1) 原型的复制性强、精确度高、互换性好,可大大缩短研发周期,加快产品推向市场。
2) 加工的周期短、成本低。成本与产品的复杂程度无关,可以成倍降低新产品研发成本。
3) 技术高度集成,实现设计制造一体化,提高新产品研制的一次成功率。
4) 制造原型所用的材料不限,并支持同步(并行)工程实施。
5) 制造工艺与原型的几何形状无关,在加工复杂曲面时更具优势,支持技术创新,有利于产品的外观设计。

(3) 激光打标。这种加工工艺,按照激光与材料作用的方式,可分为表面打标和材料转化两种类型。它利用蒸发或烧蚀材料表面的一个浅层来产生所需的标记。

激光打标技术与传统打标技术相比,其优点主要是:

1) 采用计算机控制技术,易于更改标记内容。
2) 刻划精细,适应现代化生产高效率、快节奏的要求。
3) 对首饰加工材料的适应性广,标记精细、耐久性好。
4) 加工方式灵活,适于小批量或大批量的生产要求。
5) 无污染源,对环境不会产生有害影响。

(4) 激光雕刻。以连续或重复脉冲方式工作的激光雕刻过程中,激光光束直径可小于0.1mm甚至达30μm的光点,焦点功率密度很高,光束输入(由光能转化)的热量远远超过被雕刻材料放射、传导或扩散的热量,使材料很快被加热至汽化温度,蒸发形成空洞。随着光束与材料的相对线形移动,使空洞连续形成很窄的切缝。激光雕刻可看作激光打标的直线延伸,它可在平面或曲面上进行精雕细刻,深度可达零点几毫米。新型激光雕刻机的功率可达到100W,还装有$X-Y-Z$轴的自动旋转台及步进程序,操作者只需按照说明书操作,即可同时雕刻20~30个工件,从而满足大批量生产的要求。

激光加工技术应用于钻石加工后,出现了许多新的琢型。利用激光切磨钻石原石,可使其损耗达到最小,几乎完全避免了钻石的碎裂问题。钻石激光切割机,具有高速、高精度和高适应性的特点,而且噪声小,切割过程易实现自动化控制,有效地提高了钻石加工业的自动化程度,极大地降低了人力成本。

三、表面处理工艺

这是金属饰品制作的最后工艺,以其来达到理想的艺术效果。饰品的表面处理工艺,是利用物理、化学、电化学、机械等各种方法,改变饰品表面的纹理、色彩、质感,以防止蚀变,并起到美化装饰和延长使用寿命的一种技术处理方法。表面处理工艺的方法很多,主要有錾刻、包金(银)、车花(铣花)、喷沙、镀层、涂层等。这些方法,极大地丰富了饰品的装饰效果,拓宽了饰品设计的可用手段,使饰品呈现出更加生动多姿的风采,为消费者提供了更多的选择,同时对于提高饰品的表面效果、延长使用寿命及增加经济附加值等具有十分重要的意义。

1. 錾刻工艺

錾刻工艺是一种用錾刀在金属表面用手工锤打造纹工艺。纹饰可深可浅,凹凸起伏,光糙不一(图2-14)。

图2-14 錾刻工艺

2. 包金工艺

包金工艺是将捶打得很薄的金箔(或银箔)层层包裹在贱金属饰物上。包金饰品外观上酷似金(银)饰品。

包金工艺要求包金饰品的金(银)箔应牢牢压在饰物表面,不留接缝。包金(银)饰品外观应酷似黄金(白银)饰品。

3. 车花工艺(批花工艺)

车花工艺是用高速旋转的金刚石铣刀在饰品表面刻划道道闪亮的横竖条痕并排列成花纹的工艺(图2-15)。

车花工艺要求花纹造型优美,分布均匀,层次清楚,整体平稳。

图2-15 车花工艺

4. 喷砂工艺

喷砂工艺是将贵金属首饰件表面的局部喷沙成砂面,使抛光面与喷砂面形成鲜明的对比,增加饰品的艺术美感(图2-16)。

喷砂工艺要求喷砂面与抛光面对照鲜明,"砂"应准确均匀地喷在预留的位置上。

5. 抛光工艺

抛光工艺是指金属饰品成型后,对其表面进行光亮处理,使饰品表面呈现出光滑明亮的金属光泽。

珠宝首饰件对其表面性质要求很高,传统是手工打磨和抛光,现代使用机械打磨和抛光。

图 2-16 喷砂工艺

以前的抛光机主要是震桶和振动抛光机,现多用磁力抛光机和缝隙系统的转盘抛光机,可以达到手工抛光的光滑研磨和高亮度抛光的效果。1992 年开始引进的拖拽抛光技术,与以前的方法有很大的不同,在抛光过程中工件在运动,而抛光介质本身不动;每个工件都有其支撑位,工件之间的表面不会接触,因而不会损坏其表面。

抛光工艺要求抛光面光洁明亮,粗糙度均一,无抛光痕,呈现强金属光泽。

6. 电镀层工艺

电镀层工艺是一种利用电化学技术对贵金属首饰和贱金属首饰进行表面镀层覆盖处理的加工方法,将金属表面转变成金属氧化物或者无机盐覆盖膜,以改变饰品表面色泽外观和光亮度保护,并使饰品镀件表面获得所需的理化性能或力学性能(颜色、硬度、平滑感、耐蚀性、耐磨性),从而达到美丽的外观效果和仿真目的。按镀层的表面状态可分为镜面镀层和粗面镀层两类,或分为有光镀层、半光镀层和无光镀层。

镀层的方法有电镀、化学镀、熔射镀、真空蒸发沉淀镀、气相镀以及刷镀法和摩擦镀银法等。

根据镀层的目的,电镀可分为保护性镀层和仿真性镀层两类。为防止金属饰品腐蚀和氧化,常以镀锌、镀锡、镀镍等镀层予以保护;或在贱金属饰品表面镀上金、银、铑等镀层以达仿真(仿金、仿银、仿铂)的目的。电镀过程,实质上就是让镀液中的金属离子或金属络合离子在外电场的作用下,通过扩散、对流、电迁移等电极反应还原成金属离子沉淀在饰品(阴极)表面的结晶层。常用的金属有铜及其合金、镍及其合金、银及其合金、金及其合金以及铑等。

电镀层工艺流程,一般包括前处理、电镀和后处理 3 个主要阶段,即抛光→电化学除油→电镀→清理。

例如仿金电镀工艺流程:

镀光亮镍→镍活化→清洗→镀仿金→热水洗→数道流动水洗→防变色处理→

水洗 { 烘干→喷透明涂料→涂料看色
       透明电泳漆→水洗→烘干

仿金电镀可以是 Cu-Zn、Cu-Sn、Cu-Sn-Zn,也可以是铜锌合金经过处理后以产生逼真的镀金效果,仿金效果可以达到 18K、22K、玫瑰金等色泽。

电镀是饰品生产中应用最广泛的表面处理技术,新的电镀工艺不断出现,如代镍合金镀层、光亮镀铜、光亮镀镍、合金电镀、多层镀、复合镀、非晶态镀、功能镀、纳米电镀等。

电镀层工艺要求镀层符合工艺要求,达到镀层目的,表面光亮,色泽均一,外观美丽。

7. 化膜工艺

化膜工艺是指金属离子在特定的物理、化学条件下在饰品表面淀积成膜,以改善饰品表面物化性质的方法。

化膜工艺有两种,一是金属离子呈液态沉积在饰品表面成膜,二是金属离子呈气相沉积在饰品表面成膜。

(1)液相成膜。通过化学或电化学手段,使金属与某种特定的化学处理液相接触,从而在饰品表面形成一层附着力强,能保护基体金属免受腐蚀影响,或提高有机涂膜的附着性和耐老化性,或赋予饰品表面装饰性能(色彩、着色)的化合物膜层的技术。如铜饰品、不锈钢饰品、钛饰品、铝饰品、银饰品等的表面着色处理。

1)铜饰着色。在铜饰品上着古铜色、蓝色、绿色、褐色、金黄色、红色、黑色等。

2)银饰着色。在银饰品上着古银色、黑色、蓝黑色、绿色、黄褐色等。

3)锌饰着色。在锌饰品上着黑色、红色、深红色、灰色、绿色等。

4)不锈钢饰着色。在不锈钢表面形成氧化着色层,即利用其本身无色透明的氧化膜由光的干涉进行着色,而且色泽经久耐用。

5)铝饰着色。通过阳极氧化处理,在铝表面形成厚而致密的氧化膜层,以显著改变铝合金的耐蚀性,提高硬度、耐磨性和装饰性能。铝氧化膜着色方法主要有电解发色法、化学染色法和电解着色法。

(2)气相成膜。按膜层形成原理可分为物理气相沉积(PVD)和化学气相沉积(CVD)两大类。其主要用于材料表面改性,制备各种特殊性能薄膜和装饰性薄膜。广泛用于贵金属或贱金属饰品表面处理的是PVD法。

PVD,是在真空条件下利用蒸发或溅射等物理方法,使需镀材料气化成原子、分子或使其电离成离子,通过气相过程在工件表面沉积形成膜层的工艺。它可以形成TiN、TiAlCN等有色金属化合物层,通过改变化合物的种类和组成来改变颜色。物理气相沉积法主要有真空蒸馏、溅射镀膜、离子镀膜等。在白银行业,溅射技术是最被广泛应用的技术。

1)蒸发镀膜(真空镀膜)是在真空条件下,用加热蒸发的方法使镀料转化为气相,然后凝聚在基体表面的方法。加热有电阻加热、电子束加热、高频感应加热和激光蒸镀法。

2)溅射镀膜亦是在真空条件下,利用荷能粒子轰击材料表面,使其原子获得足够的能量而溅出进入气相,然后在工件表面沉积的过程。溅射方式有二极溅射、三极溅射和四极溅射、射频溅射、磁控溅射、反应溅射等。

PVD膜层的颜色多种多样,有深金黄色、浅金黄色、咖啡色、古铜色、灰色、黑色、灰黑色、七彩色等。通过控制镀膜过程中的相关参数,可以控制镀出的颜色。

CVD成膜技术,主要应用于银器(首饰、银币等)防暗化。芬兰贝耐克公司研制的nSILVER™技术是一种新颖的独特的表面控制薄膜沉积技术,该技术可同时在多个三维物体上沉积均匀的透明的无针孔的保护膜。保护性抗暗化薄膜的两个最重要特性是充分的抗暗化保护和不可见薄膜。nSILVER™正是基于这种高透明和非常薄的(一层厚度小于100nm)氧化物涂层来实现的。nSILVER™的银器纳米防暗化技术与其他薄膜技术相比较有许多优点(表2-1)。nSILVER™技术是一种经济的可批量生产的工艺,每批可加工几个甚至几千个白银制品,包括首饰、银币及纪念章等。

表 2-1 溅射技术与 nSILVER™ 技术在白银保护方面的比较

序列	溅射技术	nSILVER™ 技术
1	薄膜中含有针孔	薄膜中不含有针孔
2	不能在三维物体表面形成均匀薄膜	可在三维物体表面形成均匀薄膜
3	不容易形成工业规模的生产	可实现工业规模的生产
4	加工成本高	加工成本低

8. 涂层工艺

在首饰表面形成以有机物为主体的涂层,即涂层被覆,这是一种简单而又经济可行的表面处理方法,在工业上通常称为涂装。涂层的目的有三个,一是提高首饰的耐久性;二是将首饰的表面转变成涂层所具有的色彩、光泽和肌理;三是赋予制品隔热、绝缘、耐水、耐药品和耐腐蚀等性能。

涂层所用的材料是各种涂料,它们由主要成膜物质、颜料和稀料等混合加工而成。主要成膜物质是涂料中的主要组分,大多数为各种合成树脂,其主要作用是使颜料分散,并使涂料附着于被覆盖物的表面上。涂层被覆的形式有热喷涂和烤漆,此外还有以陶瓷为主题的搪瓷和景泰蓝被覆等。

热喷涂是一种表面强化技术,它是利用某种热源(如电弧、等离子弧或燃烧火焰等)将粉末状或丝状的金属或非金属材料加热到熔融或半熔融状态,然后借助火焰本身或压缩空气以一定速度喷射到预处理过的基体表面沉积而形成具有各种功能的表面涂层的一种技术。

现在流行的烤漆工艺已经在首饰表面工艺中应用,经过烤漆工艺处理的首饰表面,华丽而不失高贵,流光溢彩,风情万种。

9. 拉丝工艺

拉丝工艺是指用金刚砂压在饰品表面作定向运动,从而形成细微的金属条纹的一种工艺。该工艺要求条纹清晰流畅,搭配自然,纹路不得走样变形,美观大方(图 2-17)。

图 2-17 拉丝工艺

第三节 镶嵌工艺

　　镶嵌是一种古老的传统工艺,早在原始社会,雕塑家就使用了镶嵌手法。1983年辽宁凌源牛河梁新石器时代神庙遗址中出土了一尊五千年前的女神头像,眼睛是两颗碧玉琢成,灵动逼人,这是中国镶嵌工艺的开端。到了夏代(距今3 900—3 500年),二里头遗址出土了铜牌饰显示出镶嵌工艺已相当成熟,标志着镶嵌从其他艺术中分离出来,成为一门独立艺术——青铜镶嵌艺术。夏代镶嵌工艺发展到春秋战国,出现了大量灵巧精致、繁缛富丽的镶嵌器物,它们是夏代技术的继承和发展。

　　1984年中科院考古研究所二里头工作队在河南省偃师县二里头村夏王朝最后的都城遗址墓葬中,发掘出土的十余件镶嵌绿松石的铜牌饰,是夏代主要流行的青铜器饰品,运用了代表当时最高工艺水平的青铜器制造和绿松石镶嵌技术,是集铸造和镶嵌于一身的神秘艺术品。其制作工序可能是先铸好铜片,然后在铜片上凿出凹槽,再行镶嵌宝石而成。它是史前兽面纹到商周饕餮纹的中介和传承,对于研究中国文明起源具有重要的学术价值。

　　这种铜牌饰,外部轮廓为束腰明显的长条形,上下各有一对可供穿缀的钮。它的正面,有数百颗长方形绿松石片相互衔接,规整排列,铺嵌成图案,历经三千多年不松脱。这些绿松石片,曾被多次用过。二里头遗址出土此类铜牌饰现存3件(多件流散到国外),是目前发现最早、也是最精美的镶嵌铜饰。

　　第一件铜牌饰发现于M4墓中,放置在墓主人的胸部略偏左处,其凹面附着有麻布纹,上面的兽面纹是青铜器上已知最早的一例。其形象、纹饰与11号墓都很接近,只是略小一点。

　　第二件铜牌饰(现存于洛阳市博物馆)出土于11号墓,放置在墓主人胸前。该件通高16.5cm,中间呈弧状束腰,宽11cm,最窄处只有8cm宽,近似盾牌形,背面是一整块铜铸件,有4个穿孔钮上下两两对称,绿松石整齐排列并镶嵌于其上,上面的兽面纹双目圆睁,鼻与身脊相通,两角长而上扬,卷曲似尾,眼睛呈现梭形。青铜的青黄色配绿松石的蓝绿色,色彩有反差,非常漂亮。

　　第三件镶嵌绿松石铜牌饰发掘于M57号墓。它呈圆角梯形,瓦状隆起,以青铜铸成兽面纹框架。出土时绿松石片全部悬空(原来似有依托),也是一猛兽形象,圆头圆眼弯眉直鼻,下颌有数颗利齿,身有鳞状斑纹,所嵌400余块绿松石片多数十分细小,至今无一脱落。这一件与前两件相比有点特殊,前两件是将绿松石镶嵌在一整块铜铸件上,这件是把绿松石片镶嵌在镂空的青铜框架上,背面无依托。绿松石片至今仍不散落,技术之高超,令人惊叹。

　　出土这3件铜牌饰的墓葬中,随葬品都很丰富,如有铜爵、铜铃,玉器有戚、璧、圭、刀、管状器、柄形器等,还有绿松石管饰和漆盒等。这些铜牌饰可能是夏朝百官用于宫廷舞宴的饰物,象征"百兽率舞,百官信谐",用于"明尊卑,别上下"的重要礼器。在"群臣相持而唱于庭"时佩戴于宫廷百官胸前,闪烁发光以夸耀舞饰舞具的精工巧做。

　　今天宝石镶嵌饰品的加工工艺,则依宝石的形状而定,一般可分为琢型镶嵌工艺和随型镶嵌工艺两类。

一、琢型镶嵌

　　宝石琢型常见的有弧面型、刻面型、珠型及自由型,对不同琢型的宝石,可采用不同的方法进行镶嵌。

1. 框角镶（包角镶）

框角镶是指将爪齿放在宝石锐角的顶端，并将每一个角都镶包住，底座按宝石形状而定。

框角镶嵌工艺，要求爪齿镶嵌宝石位置正确，无漏包和松包现象，底座与宝石形状相协调（图2-18）。

2. 爪镶

该工艺是用较长的金属爪（或柱）紧紧扣住宝石的镶嵌方法。爪数有3个、4个、6个，爪形有三角爪、方爪、椭圆爪、随形爪等。其优点是爪齿很少遮挡宝石，最大限度地突出宝石（图2-19）。

爪镶时，爪的大小一致，间隔均匀，所镶宝石位于镶座的正中并且保持水平。

3. 钉镶

钉镶是直接在金属材料上用钢针或钢铲在镶口的边缘铲出几个小钉，固定住宝石，又分钉版镶、起钉镶，钉的数目有2个、3个、4个和密钉镶（亦称群镶）。

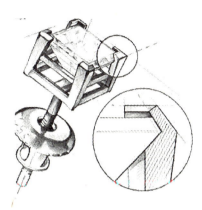

图2-18　框角镶

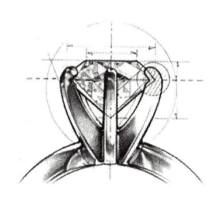

图2-19　爪镶

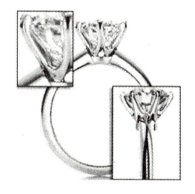

钉镶工艺标准是，宝石要有同样的大小和高度，并且保持水平。宝石间的间隙应相等，宝石间的腰棱可以接触，但不可重叠和挤压（图2-20）。

4. 包镶

包镶是指用金属边将宝石四周包围住，是一种最牢固的镶嵌方式。弧面型戒面多用此法镶嵌。

包镶工艺，要求宝石与包边之间无空隙，包边均匀流畅，沟缘平整光滑。刻面宝石的顶部底尖不能露出托架；素面宝石镶边的高度略高于戒面的最大腰部；马鞍形宝石

图2-20　钉镶

戒面的底部为弧形，托架底部的弧形必须与之弯曲一致，镶边略高于宝石的厚度；菱面形宝石采用封底镶口时，封底中央应钻一小孔，用以调整戒面位置（图2-21）。

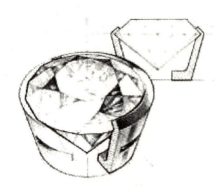

图 2-21 包镶

图 2-22 轨道镶

图 2-23 无边镶

5. 轨道镶

轨道镶是先在金属托架上车出槽沟,然后把宝石夹进槽沟内。轨道镶分为一边打压的单轨镶嵌和两边打压的双轨镶嵌(图 2-22)。

对于这种镶法,要求槽沟的边缘平直光滑,两端对称,均匀盖住每个宝石。宝石在槽中均匀排列,高度相同。槽的两端对称,宝石的分布形状与底座的轮廓线一致。

6. 无边镶

无边镶是指用金属槽或轨道固定住宝石底部,并借助宝石之间及宝石与金属边之间的压力固定住宝石(图 2-23)。

该工艺要求宝石受压均匀,排布有序,槽道规整,光滑美观。

7. 闷镶

闷镶即用金属托架的边将宝石四周包住的方法。在首饰台面上没有镶边,而且台面与托架齐平。

闷镶又叫抹镶,其工艺质量要求是,宝石戒面的台面与托架齐平,宝石四周均被金属托架的边压住,压紧,不松动,不要压碎宝石。

8. 隐性镶

这是一种镶嵌座隐藏在宝石的腰部以下的方法。先在宝石腰部以下切出凹槽,凹槽中镶入的爪钩紧紧抓住宝石并被隐藏起来,使凹槽都隐入亭部而看不见。

9. 蜡镶

它是先将宝石镶嵌在蜡模中,经过制备石膏型腔,脱蜡,焙烧,将宝石固定在型腔的石膏坐上,金属液浇入型腔并包裹宝石,冷却收缩后即将宝石牢牢地固定在金属镶口上。

该技术具备降低人工成本,减少金属损耗,降低工具成本,节省时间,降低劳动强度,提高生产效率,可实现设计创新的优点。此法适用于耐热的宝石,尤其是镶嵌困难的宝石,但不适用某些带裂纹的宝石或经过高温后颜色不稳定的宝石。

10. 树脂镶

树脂镶是指经过特殊处理的无色透明树脂,在真空中硬化后,将钻石镶于其中,使台面与树脂表面在一个平面上,再用贵金属托架来展示树脂镶嵌的钻石。佩戴时,钻石仿佛悬空漂浮在首饰上,故又称之为飘浮钻石首饰。

11. 微镶

微镶是利用体视显微镜辅助,整个操作在显微镜下进行。其原理和操作方法与传统的金镶技术没有本质区别。该法主要用于镶嵌较小的钻石或宝石,与通常的钉镶相比,微镶所起的钉要小得多。钻石的镶嵌更紧密,在最大程度上隐藏了金属,整个镶嵌面看上去会由钻石铺平。因此,整个视觉效果特别好。微镶的边铲得直且光滑,钉也较细,清晰且圆。

12. 纤维悬浮镶嵌技术

该技术是中国企业 TTF 的原创技术。该技术可使钻石、彩宝(1mm 以下)更多的暴露在光线下。钻石镶嵌的饱满度极高,使首饰更加璀璨、奢华,显示出极高的工艺价值和商业价值。该技术解决了细小宝石易脱落的问题。该技术于 2009 年 5 月 14 日展示于第五届深圳文博会水贝分会场。

二、随型镶嵌

随型又称随意型,这是最简单的宝石造型。它的造型基本上已由大自然完成了或者原石本身形状决定了,人们要做的仅仅是把原石的棱角磨圆滑并抛光,以增加宝石光洁度。由于其形状奇离古怪,变化不定,表现出大自然的鬼斧神工和丰姿多彩,具有其他宝石造型所难以具备的特殊魅力,颇受追新求异的人们钟爱。对于异型宝石的镶嵌工艺有:

1. 打孔法

打孔法是指在被镶嵌的宝石上打个小孔,在金属托架底座上安置一根铜针,在针上涂抹上专门胶结剂并穿入宝石孔中将宝石固定。该法主要用于珠型宝石(图 2-24)。

工艺要求,宝石底部的钻孔大小应与金属底座上钢针的粗细相吻合,并要粘结牢固。宝石位置正确。

2. 包镶法

包镶法是用金属材料按宝石形状圈成外形,将包边压住宝石。

图 2-24 打孔镶

它适用于体积大、形状复杂的宝石镶嵌。金属包边应整齐一致,色泽均匀,包住、包紧宝石。

第四节 切磨工艺

宝石的切磨加工工艺,是按照饰品设计(款式设计、光学效果设计、造型设计、款式设计参数、工艺设计及成品指标)的要求而划分质量等级的。

款式设计应按原石形状、大小、主要特征和加工技术,进行以装饰和增值为目的的造型设计,最大限度地体现宝石的特殊文化商品的装饰功能和财产功能。

光学效果设计,是运用光学原理,通过造型中所包含的晶体光学特性来展现宝石独具的装饰美。

造型设计(创新型、改型及混合型)应满足原石利用率的要求,应有的晶体光学特殊效果要求,适用宝石加工工艺技术水平并满足首饰设计工艺的要求。

款式设计参数,以比例、角度和半径来表示。而工艺设计,是根据原石特点,设计具体的加工方案,提出设计工艺要求和成品指标(成品规格、尺寸、质量、品级等级、款式标准和质量标准等),达到装饰性和经济性的统一。

宝石加工过程,可分为取样工艺阶段、成型工艺阶段和成品工艺阶段3个阶段,在加工过程中又分为工艺设计、坯工、细工、精细修饰、抛光、整理6个工序。

根据宝石造型设计,可分刻面型、弧面型、珠型和异型四种。

根据设计的造型、光学效果、设计的成品指标和等级,对宝石成品工艺质量进行检验评价。概括起来,可从3个方面进行检验,即造型的完整性,加工面的形状和精度(如弧面、圆柱面、圆锥面是否标准;刻面型平面是否平整,可反映出加工面的形状质量;加工面上棱的相交角度,加工面的对称性,可反映出加工面的精度)及加工面的粗糙度(每个加工面是否达到表面粗糙度要求,反映出抛光工艺质量水平。一般应达到 $R<0.02\mu m$ 标准)。

一、刻面型

凡透明的有色或无色宝石均适于切磨成刻面形琢型(简称刻面型,下同),以充分体现宝石内在美的品质。刻面型既可重点突出无色宝石的光彩和亮度(如钻石),亦可使有色宝石的色度更浓、色耀度增大、色调更加鲜艳。因此,刻面型在首饰石的琢型中占据重要位置。但刻面型琢磨必须完整准确地反映设计思想和设计要求。

刻面型又称棱面型和翻光面型。其特点是由许多小翻面按一定规则排列组合构成的几何多面体。琢型种类多达数百种,根据其形态和小面组合方式,可分为钻石式、玫瑰式、阶梯式和混合式四大类。

适于刻面型加工的宝石种类繁多,市场常见的有钻石、祖母绿、红宝石、蓝宝石等贵重宝石,还有绿柱石类宝石、石榴石类宝石、水晶类宝石、托帕石、碧玺、橄榄石、锆石、尖晶石以及一些人工宝石。

1. 加工工艺

宝石刻面型加工,通常要琢磨出几十个或数百个各种形状和大小的相互连接的平面。刻面型加工工艺复杂,耗工时较多,技术要求高。工艺流程一般是:出坯→粘杆→圈形→冠部研磨→冠部抛光。然后将宝石翻转,再进行粘杆→亭部研磨→亭部抛光→拆胶清洗。送质检部检验,不合格的尚需进行修饰或返工。

(1)出坯工序,通常有原石分割和毛坯修整两个步骤,所用工具主要是切块机、切割机和修整锯等。

(2)冠部和亭部的各种刻面的研磨与抛光,是加工成品的重要工序,主要是用八角手或机械手刻磨机,通过控制粘杆与磨盘的夹角和粘杆轴的转动来实现的。

2. 质量要求

宝石刻面型琢磨原则,必须完整准确地反映出设计思想和设计要求,达到晶莹剔透、光洁亮丽、比例适当、腰厚适中的质量要求。

(1)刻面宝石定向正确。

1)多色性明显的宝石,垂直台面应看到宝石的最好颜色,且无多色性表现。

2)有色带、色区、色团的宝石,垂直台面看时颜色应比较均匀。色带应平行放于腰部位置,较小的色团可以放在亭部的亭角处。

3)瑕疵的要求严格,应尽量剔除,即便高档的宝石对瑕疵的要求虽可降低一点,但亦应当将其留在宝石的腰围等不显眼处,以减少对美的影响。

(2)刻面对称性好、均匀性高。同一类型的刻面应大小相等、排列对称,刻面棱线平直、刻面交汇点尖锐,无多余刻面。

(3)刻面型宝石粒度大小应该有度,既要尽量提高其出成率,又利于镶嵌加工和保持宝石品质美的呈现,一般下限在0.3~0.5ct,上限可根据市场需要和装镶要求而定。

(4)刻面型宝石的面角比例应能充分体现宝石的价值。刻面型宝石的面角比例是其能否充分体现宝石价值的重要参数(表2-2)。不同宝石的面角比例是不同的。目前,只有钻石的面角比有较完整的一套标准,而其他透明宝石的面角比较为复杂,因为影响因素太多(如色彩、色度、色耀度、色调、质量、透明度、形状、瑕疵等),现在还未有一套标准,只是根据折射率大致确定了各种宝石的冠部角和亭面角的范围。至于台面的大小和冠部高度及亭部厚度的比例,通常按如下比例分别对待。

1)无色或浅色的透明度高的宝石,其钻式琢型的台面直径为腰部直径的一半。

2)长方形或椭圆形等有长短径的琢型,台面短径取腰部短径一半,冠高与亭部厚度之比为1:2。

3)阶梯式琢型,台面可适当放大,其短径约为腰部短径的1/2至2/3,同时亭部厚度适当减小。

4)色深透明度相对较低的宝石,台面直径宜取腰直径的2/3,冠部高度和亭部厚度的总和要较小,二者之比可取2:3或3:4,以增强宝石的色耀度和透明度。

(5)抛光面应平整光滑,反光均匀明亮,无明显麻坑。

表2-2 宝石的冠部角与亭部角

宝石名称	折射率	冠部角	亭部角
钻石	2.417	34°~35°	41°
立方氧化锆	2.15~2.18	35°~37°	41°~42°
锡石	1.995~2.995	35°~37°	41°~42°
锆石	1.925~1.984	35°~37°	41°~42°
石榴石	1.785~1.888	35°~37°	40°~42°
红(蓝)宝石	1.762~1.770	37°~40°	40°~42°
金绿宝石	1.746~1.755	37°~40°	40°~42°
镁铝榴石	1.746	37°~40°	40°~42°
绿帘石	1.736~1.776	37°~40°	40°~42°
尖晶石	1.718	37°~40°	39°~42°
坦桑石	1.691~1.704	40°~43°	39°~42°
橄榄石	1.654~1.690	40°~43°	39°~40°
碧玺	1.624~1.644	40°~43°	39°~40°
托帕石	1.619~1.627	40°~43°	39°~40°
祖母绿	1.575~1.583	40°~42°	43°
水晶	1.544~1.553	40°~45°	43°
萤石	1.434	40°~50°	43°~45°

二、弧面型

弧面形琢型对材料无特殊要求，一般选用半透明－不透明的宝石，如翡翠、欧泊、刚玉类宝石、绿松石、孔雀石、青金石、变石、月光石、石榴石、天河石、玛瑙、珊瑚、琥珀以及具有特殊光学效应的宝石等。

1. 加工工艺

弧面型宝石加工的工艺流程有出坯→圈形→粘杆→预形→细磨→抛光→拆胶清洗6道工序，然后送检。

(1)出坯。出坯工序包括画线和下料两个步骤。画线对于颗粒小的贵重宝石原石是不必要的。画线可以料尽其用，便于准确下料。下料即按画线轮廓锯割，获得大致形似腰形的毛坯。

(2)圈形。毛坯通过砂轮磨削，把腰形圈出。圈形时应注意留有一定的工序余量，不可除量过多。圈形完成后，可在底面边缘磨出一个小斜面，小斜面与底面的夹角以40°～45°为好。

(3)粘杆。为预形弧面，将坯料粘于粘杆上。粘料一般为黑火漆胶或红火漆胶。待粘结剂粘牢坯料后，就可以进入下道预形工序。

(4)预形。是用砂轮磨削余量出造型。通过预形，要求坯料基本获得所设计的弧面形状，尽量使弧形表面光滑。

(5)细磨。用轮磨机、盘磨机或带磨机将坯料表面包住，通过细磨进一步提高造型精度，消除预形所留的工序余量，降低宝石坯料表面粗糙度。

(6)抛光。通过抛光盘转动使宝石表面与抛光剂相互摩擦，使宝石表面获得光滑的镜面，达到最佳状态。

2. 质量要求

弧面形琢型主要是突出表现宝石的颜色、光泽和特殊光学效应，观赏面尽量无裂纹、脏点及其他瑕疵，并按设计要求磨制出各种形状的截面(表2-3)。

弧面形琢型，按其腰部外形，可分为圆形、椭圆形、橄榄形、心形、矩形、方形、垫形、十字形、垂体形等。根据弧面形宝石(或玉石)的截面形状，可分为单凸型、双凸型、凹凸型和凹型等。

单凸形琢型，当弧高与底面宽度之比为1∶1或大于1∶1时叫高凸型；弧高与底宽比为1∶3至1∶5时，叫低凸型。

双凸形琢型的特点，是两面均为凸面。

凹凸形琢型，是在单凸面的琢型基础上，底面部向上挖一个凹面。

对弧面型工艺要求是：

(1)腰围轮廓对称及弧面对称程度。

(2)抛光面是否光洁，有无抛光痕、擦痕等。

(3)底部是否平整，有无坑洞，边部是否有硬伤或缺口。

(4)腰围轮廓的长宽比例、弧高与底宽的比例是否适当。

(5)宝石的特殊光学效应是否明显，颜色是否最佳。

表 2-3 弧面型宝石腰形的比例规格

腰形	规格（mm×mm）
圆形	4,5,6,7,8,8.5,9,9.5,10,11,12,14,16,18,20,24,30,36
椭圆形	5×3,6×4,7×5,8×6,9×7,10×8,12×9,13×10,14×11,16×12,18×14,30×22,40×30
长椭圆形	10×5,12×6,14×7,18×8,24×10,30×12
橄榄形	12×6,14×7,18×8,24×10,30×12
长方形	10×6,12×8,16×10,18×12,24×16,30×22

三、珠型

珠型首饰石最为常见,所有天然珠宝玉石和人工珠宝玉石材料都可琢磨成造型优美的圆珠形球体,直径大的可达几厘米至几十厘米,小的可为几毫米至十几毫米,用作首饰石或观赏石。

珠型以其形态特征,可分为弧面形的圆珠型、椭圆珠型、扁圆珠型、腰鼓珠型、圆柱珠型和刻面形的棱柱珠型(立方体珠、正四方柱珠、正三棱柱珠和菱柱珠)两大琢型。

1. 加工工艺

珠型宝石加工工艺历史悠久,传承数千年,加工工艺和加工设备日趋完备,技术水平日趋完美。其工艺流程为:开石→出坯→预形→粗磨→细磨→抛光→过蜡→穿孔。

(1)开石。该工序是用开石机分割大块原石成一定的小块,备后道工序所用。开石工序只是在小型下料机无法切割时才用。

(2)出坯。该工序是用切割机将原石切割成圆珠坯粒(立方体)。对于大小、形态和性质不同的原石,出坯工序不同。出坯工序有二,一是用于大块原石出大小一致的正方体粗坯;一是用于形状尺寸不同的小块料及某些边角料。

大块料出坯时,先用切块机切出一定厚度的片料,再将片料切成片条,然后用修整机将片条横切成立方体珠坯。小块料及边角料,出坯简单,有的稍作修整就可成为近等轴状粗坯,有的根据原石形状、瑕疵分布、色形等情况分割成大小不等的几粒。

(3)预形。是通过砂轮磨削珠坯的余料,达到接近设计的珠型形状。预形后工序余量在 0.3～0.7mm 之间。

预形方法,基本可分为多粒预形和单粒预形两种,前者由砂盘倒棱机完成,后者只能在砂轮机(砂轮竖装)上单粒手持预形。

(4)磨削。分粗磨和细磨两道工序。粗磨珠型成形的主要工序所用设备有:适于多粒粗磨的砂盘粗磨机(固着磨料)与环槽盘磨机(游离磨料);用于单粒粗磨的是轮磨机,对不同粒度的珠坯可选用不同直径的钢管(或圆形竹竿)。

细磨是在粗磨的基础上进一步提高珠坯的标形和表面光洁度。细磨方法与粗磨相同,唯一不同点是磨料比粗磨的粒度要细。细磨后的工序余量要求很小,圆度公差不得超过 0.3mm。

(5)抛光。抛光工序分为粗抛、细抛和精抛3个步骤。粗抛是用 $220^{\#}-W_{40}$ 的磨料,在滚筒内抛光 8～24 小时,直至 2 天;细抛是用 $W_{40}-W_{14}$ 的微粉级磨料,在滚筒内抛光 24～48 小时,或者更长;精抛使用的微粉在 $W_7-W_{1.5}$ 之间,为提高抛光效果可加些助抛料(木屑、皮革片、泡沫塑料片），需时 24～48 小时，甚至数日。

抛光方法有滚筒抛光和振动抛光两种。

(6)过蜡和穿孔。过蜡又叫打蜡或上蜡，目的有三，一是保护珠面不受污染和侵蚀；二是填平珠面细微凹坑和划痕，增强光洁度；三是可掩盖表面微细裂隙使其不明显。

穿孔，一定要通过珠体中心，孔径适宜、路径匀直。穿孔方法有高速钻床穿孔、超声波穿孔、激光穿孔等。

2. 质量要求

所有那些化学性质比较稳定、质地坚硬细腻、颜艳泽丽的优美珠宝玉石，若块度符合造型设计的下限要求，均可加工出各种形状的珠型琢型。工艺质量应达到下列要求：

(1)表面光洁、润滑，圆珠无棱角，棱珠棱面规整。

(2)色泽亮丽、均匀。

(3)串珠饰物的造型应统一、协调、美丽。

(4)串珠孔眼应平行珠型直径，孔径大小以穿过丝线为宜，无孔偏和崩口现象。

四、异型

异型可分为自由型和随意型两种。

1. 自由型

自由型是指人们根据原石的自然形态、颜色、色形等刻意琢磨出的造型。自由型又可根据所使用的工具和方法分为自由刻面型和雕件型。

(1) 自由刻面型。自由刻面型的造型，一方面取决于原石形状、大小，另一方面又受设计与加工所决定。不规则的造型的优点是，可以最大限度地保存原石质量，造型别致奇特甚受人们的喜爱。其缺点是琢磨难度大、难批量生产，只适合于少数高档宝石。

1)加工工序，主要有出坯、研磨和抛光 3 道工序。由于造型不规则，多呈不规则多面体，所以出坯实际上只是稍作修整，如切除外皮、多余棱角、表面裂隙和杂质。研磨则较麻烦，每个翻光面都有其特殊形状、大小和角度，但做法与刻面型相同。

2)质量要求，与刻面型琢型相同。

(2)雕件型。自由型雕件的设计，多是根据原石形状与某种事物的相似程度或根据人们的装饰需要进行的，如小的挂件、大的摆件等。

1)加工工艺，基本与玉雕工艺相同。

2)质量要求，与玉雕工艺质量要求相同。

2. 随意型

随意型，简称随型，是指人们完全按照大自然所赋予原石的形状进行简单的磨棱去角并抛光穿孔而成。

随型宝石材料绝大部分都是些低档宝石小粒碎料和中—高档宝石的边角料，形状不限，但要求材料瑕疵少、质地致密、颜色鲜艳。

(1)加工工艺。该工艺大多使用滚筒来完成研磨与抛光工序。研磨可分为粗磨与细磨，抛光也可分为粗抛和细抛。抛光剂有氧化铬、氧化铁、氧化铝和硅藻土。过蜡和穿孔，与圆珠一样。

(2)质量要求。对随意型工艺的要求是：①宝石形态赋有天然习性，自然而富有寓意；②光亮明丽，无刀伤刻痕。

第五节 雕琢工艺

"玉不琢,不成器"。一块美玉只有经过创作者的巧妙构思和鬼斧神工般的雕琢,才能成为诗画式精美器物。

雕琢工艺主要用于玉器制作,故亦称玉雕工艺,属于五大艺术(建筑、雕塑、绘画、诗歌、音乐)中雕塑艺术范畴的一种高级的艺术形式,是人类艺术技巧的精华。雕琢工艺包括玉雕、石雕、木雕、竹雕、牙雕、骨雕、角雕、贝雕、微雕等。其中玉雕是雕琢中最为复杂的一种艺术,是用造型艺术基本形式之一的雕琢工艺施工于玉石材料的三度空间,雕刻琢磨出可视而又可触的主体造型实体——玉器。

玉器属造型艺术品,是以造型和纹饰来表现主题的实体。它脱胎于石器,始于"铜石并用时代"的新石器后期。玉器的产生,是人类在原始审美观的引导下由物质文明向精神文明发展的重要标志。玉器在我国已有万年的悠久制作历史,在中国社会史中占据着从原始社会向国家城市社会过渡的中间转变阶段,具有无与伦比的重要意义。它不仅造型精美绝伦,而且具有文化寓玉、玉寓文化的特殊风格,因此,是中华文化和中华文明的重要组成部分。

玉器生产,须经过辨玉构思、造型设计、雕琢加工和精细修饰等工序。辨玉构思,即量料赋材,彻底醒悟玉料特性和优点,通过具象、变相、抽象思维,给玉石以仿生题材的构思设想。根据辨玉构思,以点、线、面几何形态在纸上绘制造型平面图案,继之转绘于玉料上。然后,雕琢师按照图形进行先大型、后细部,先正面、后背面,先粗牢、后单细,先起链、后起型,以坏补坏、将破就破、巧用玉色的技法,逐次雕琢加工成型。成型玉器再经精细修饰和抛光处理,使之达到添色增辉的效果,成为灵秀传神的各种器物。

雕琢工艺是玉器制作的实质性成器工序,可分为琢磨和雕刻两类。

一、琢磨工艺

琢磨工艺是设计出造型的工序,其基本功是琢和磨。

1. 琢

所谓琢,是将造型中的余料切除掉。切除余料步骤是先坏工,后细工。

坏工,是依照设计意图和玉雕工艺规范,利用工具先切除造型轮廓以外的余料,初显造型的几何形体,再经细琢修整,使造型基本符合设计要求。坏工的工艺原则是见面留棱、以方代圆、打虚留实、留料备漏,先浅后深、领短肩高。

细工,在坏工基础上,继续切除余料,完善产品造型,达到形象准确生动、层次明确,表面平整、细腻的效果,以利后续工序。

切除余料的技法有铡、摽、扣、划四种:

(1)铡,即切,与锯同义。根据造型设计,先去大料,去荒料,后去小料;先去正面料,少去或暂留后面的料,即切除与景象轮廓无关的玉料。

(2)摽,即铡除景象轮廓的棱角余料,通过切割使设计造型初显。

(3)扣,即挖取余料。将有些块面部位挖去一层,使各个块面之间的高度差和榫结关系更加合理。

(4)划,是铡和扣的混和使用。

琢工所用工具是铡铊、錾铊。

铊，是用来制作玉器的工具的总称。其材料有木、铜、铁。原先是打磨玉器的轮子，后来延伸到所有雕琢加工的工具。可细分为以下几种：

铡铊，由铁制作的圆形锯片，主要用于切割玉料和玉坯，像铡刀那样切割玉料。

錾铊，铁质圆形锯片，中心有孔，焊以铁杆，主要用于雕琢出坯。

勾铊，即小錾铊，主要用作勾出纹饰花纹和线条，也可用来平顶和边缘磨削加工玉器。行业内用平顶磨削称顶，用刃边磨削称掖。

轧铊，形如棒，形状各异，主要用于錾铊加工后的研磨，使造型准确，表面圆滑光洁。

钉铊，状如钉，其功能与勾铊相同，可以用来做勾、掖、顶、撞等工作。

碗铊，铁板压成的碗状工具，主要用来制作玉碗。

膛铊，多为圆头，枣状、球形，用于冲磨口径较大的敞口玉器内膛。

弯铊，用粗铁线弯成，用于掏口径较小的玉器器皿的内膛。

冲铊，为环状铁具，用于冲磨大的平面。

擦条，用粗铁丝拍扁而成，用于擦磨孔眼内部。

2. 磨

磨，即研磨。当不能用切割（琢）方法出造型时，可用研磨的方法出造型。磨玉设备有轮磨、擦磨和砂磨。磨玉工序有粗磨、细磨与超细磨。

（1）粗磨。亦称坯工，工匠艺人按照设计意图，用冲、轧方法将造型轮廓以外的余料磨去。

冲，是指大面积的磨去余料，用冲铊或砂轮将高低不平部分冲出造型的粗坯（大样）。

轧，是推进的碾轧，即用轧铊轧出较细部分的立体造型。

（2）细磨。即揉细，把表面磨得细腻。当玉器的基本造型经过铡、摞、扣、划和冲轧之后已经完成时，为了清洗细部，还需要用几种小工具进行勾、撤、掖、顶撞等细磨操作。

勾，是勾线。撤，是顺勾线去除小余料。勾撤就是用勾铊勾线，轧铊撤地。

掖，是把勾撤过的底部清晰清楚，达到角、线利落。顶撞是把地整平。掖撞是用钉铊的顶平面把地的根线掖入和撞平。

（3）超细磨。即抛光罩亮，过油上蜡。

抛光，即去粗磨细。用抛光工具除去玉器的粗糙表面，把表面磨平揉细达镜面反光，但造型不得走样。

罩亮，即用抛光粉将抛光面磨（擦）亮，使玉器表面达到光洁温润，舒展传神。

过油、上蜡，是造型工艺最后一道处理工序。玉器在抛光之后，往往可能还残留有玉料本身的微细裂隙和细微低凹不平之处，需要过油上蜡处理，予以修补填平，增加玉器表面光洁与亮度、滑润与色泽。过油又称喝油，是将油脂（或蜡）加热后，放入产品，使油脂浸入玉肌。上蜡，是将石蜡与液蜡擦拭涂覆在玉器表面，显得湿润，产生油亮观感。

此外，在玉雕过程中，还有叠挖、翻卷、打孔、活环链等工艺，这些往往跟琢磨一起进行。

二、雕刻工艺

玉器的雕刻工艺世称"东方艺术"，鬼斧神工，技法多种。其大体可分雕与刻两类。

1. 雕

雕工可分为圆雕、浮雕与镂空雕等7种。

(1)圆雕。圆雕是指将玉料按设计造型图案雕刻成四面可观的立体的艺术造型,是玉雕工艺中最为完善的技法,线刻来得更为具体真实。

(2)浮雕。浮雕是指在玉料平面上,按设计造型图案雕刻成凸起形象的艺术造型。它是介于绘画和圆雕之间的艺术表现形式,强调平面效果。在平面或弧面的玉料表面上,对原本立体的形象采用压缩体积方法只压缩厚度,而长与宽的方位仍保留原比例关系来表现艺术形象。根据物像元素被压缩的不同,浮雕又可分为薄浮雕、低浮雕、中浮雕、高浮雕等。

1)薄浮雕。又称薄意,一般是将形象轮廓以外的空白处去掉等厚的一层,使形象略为凸起。如硬币上的图案纹样。

2)低浮雕。形象高度不超过2mm,层次交叉少,勾线严谨、脱地平顺,常以线和面相结合的方法增强画面立体感。低浮雕常作为器皿表面上的一种装饰。

3)中浮雕。形象高度一般为2~5mm,地底比低浮雕深些,层次变化也多些。

4)高浮雕。层次交叉多,立体感强,一般分三层,第一层属半圆雕,立体感最强;第二层相当于中浮雕;第三层相当于低浮雕。用錾砣或勾砣勾线除余料,然后由下而上逐层细作。

(3)镂空雕。是指在镂空处涂上颜色,用小平棒透孔,磨去空处余料,并用擦条擦平。当镂空处余料全部剔除后,再完成浮雕制作。

(4)凹雕。凹雕与浮雕相反,是在平面上雕出凹下去的形象,这种工艺又称阴雕。

(5)内雕。内雕是在玉料内部,用浮雕及圆雕技法雕制造型的一种工艺。

(6)山子雕。是利用玉石自然形态,依形施艺,雕琢出表现山水人物题材的摆件。

(7)钻孔。玉器打孔掏料的主要工具是钻。钻头有实心和空心两种,前者用于打眼和钻孔,后者用于钻大孔和套取料芯。

激光打孔和超声波打孔技术设备,使玉器打孔更加快捷,不仅成功率高,而且打的孔光洁周正。

2. 刻

刻,即刻画,用刻刀刻出各种纹饰图案。其手法有以下四种:

(1)线刻。就是以单线条刻成的花纹图案。

(2)阳刻。也叫平凹,它是通过磨地而刻出很低的纹饰凸显于地上。

(3)阴刻。即凹刻,与阳刻相反,不同时代其技法与特征也有所差别。

(4)双沟阴刻。即双沟阴刻线,是并列的阴刻双线条。看上去类似阳刻,其实是将纹线的两端线磨去两条凹线,呈斜下的线沟。

三、玉雕特殊工艺

在玉雕产品制作过程中,除了琢磨雕刻操作工艺,还有许多特殊的玉雕制作技法。这些技法可改瑕为瑜、斑驳陆离、光彩夺目、尽显玉美。

1. 俏色工艺

俏色工艺最早见于安阳殷墟妇好墓出土的独山玉作品,至今已传承数千年,成为中国玉雕工艺一绝。

玉雕俏色的产生原因有二,一是玉石具有两种或两种以上的不同颜色;二是设计者具有颜色与造型结合的能力。"巧用俏色"是多色玉雕工艺质量所在,是玉雕的灵魂。所谓"巧用"是指利用巧技将玉石中的颜色与设计造型奇妙地相吻合;"俏色"是利用物象将不同颜色恰到好处地位于玉雕所需部分,而且颜色之间不混、不靠、对比明显地区分开来(图 2-25)。

俏色时,以主色作底,兼色作俏,顺色取材,依色赋形,起到"画龙点睛"、"一俏值千金"的作用,使作品有巧夺天工之感。依俏色在玉料中产出的形态特征,或俏色在雕刻品中的形态特征,可分为点俏、线俏和面俏三类。

(1)点俏。玉料中呈点状分布的或玉器中局部呈点状存在兼色,称点俏。如王树森用玛瑙创作的俏色雕"五鹅"。

(2)线俏。玉料中呈带状分布的兼色或玉雕作品中作物象存在的条带状兼色,称线俏或带子俏。如姜文彬的玛瑙俏色雕"枫桥夜泊"最为典型。

图 2-25 俏色

(3)面俏。即俏色具备一定面积者,就是将俏色置于玉雕作品的醒目地位。其代表作是翡翠山子"岱岳奇观"。

在俏色雕中按造型可分为人物俏色、动物俏色、植物俏色、器物俏色等类型。

正确利用俏色,须对俏色料进行长期观察和构思,力求石破天惊,做到依色赋形、突出主题、分色鲜明、对比强烈、挖脏避绺、改瑕为瑜。

2. 薄胎工艺

该工艺最早见于唐代的玉莲瓣纹杯。到了清代,该工艺吸收了"痕玉"特点,使玉器"莹薄如纸"。

薄胎玉器以碗盘最多,并多使用青玉、碧玉,薄胎玉器要求胎体薄厚一致。胎的薄厚依玉质、玉色和造型而定,反映玉质、玉色、透明度(图 2-26)。

设计薄胎工艺产品,不能有串膛工具够不到的地方。外部应施以浅浮雕图案。肩头和顶纽施以镂空花,可使造型优美、轻盈。

3. 压丝嵌宝工艺

压丝嵌宝技术是在玉产品上刻槽线,把金银丝用小锤敲入槽内组成图案,使金银丝与玉表面在同一个平面上。出现玉的金银视错效果称为压丝。在玉器上压金银丝、嵌宝石,称为压丝嵌宝(图 2-27)。

4. 环链工艺

玉环、玉链常见于玉器器皿(图 2-

图 2-26 薄胎

28)。在整块玉石上取出环链,要通过对造型的整体研究和玉石性质的研究后才能确定方案,即环链的位置、取法、大小、长短,都与玉石性质和作品的整体造型紧密关联。凡带有环链的产品,首先要把玉环链制作出来,再做其他部位。环链的制作分为油条、起股、掐节、活环、脱环、修整 7 个步骤。

环链工艺的技术要求是,环与环大小一致,粗细均匀,相连紧凑,没有裂纹疵点,与造型般配一致,以及其他陪衬得体。

图 2-27 压丝嵌宝

图 2-28 环链

5. 内画工艺

该工艺多见于用水晶、茶晶或玻璃做的鼻烟壶(图2-29)。在壶的内壁上画上山水、人物、花鸟、虫草、肖像,写上真草隶篆、诗词章句。在方寸之地,容纳偌大画面,落笔入微,可见设计者的艰辛和画者的技艺高超。

凡透明玉石做薄胎玉器都能在膛内施以内画,如内画瓶、内画球之类。内画工艺使用的工具是勾形毛笔,笔伸入内膛,眼在外观察落笔部位,勾画画面,这就要求一方面是用笔技巧,一方面是美术基础。好的作品正是这两方面结合,经过13道工序完成的。

6. 装潢

玉器制成后,还需要配上典雅庄重的富丽装潢,以美化和保护玉器并提高其身价。装潢主要是座与匣。

图 2-29 内画鼻烟壶

(1)座。是玉器的主要装潢,用木、石、金属等制作,其形状、高矮、厚薄和造型都应以玉器造型为依据,使之浑然一体。

(2)匣。是用于放置玉器的装潢,其相貌应反映玉器造型。匣的制作有专门要求,以保持中国匣的风格。

7. 纹饰

用以装饰玉器和表示某种寓意,雕琢在玉器表面上的各种花纹图形,称为纹饰。纹饰是中国古玉器的重要组成部分,是鉴别和评价玉器的重要依据。不知纹饰,难辨玉器。人们可以根据纹饰特征和变化,雕琢手法和工艺,鉴别玉器年代和真伪,了解社会习俗与加工技艺。

(1)纹饰形象。自新石器时期至清代的五千多年来,纹饰形态在不断更新演变,种类繁多。新石器时代出现有兽面纹、凤纹、龙纹和蝉纹(图2-30、图2-31);夏、商、周三代常见的纹饰有重环纹、变形云纹、饕餮纹、涡纹、螭纹、夔纹、蟠纹、龙纹、鱼纹、蝉纹、蚕纹、雷纹、凤鸟纹、乳钉纹等(图2-32、图2-33);春秋战国时期有谷纹、云雷纹、绳束纹、"S"形纹、山形纹、柿蒂纹等(图2-34、图2-35);秦汉时期主要纹饰有卧蚕纹、古铜器花纹、乳钉纹、蒲纹等(图2-36、图2-37);唐宋时期玉器上纹饰特点是花、鸟、兽纹(图2-38、图2-39),如卷平纹编饰,各种云纹、胎型及编制纹等;明清时期纹饰多样,生活气息渐浓,如多种松、梅、竹、桃等植物纹饰和花、鸟纹饰,以及云纹、龙纹等传统图案和铭文御诗等,琢工精细,气势磅礴。

图2-30 新石器时代——兽面纹

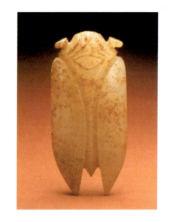

图2-31 新石器时代——蝉纹

图2-32 夏商周——变形云纹

图2-33 夏商周——饕餮纹

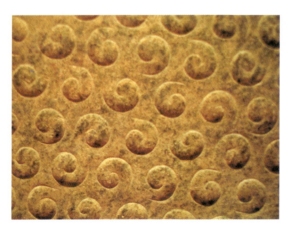

图2-34 春秋战国——谷纹

图2-35 春秋战国——云雷纹

(2)纹饰寓意。治玉人为满足人们对美好生活向往和追求,根据民间传说和神话故事,通过借喻、比拟、双关、象征、谐言等手法,运用人物、走兽、花鸟、器物等形象和吉祥文字,构成以物喻义、物吉图祥,将情、景、物融为一体,寄托人们求福、长寿、喜庆等美好愿望(图2-40、图2

图 2-36 秦汉——蒲纹

图 2-37 秦汉——卧蚕纹

图 2-38 唐宋——花鸟

图 2-39 唐宋——人物

-41)。常见的吉祥用语纹饰形象有：丹凤朝阳、金玉满堂、独占鳌头、连年有余、龙凤呈祥、松鹤长寿、鲤鱼跳龙门、三阳开泰、福在眼前、万象更新、喜鹊登梅、竹梅双喜、五福捧寿、锦上添花、子孙万代、和合如意、一帆风顺、珠联璧合、连升三级、四海升平、福禄寿等。

四、工艺质量

玉器属造型艺术，是通过造型和纹饰来表现主题的。玉雕造型，一为雕琢有花纹和形象的艺术造型，一为几何形体造型。玉器之美在造型与纹饰方面，是彼此所表现的多样和统一、对称和平衡、稳妥和比例、反复和节奏、对比和调和、空间和层次等方面符合艺术形式的一般规律。造型与纹饰的具体图案画面要有主有次、主次分明；要有疏有密、疏密得当；要有层次、有透视感、有静有动；要形象逼真、生动、富有情趣，给人以美的享受。

中国的玉雕工艺，是古老灿烂的中华文化的瑰宝，世世代代备受人们的喜爱。玉雕饱藏着民族传统的内涵，是物质的、社会的、文化的综合体现。它在历代政治、经济、文化、道德、宗教等方面，具有重要的见证作用。

玉雕工艺，作为中华民族玉文化载体，历经万年，世代相传，日趋精湛，内涵日丰。其质量

图2-40　福在眼前　　　　　　图2-41　喜鹊登梅

准则,行内已习为传承。

归结起来,对其总的质量要求如下:

(1)做工应精细,做到大面平顺,小面利落。

(2)叠注、勾砌、顶撞,要合乎一定的厚度要求。尤其是对高档玉石的制作,更应精益求精。

行话说"好料出好工"。对于高档玉料要求是块度较大或形状适宜利用,颜色亮丽、均匀、有特色,有一定的透明度,结构致密,质地细腻,无裂隙(绺裂),无杂质(脏)。

因此,玉雕的设计与加工是否做到"量料取材"、"因材施艺",尽显玉石之美,是琢玉技艺法则的核心。

(3)造型完美,不走样。根据玉料的颜色、质地,辨别其是否得到妥善的安排和巧妙的利用。同时,应赋予天然宝石以生命,使之生动活泼。做到依料赋型,依色赋型,形色相依,挖脏避绺,构图均衡,主体突出,主次分明,造型生动,整体完整。

(4)抛光要做到光洁度强,滋润平展,大小地方一致,没有伤痕和破损。现在珠宝市场上流通的玉器,从工艺价值上可分两类(郭涛,2004)。若成品匠气十足、毫无个性,或可以商业化批量生产的,为"玉雕产品";若成品具有相当的艺术性,则可称为"玉雕作品"、"玉雕珍品"甚至"玉雕艺术品"。通常,玉雕材质越好,其所含艺术价值可能越高。

第三章 质量评价

珠宝是质与美的艺术,它不仅是艺术作品,同时还必须拥有其功能美;反之,只满足功能需要的珠宝,也不是完美的珠宝。常言道,珠宝首饰的设计是皮,材料是肉,质量是骨。外观再好,材料再丰富的珠宝,如果缺乏骨的支撑,很快就会消失于市场。所以,我们在对珠宝首饰的材质检验和加工设计工艺标准评述之后,就需要对珠宝首饰的产品质量进行综合评价。产品质量综合评价,可为珠宝首饰的价值评估提供科学依据。

第一节 贵金属饰品

贵金属饰品,是指由金、银、铂、钯等贵金属及其合金制作的首饰与摆件。

贵金属饰品可细分为金饰品、银饰品、铂饰品、钯饰品等。

一、贵金属饰品术语

贵金属饰品的名称,由材料纯度+材料名称+饰品品种组成。

1. **材料纯度**

(1)金饰品的纯度千分数(K数)前冠以金、Au或G。例:金750、Au750、G18K。

(2)银饰品的纯度千分数前冠以银、Ag或S。例:银925、Ag925、S925。

(3)铂饰品的纯度千分数前冠以铂(白金)或Pt。例:Pt950、Pt990或足铂(足白金)。

(4)钯饰品的纯度千分数前冠以钯或Pd。例:钯950、Pd950。

(5)当采用不同材质或不同纯度的贵金属制作饰品时,材料和纯度应分别予以表示。

2. **材料名称**

贵金属饰品的材料名称为金、银、铂、钯等及其合金。

3. **饰品品种**

由贵金属材料制作的饰品,按其装饰部位和功能,可分为:

(1)头饰。即装饰于人体眼睛以上部位的首饰。主要品种有冠饰、发饰、额饰。

(2)面饰。装饰于人体眉毛以下、下颚以上的脸部的首饰。主要品种有耳饰、鼻饰,包括眼镜、牙饰、唇饰。

(3)项饰。装饰在颈部的首饰。主要品种有项圈、项链、项坠、长命锁等。

(4)胸饰。是指以人体上衣为依托的佩戴于胸前的首饰。主要品种有胸针、领花、领带夹、纽扣等。

(5)手饰。装饰在人体手和手臂上的首饰。主要品种有戒指(指环)、手镯、手链、臂镯等。

(6)腰饰。装饰在人体腰部的饰品。主要品种有腰带、腰间挂坠(带钩、玉别子)等。

(7)脚饰。装饰在人体脚部的首饰。主要品种有脚镯、脚链、脚趾环等。

(8)装饰。用贵金属材料制作的陈设工艺品,根据造型和功用,品种有摆件、器皿、盆景、盆花和各种玉雕镶嵌工艺品等。

(9)首饰配件。

1) 手镯:压舌、门口挡板、保险扣(8字扣)、扣珠、铰链、后轴。

2) 耳插:插针、圈夹头(耳壁、耳迫)。

3) 手链(采用门扣式工艺):压舌、门口挡板、保险扣、扣珠。

4) 耳环针:插针。

5) 像章、胸章、胸花、领花:插针(直针)。

6) 别针:旗杆座、针、门头。

7) 铃镯、木鱼铃:响珠。

8) 算盘:算盘珠。

二、贵金属饰品标识

贵金属饰品产品标识是贵金属产品的组成部分,用于识别产品及其质量、数量、特征、特性和使用方法所做的各种说明的统称。标识可以用文字、符号、数字、图案及其他形式表示。产品标识也是产品质量的承诺和保证之一。

产品标识一般包括产品名称、规格、型号、厂名厂址、标准编号、产品的成分名称、含量、产品的生产日期、安全使用期限、失效日期、警示说明及标志、质量等。

贵金属饰品产品标识一般由生产者提供,也可以由经营者提供,其主要作用是表明产品的相关信息,帮助用户、消费者了解产品的质量状况,指导消费。

首饰产品标识包括印记和标签。另外,还包括质量证书、合格证、使用说明书、保修单、包装物及其他标识物。

1. 印记

印记是指打印在贵金属首饰上的标识。其内容包括厂家代号、材料、纯度和镶钻首饰主钻石的质量(若镶钻石的)。

(1)厂家代号:是指贵金属首饰生产企业或经销商的代号。厂家代号可以是由字母、数字或汉字及其组合而成,须在中国工艺美术协会首饰印记管理中心注册登记。

(2)材料:是指制作贵金属首饰所使用的主要贵金属材料。

(3)纯度:是指制作贵金属首饰所使用主要贵金属的含量。

(4)镶钻首饰主钻石的质量:是指主钻石质量在0.1ct以上的镶钻首饰,其主钻石的质量应打印在该首饰上。

(5)首饰因过细、过小等原因不能打印记时,应附有包含印记内容的标识。

2. 标签

为弥补印记中包含信息的不足,就需用标注更多产品质量信息的标签来补充标识的完整性。标签中应标明中文或用中文与英文的组合表示。

贵金属饰品的标签通常包括以下内容:

(1)饰品名称。

(2)材料名称。

(3)贵金属成色。

(4)生产者名称、地址。
(5)产品标准编号。
(6)产品质量检验合格证明。
(7)按质量销售的饰品质量。

三、贵金属饰品外观质量

贵金属饰品是一种特殊商品,既有保值性,又有装饰性。装饰性的好坏,主要取决于首饰外观质量的优劣。因此,首饰的外观质量要求,是其技术标准中不可缺项的要素。对贵金属饰品的外观质量评价标准,同样适用于贱金属材料制作的饰品。

(1)整体造型符合图纸(实样)要求,造型美观,主题突出,立体感强。一件首饰必须具有美观的造型、鲜明的主题和生动的层次感,才能令人爱不释手。

现代首饰的主题潮流是回归自然,个性张扬,地域风情。评价时,应根据设计图样检验实物工艺是否走样。

(2)图案纹样形象自然,布局合理,线条清晰。对于模压或浇铸的饰品,图案纹样的形象自然、布局合理是体现首饰艺术性程度的标志之一。如:

1)花纹:掐纹流畅,填纹均匀平整,金属纹不歪斜,不扭曲。
2)錾刻:纹饰深浅有度,凹凸起伏,光糙不一,流畅有序。
3)錾刻:花纹自然,踩錾平整,层次清楚。
4)车花(铣花):花纹造型优美,分布均匀,层次清楚,整体平稳。
5)戒指:披肩上的花纹精细,纹饰清楚完整,披肩高度适宜。

(3)表面光洁,无挫、刮、锤等加工痕迹,边棱、尖角处应光滑、无毛刺,不扎不刮,外观不得有气孔、夹杂等缺陷。首饰在制作过程中,常有锉、焊、錾刻、锤打及表面处理等工艺,稍有不慎,都会造成产品表面的不光洁,影响产品质量。

(4)浇铸件表面光洁,无砂眼,无裂痕,无明显缺陷。浇铸的首饰,有的是整体浇铸一次成型的;有的是以手工制作为主,部分配件是浇铸的,经焊接组合而成的;还有的是整体首饰由一种或几种浇铸的零部件组合焊接而成的。因此,砂眼、裂痕、废边和缺损是浇铸件的通病。

凡肉眼直接可见的缺损,表面呈橘皮状等通病者为不合格产品。对于首饰的连接部位,用放大镜可观察到同批次产品的相同部位有相同裂痕、砂眼的,这都将影响首饰的使用牢固度。

(5)焊接牢固,无虚焊、漏焊、砂眼及明显焊疤,无接缝,无焊药,整体色泽一致。这些缺陷,常产生于K金类首饰。焊接质量的好坏,可以从首饰的背面来判断。手工制作的侧身链不存在焊接牢固的问题,但机械自动焊接的项链、不再整形的手工焊接项链,则容易产生漏焊、虚焊的问题。检验时可在不变形的情况下加力1~2kg。但工艺链不做拉力试验。

(6)装配件应灵活、牢固,弹性配件应灵活、有力。

1)搭扣、弹簧等开关自如,整体协调。
2)链式首饰提升后自然下垂,不打扭,不盘曲。
3)耳饰中与插针配合的耳背大小适宜,弹性良好。
4)多节镯的每节做工造型一致,节与节之间连接牢固,铰链的轴芯两头要铆紧,整个镯子放平后,再托起时镯子应能直托。

(7)表面处理色泽一致,光亮,无水渍。首饰经表面处理后,要求一件首饰整体和整批次的色泽应一致，不允许有色差。如金首饰常有色泽焦黄、青白等色差，铂首饰常有发黑、发暗的色泽。如果首饰未擦干就进烘箱，则容易出现水渍。

(8)印记准确、清晰，位置适当。贵金属饰品必须有印记，打印在首饰的金属托架上。印记内容和表示方法按 GB11887 规定。

1)印记内容应包括：厂家代号、纯度、材料名称。

2)印记应清晰可辨，有据可查。

3)印记的位置要适当，一般打印在首饰背面不显眼的地方，以便于识别。如项链打印在搭扣上，耳环打印在夹头上，挂件打印在挂攀上，鸡心片打印在尖角的一边，镯头打印在镯身背面，摆件打印在底部，戒指打印在指环内圈，别针打印在背面或在背面贴一块打印。

4)一件贵金属饰品由两种或数种材料制作的，所用贵金属材料的名称和纯度，均应作为印记内容。

四、贵金属饰品品种质量评价

1. 戒指

(1)整体造型均衡对称，主题突出，层次分明，立体感强。

(2)焊接牢固，无漏焊、虚焊现象，焊后无接缝、无焊药，整体色泽均一。

(3)戒圈粗细合适，圈口圆正，戒脚厚度一般不小于 0.8mm，做工精细，边缘光滑无利口，不能带钩带刺。

(4)素金戒指戒脚一般为活口，搭扣应吻合、妥帖，相搭部位的长度为 10mm 左右，外搭口有凹槽并宽于内搭口。

(5)披肩上的花纹精细，纹饰清楚完整，披肩高度适宜。方戒面子应平整，呈方型，棱角挺阔，不浑圆。

(6)镶嵌戒指，宝石镶嵌牢固、端正、美观，宝石本身无损伤。镶边光滑整齐，爪、齿分布均匀，排列工整。

镶宝戒指，从宝石顶端俯视之，宝石齿口同戒脚应呈十字交叉，四角 90°；正视戒指，宝石齿口同戒脚应呈"T"字形，二角 90°；侧视戒指，桥洞两侧的戒脚应高低一样。

(7)戒指上的成色、主石质量等印记应完备而清晰。

2. 项链

(1)表面色泽均匀一致，光亮净洁，没有锉痕、刮伤。

(2)组成项链的每个单元环节应大小一致，灵活自如，均匀整齐。

(3)单元之间焊接牢固、活络，无焊缝和结疙。

(4)整条项链提起来应自然下垂，不打扭，不盘曲；整条项链放在平面上，链身平整，收紧两头后链身无局部竖起现象。

(5)搭扣、弹簧等开关自如，弹性好，无故障，簧头灵活，结扣紧固。

(6)镶宝项链，宝石镶嵌牢固、平稳，宝石本身无损伤。

(7)项链上的吊坠(项坠)：

1) 整体光滑，无钩、刺、角等不合理的结构。

2) 坠饰素面光滑，无锉道，无划伤。

3) 挂别焊结牢固，大小得体，卦别的孔眼能通过项链。

4)挂件应有一定厚度,挂鼻部位适当,重心正确。侧视不能前后有倾向,正视必须垂直不能歪斜。

5)镶嵌挂件的沿丝工艺要随型自然,高度适当,承挡的挡距妥当,正面俯视不漏沿缘。

(8)项链上的印记应完备而清晰。

3. 耳饰

(1)插针直径 1mm,长度一般 10mm,左右对称,长短粗细一致,夹头牢固,针尖圆钝。

(2)插针或挂钩要有一定的强度和硬度,本身不易变形和折断。插针上距针尖 5mm 处应有凹槽,夹头两边也应有一条凹槽,以免左右滑出。

(3)与插针配合的耳背大小适宜,弹性良好。

(4)弹簧或耳钳弹性要好,弹力适度,以不夹痛耳垂或夹不住耳垂为要。

(5)耳环的样式如有方向性,应左右对称。

(6)花头加工精细。

(7)在较大的耳饰上应有完备而清晰的印记。

4. 手镯

(1)镯身平整,圆正,镯轴平直,光滑净洁。

(2)硬镯

1)镯圈周整,粗细一致。

2)表面颜色一致,光洁,圆滑,无利边。

3)焊结处不漏焊缝,关节结实,好用。

4)簧头开关灵活,整体协调。

5)摇皮式簧头,侧视正圆,椭圆形簧头弧度要自然;打开簧头平放,镯身应平稳,簧头开启角度近于 90°;摇管不能松动,捎钉不能翻转;应有保险装置,确保门头不失灵脱出。

6)有烧蓝的,蓝面要烧匀,不破损;若有宝石,要镶嵌牢固、平稳,爪和石碗光滑。

7)在门扣或舌头等处应有完备而清晰的印记。

(3)软镯

1)各个链环大小一致,提起呈垂线,焊接平整,镀色一致。

2)多节镯的每节做工造型一致,节与节之间连接牢固,铰链的轴心两头要铆紧,整个镯子放平后再轻轻托起时镯子应能直拖。

3)镯子开关灵活,有弹性,并有保险链。

4)镶宝石的应镶嵌牢固,美观;烧蓝的无崩蓝和惊蓝现象;花纹焊接要干净利落,不掉花瓣,不瘪。

5)印记清晰完备。

5. 胸花(别针)

(1)整体造型美观,圆滑,无锐角或钩刺。

(2)胸花背后的别针座位在整体中心线偏上约 2/5 处,以避免佩戴时重心在上部。

(3)别针要灵活,针杆杆有一定的韧性、硬度和弹性;针尖略顿,长度应刚露出拔鱼眼,即正面俯视不见针尖;针应用生丝制成,直径在 0.80~0.90mm。

(4)锁针的门头一般用炮仗式,要有锁定的功能。

(5)表面光洁,明亮;电镀合格,镀色一致;焊接结实,无焊药,无弥眼。

(6)镶宝要周整,牢固。花纹不掉瓣,不能碰瘪。
(7)印记完备,清晰。

6. 摆件

(1)造型应体现主题,不能有明显歪斜的加工缺陷,形状规矩、对称。
(2)造型要符合自然界生态法则,如骨骼比例、肌肉结构、羽鳞鬃毛、树枝叶干等均要符合实际状况。传说中的可例外。
(3)无论是写实还是抽象表现的动植物或人物,形象要鲜明、生动,不可似是而非,难以区别。
(4)摆件表面光洁度好,无坑洼、变形、毛糙,焊接缝不显,无漏焊、虚焊,无砂眼、锤击痕迹等。
(5)内部清洁,无膏灰。
(6)印记完备,清晰。

第二节 珠宝饰品

珠宝饰品质量评价的主要因素,包括材料品质、设计质量、加工工艺质量和抛光质量,并按相应比例作出整体综合评价。对于不同的珠宝玉石饰品,其评价要求各有所侧重。

一、有色宝石饰品

天然宝石中,除钻石以外的所有宝石,统一称为"有色宝石",简称"彩宝"。色彩无国界,彩色浪潮有史以来就在各国各民族中涌动不息。象征着生命和力量的红宝石,被誉为"水晶之王"的碧玺,翠绿色高档祖母绿,光芒四射的星光宝石,在铂金、黄金、钻石、翡翠等价格一路飞涨的当下,正以 10% 至 100% 的涨幅逐步攀升,市场潜力巨大,已引起业界的关注。

颜色、净度、切工、质量和特殊光学效应,是评价有色宝石品级的主要依据。对于镶嵌宝石饰品,还应对镶嵌胚体的金属材料品质(性质、成色、质量)和镶嵌工艺进行质量评价。

1. 颜色

有色宝石颜色的美丽程度,取决于色彩、色调、饱和度三要素。颜色描述方式见表 3-1。
通常将有色宝石(钻石除外)的颜色综合评价分为 4 个级别:
(1)极优级:颜色分布均匀,无色带、色斑,饱和度高,颜色鲜艳,色调深浅适宜。
(2)优级:颜色中有少量杂色,与理想颜色有极不明显的偏离,饱和度较强,颜色较鲜艳,色调与理想颜色相比较深或较浅。
(3)好:颜色好,但和理想颜色偏离较大,有较浅的色带出现,鲜艳程度降低,色调与理想颜色相比较深或较浅。
(4)商业级:实际颜色与理想颜色相比偏离大,颜色变化、色带、色斑等明显,颜色不鲜艳,颜色中具有明显的灰色或褐色。

对于有色宝石的颜色评价,还因宝石种类不同而不同。根据某些特定宝石或其变种颜色的相对满意程度、稀有程度和需要程度,可将有色宝石的颜色划分为 10 个级别(表 3-2)。

表 3-1 宝石的颜色术语(GIA)

色彩(HUE)	英文缩写	色彩(HUE)	英文缩写
红紫	P	绿	G
红一红一紫	RP	极弱蓝绿	Vslb G
红一红紫或红紫一红	RP/PR	蓝绿	BG
强红紫	Stp R	极强蓝绿	Vstg G
弱红紫红	Slp R	绿一蓝或蓝一绿	GB/BG
红	R	极强绿蓝	Vstp B
橙红	OR	绿蓝	GB
红一橙或橙一红	RO/OR	极弱绿蓝	Vslp B
红橙	RO	蓝	B
橙	O	紫蓝	VB
黄橙	YO	蓝紫	BV
橙黄	OY		
黄	Y	紫	V
绿黄	GY	蓝红紫	BP
黄绿或绿黄	YG/GY	粉红	PK
强黄绿	Stp G	褐	Br
黄绿	YG	弱黄绿	Slp G
色调(TONE)	英文缩写	饱和度(SATURATION)	英文缩写
0 无色或白色	c(w)	1 灰(褐)	Gr(br)
1 极浅	exl	2 浅灰(褐)	Slgr (slbr)
2 很浅	vl		
3 浅	l	3 极浅灰(褐)	Vslgr (Vslbr)
4 中浅	ml		
5 适中	m	4 中浓	Mst
6 中深	md	5 浓	st
7 深	d	6 鲜艳	V
8 很深	vd		
9 极深	exd		
10 黑	bl		

表 3-2 有色宝石颜色满意度分级

10	9	8	7	6	5	4	3	2	1
极好		很好		好		一般		差	

由于各种宝石的颜色特征不同,具有相同颜色描述的不同宝石可以对应于不同的色级。如很好的海蓝宝石的颜色,对相同颜色的蓝宝石来说可能不是好的。因此,有色宝石的颜色与品级的对应关系见表3-3。

表3-3 有色宝石的颜色与品级

颜色级别	品质级别	颜色的特点
8~10	极优级	颜色是该品种已知的最好的颜色,颜色分布均匀(无色带)。饱和度为鲜艳,是该级品种最理想的色调(浅至深)
6~8	优级	颜色仍是非常好的或与理想颜色稍有偏离,偏离极不明显(浅颜色变暗的区域),稍浅或稍深的色调,浓的饱和度
4~6	好级	颜色好,但与理想颜色偏离较大,可以存在明显的偏离区域,较浅或较深的色调,浅的色带和中等浓的饱和度
1~4	商业级	非理想颜色或与理想颜色偏离过大,颜色突变,色带明显,饱和度呈现出灰或褐色调

对于具体的珠宝玉石而言,按照人们的喜爱程度,其颜色等级分类见表3-4。

表3-4 常见珠宝玉石颜色等级

名 称	优等品	一级品	二级品	三级品
红珊瑚	深红、艳红	红、艳红	粉红	浅红、橙红、褐红
琥珀	红色、绿色	金黄、鲜黄	黄、蜜黄	浅黄、褐黄
象牙	绿、淡玫瑰、黄、金黄、纯白	白、奶白、瓷白	淡黄白、黄白、浅褐色	土色、褐色
钻石	无色	白色	微黄白色	浅黄白色
红宝石	鸽血红色	红色	玫瑰红色	粉红色
蓝宝石	矢车菊蓝色	深蓝色	浅蓝色	绿、黄、白色
祖母绿	深翠绿色	深绿色	微蓝绿色	浅绿色
海蓝宝石	海水蓝色	蓝色	浅蓝色	蓝绿色
水晶	紫色	绿色	黄色	无色
金绿宝石	蜜黄色	棕黄色	黄色	蓝绿色
碧玺	纯红、纯蓝	紫红、深蓝、纯绿	玫瑰红、绿蓝色	粉红、浅蓝
橄榄石	纯正绿色	黄绿色	褐绿色	浅绿色
托帕石	红色	粉红色	棕黄、蓝、黄	无色
欧珀	黑色	红色	白色	灰色、混杂色
青金石	艳蓝色	微紫蓝色	蓝色	浅蓝色
绿松石	天蓝色	浅蓝色	绿蓝色	浅黄绿色
玛瑙	红色	蓝色、紫色	粉红色	杂色不纯

2. 净度

有色宝石的净度,是指存在于宝石内部和外部的各种瑕疵对宝石纯正度、透明度和琢型完整性的影响程度。

根据瑕疵的有无、多少、大小和分布特征,可将有色宝石的净度分为三大类:

Ⅰ类:通常情况下,几乎没有瑕疵。

Ⅱ类:通常情况下,具有"正常"数量的瑕疵。

Ⅲ类:通常情况下,存在大量的瑕疵。

有色宝石净度评价依据是,肉眼观察下宝石瑕疵的可见度及数量。不同类型宝石的净度评定尺度不一样。

对于有色宝石净度的评价,目前国内尚无统一标准,结合珠宝市场情况和国内外业界分类意见,对常见宝石的净度评价列于表3-5。

表3-5 常见宝石净度评价标准

净度等级	宝石类型		定 义
8~10级(极优级)	VVS	Ⅰ	10×放大镜下无瑕或近无瑕
		Ⅱ	10×放大镜下具有很少的瑕疵
		Ⅲ	肉眼无瑕,10×放大镜下含少量瑕疵
6~8级(优级)	VS	Ⅰ	10×放大镜下含很少量瑕疵
		Ⅱ	10×放大镜下含少量瑕疵
		Ⅲ	肉眼无瑕或很少量瑕疵
4~6级(好级)	SI	Ⅰ	10×放大镜下含少量瑕疵
		Ⅱ	含较多的瑕疵,肉眼可能看见
		Ⅲ	肉眼可见少量瑕疵
1~4级(商业级)	I	Ⅰ	10×放大镜下含大量瑕疵
		Ⅱ	肉眼可见包裹体
		Ⅲ	肉眼级包裹体至极大量瑕疵包裹体

3. 切工

有色宝石切工的评价因素有比例,对称与磨工。切工的好坏,以台面方向能否呈现最佳颜色为主要评价依据。

(1)比例:是指有色宝石的台面、冠部、亭部各部分与刻面腰围直径(或宽度)的比例关系。比例直接影响着宝石的光学外观(如颜色,亮度)和整体外观(轮廓,均衡),还可影响到切磨过程中的材料损失量。换句话说,从宝石外观通常可判断切工比例是否恰当。一般情况下,正面观察宝石,可看到的外观特征是亮度和长宽比例;侧面观察宝石,可见最重要的外观特征是腰厚和亭部膨胀。

切工的比例是否正确可以从以下4个方面来评价:

1)亮度:即刻面型宝石的反光量。切工好坏与反光量成正比。切工比例不正确,亭部过浅或过深,就会产生明显的"漏窗"和"暗窗"。"窗"越大,切工级别越低。

2)长宽比:切工好的宝石,其长宽比例应在一定的范围之内。

    马鞍形 1.66∶1～2.50∶1

    梨 形 1.50∶1～1.75∶1

    椭圆形 1.33∶1～1.75∶1

心　形	1.00∶1～1.25∶1	
长方形	1.25∶1～2.00∶1	
垫　形	1.50∶1～1.75∶1	

3）腰厚：刻面宝石腰厚应适中。过薄，腰部易破裂，镶嵌不稳易脱落；过厚，会增加不必要的宝石质量，造成单位价格的潜在提升。腰厚适中时，肉眼仅能看到腰棱的起伏波动。

4）亭部膨胀：指侧面观察宝石时，其腰围到底尖的弧线的明显程度。过多膨胀的亭部不仅会使宝石增重而且会增加"暗窗"比例，影响宝石的美观，也增加镶嵌的难度。

(2)对称：包括轮廓对称和对应刻面对称。一枚切割精细、理想的刻面宝石各部分都应对称。

(3)磨工：即宝石成型后的修饰。磨工好的宝石刻面反光均匀，明亮，无明显的表面缺陷。

(4)切工整体级别（表3-6）。

表3-6　彩色宝石切工级别

切工级别	说　明
8～10 极优级	极好的比例和修饰度，台面朝上时无至极微小的偏差，横断面均衡、好看。冠高亭深比和长宽比在"优"的范围。亮度80%～100%，无亭部膨胀或极小，台面大小和腰厚在"优"的范围
6～8 优级	很好的修饰度，台面朝上有微小的偏差，横断面均衡、好看。冠高亭深比和长宽比在"优"的范围或与之接近。亮度60%～80%，微小的亭部膨胀，台宽和腰厚接近"优"的范围，抛光和对称为好至很好
4～6 好级	好的比例和修饰度，台面朝上时可见偏差，横断面均衡、好看。冠高亭深比和长宽比在"优"的范围之外。亮度40%～60%，可见亭部膨胀，台宽和腰厚可在"优"范围之外，抛光和对称一般至好
1～4 商业级	差或一般的比例与修饰度，台面朝上可见明显的偏差，横断面均衡、好看。冠高亭深比和长宽比差。亮度小于40%，亭部明显膨胀，明显大的台面和腰厚，抛光和对称差至一般

4．质量

有色宝石的质量单位为克（g）。

1 克(g)＝10^{-3}千克(kg)

1 克(g)＝5 克拉(ct)

未镶嵌的宝石，可以直接称重，量具为万分之一天平。镶嵌宝石，其质量数可依靠经验公式进行推算：

估算质量＝长度×宽度×总深×密度×形状系数（表3-7）

表3-7　各琢型宝石的形状系数

琢型	形状系数	琢型	形状系数
长方形	0.002 6	椭圆型	0.002 0
祖母绿形	0.002 5	圆型	0.001 8
正方形	0.002 4	梨型	0.001 8
长方垫形	0.002 2	心型	0.001 7
正方垫形	0.002 0	马眼型	0.001 6

5. 特殊光学效应

(1)猫眼效应质量评价

1)眼线是否清晰。

2)眼线是否居中,并贯穿整个宝石。

3)眼线是否均匀,明亮。

4)眼线是否灵活。

(2)星光效应质量评价

1)星线是否强弱一致。

2)星线是否均匀,清晰。

3)星线的交汇点是否位于宝石的正中部位,各星线是否贯穿宝石。

4)星线移动是否灵活。

(3)变色效应质量评价

1)变色现象是否明显,所变颜色差异是否明显。

2)所变颜色是否鲜艳,是否浓淡适宜。

3)在不同光源照射下所变颜色的色彩丰富程度。

(4)变彩效应质量评估

1)变彩颜色种类:颜色越丰富越好。

2)变彩范围:变彩范围越大越好。

二、钻石

钻石的质量评价,可对钻坯、裸钻及彩钻三种类型进行分级。其基本评价因素相同。

(一)钻坯

为建立钻坯质量评价体系,DTC 的专家们提供了一万五千多种钻坯标样。被评钻坯与之对比定级,然后确定其价值。

从矿山开采出来的钻石原石,先初步分为可切割的钻石(cuttable)和工业钻石(industrial)两大类,然后分别进行质量分级与评估。

1. 质量分级

钻坯的大小,主要是利用标准钻石筛筛分确定。钻石筛筛孔孔径大小分为 1~23 个排号。1 号筛的孔径为 1.08mm,23 号筛为 10.2mm。若大于某个筛号而不能通过的,在该筛号前用"+"号表示,而能通过者用"-"号表示。

钻坯除用大小(mm)分级外,还可用质量(ct)来分级。以质量大小将钻石分为特大钻石($w \geqslant 10.8ct$),每粒特大钻石都有固定价格表;大钻($w \geqslant 2ct$),称 SiZeS 钻;格令钻石($w \approx 0.25 \sim 2.0ct$),1 格令(grain)$=0.25ct$;小钻(其大小介于筛号+11 和-3 之间)和混合小钻(每克拉有 7~40 颗,平均 0.15~0.025ct)。

钻石的大小是影响钻坯价格的主要因素,甚至是第一位因素。

2. 形状分级

钻坯的形状依其大小分为不同级别。

(1)大于 1ct 的钻坯形状分为 6 个级别。

1)晶形钻坯(stone):是指具形状完整的八面体或十二面体钻石。

2) 定形钻坯(shape):是指具有规则或较规则的八面体或十二面体的钻石。

3) 解理钻坯(cleavage):是指一些常沿解理面裂开而成的不规则晶体碎块状钻石。

4) 他形钻坯(marcles):是那些呈三角形、具双晶的扁平晶块状钻石。

5) 扁平钻坯(flat):呈细小的板状扁平碎块的钻石。它可能是他形钻坯进一步沿解理碎裂而成的。

6) 立方钻坯(cube):有六个面,面与面近于垂直的钻石,包括园化立方体碎屑、具尖棱的立方体和倒置的六方体3种不同形状的钻石。

(2) 小于1ct的钻坯形状可分为两级。

1) 细晶钻坯(melee):具有规则形状的重约0.25ct的细小钻石晶体。

2) 片碎钻坯(chip):是指一些小裂片状或形态不规则的钻石碎块。这种钻坯按其加工性能又可分为可制形钻石(makeable)和可锯形钻石(sawable)两种。前者可按其形状直接切磨抛光成特定钻石的钻坯;后者是指可被劈开或锯开成两块,分别加工成两颗钻石的钻坯。

钻石的形状对钻坯的价格有直接而重要的影响,因为不同形状的钻石在加工过程中的出成率是不同的。

3. 净度分级

根据钻石在10×放大镜下可见瑕疵的种类、数量、大小及分布位置,对可切割的宝石级钻石进行净度分级。一般分出5个级别:

(1) 干净透明的。

(2) 含小包体和裂纹,但容易被切磨掉的。

(3) 含有颜色较暗、较大包体,但能被切磨掉的。

(4) 含较小斑点,其外观较暗的。

(5) 色黑,但可分割的。

对于一些准宝石级的钻坯净度,可分为1号多瑕钻、2号多瑕钻和3号多瑕钻3种类型。对于一些外表带有烟幕状薄膜的钻坯,则只能通过估计来确定其品级。

4. 颜色分级

在自然光或用人工中性光源系统下进行钻坯颜色分级。对于无色-黄色的钻坯可分为5个级别:

(1) 最高级,色极白。

(2) 次高级,色很白。

(3) 高级,白色-微浅白色。

(4) 开普级,色浅白-开普黄。

(5) 暗开普级,暗开普黄。

另外,褐色的钻石和绿色的钻石可单独分级。对于褐色钻石又可根据其褐色程度分成四级。

(二) 裸钻

国际上,对无色-黄色的抛光钻石质量分级标准基本上是相同的,都是以4C作为评价的基本依据。

1. 颜色分级

钻石颜色分为无色和彩色两个系列。无色系列划分为12个级别。用英文字母(D-N)分别代表不同的色级。钻石颜色等级表示方法见表3-8。

表 3-8 钻石颜色等级对照表

国际英文字母代号	中国传统百分数代号	可见颜色色调描述
D	100	极白
E	99	极白
F	98	优白
G	97	优白
H	96	白
I	95	微黄(褐、灰)白
J	94	微黄(褐、灰)白
K	93	浅黄(褐、灰)白
L	92	浅黄(褐、灰)白
M	91	浅黄(褐、灰)
N	90	浅黄(褐、灰)
<N	<90	黄(褐、灰)

注：本表适用于天然的、质量在 0.020g 以上的裸体钻石，与标准色石比对而定。

2. 净度分级

根据钻石的内部特征和外部特征对其纯净度的影响，将钻石净度分为 5 大级和 10 亚级（表 3-9）。

表 3-9 钻石净度分级

级 别		定 义
镜下无瑕级	LC	10×放大镜下，钻石内无瑕疵。$d<5\mu m$
极微瑕级 VVS	VVS_1	10×放大镜下极难观察到钻石中的极微小的瑕疵。$d\leqslant12\mu m$
	VVS_2	10×放大镜下很难观察到钻石中的微小的瑕疵。$d\leqslant25\mu m$
微瑕级 VS	VS_1	10×放大镜下难以观察到钻石中的细小瑕疵。$d\leqslant40\mu m$
	VS_2	10×放大镜下比较容易观察到钻石中具有细小瑕疵。$d\leqslant70\mu m$
瑕疵级 SI	SI_1	钻石具有明显瑕疵，10×放大镜下容易观察到。$d\leqslant100\mu m$
	SI_2	10×放大镜下很容易观察到瑕疵，但肉眼看不见。$d\leqslant150\mu m$
重瑕疵级 P	P_1	肉眼可以看见瑕疵。$d\leqslant0.5mm$
	P_2	肉眼易见瑕疵。$d\leqslant1.5mm$
	P_3	肉眼很容易见极明显的瑕疵。$d\geqslant3mm$

注：d 表示瑕疵的最大直径。

3. 切工分级

标准圆钻型钻石的切工，是指由 57 或 58 个刻面按一定规律组成的圆型台面钻石。圆钻型切工由比率及修饰度来表示。

（1）比率级别划分：按比率质量好坏，划分为很好、好、一般 3 个等级。各部分比率划分详见表 3-10。

(2)修饰度级别。修饰度级别划分为很好、好和一般3个级别。降低修饰度级别的因素有：

1) 钻石刻面留有抛光纹。
2) 整个钻石圆度不够。
3) 冠部与亭部刻面尖点不对齐。
4) 刻面尖点不够尖锐。
5) 同种刻面大小不均等。
6) 台面和腰部不平行。
7) 腰呈波浪状。

我国目前对修饰度级别划分规则(GBT/16554)是：①仅有1)项者，为很好；②仅有1)和2)两项或仅有2)项的，为好；③除上述两种情况外，均为一般。

表3-10 钻石切工比率级角度分级表

评价 类别	一般	好	很好	好	一般
台宽比	≤50	51～52	53～65	67～70	≥71
冠高比	≤8.5	9～10.5	11～16	16.5～18	≥18.5
腰厚比	0～0.5(极薄)	1～1.5(薄)	2～4.5(适中)	5～7.5(厚)	≥8(极厚)
亭深比	≤39.5	40～41	41.5～45	54.5～46.5	≥47
底尖比			<2(小)	2～4(中)	>4(大)
全深比	≤52.5	53～55.5	56～63.5	64～66.5	≥67
冠角比	≤26.5°	27.0°～30.5°	31.0°～37.5°	38.0°～40.5°	≥41.0°

4. 钻石质量(carat)

钻石的质量单位为克(g)，有效数字值至少保留小数点后三位。国际上在钻石贸易中一般采用"克拉"(ct)。1克拉(ct)=0.20克(g)。钻石的质量(俗称重量)通常用称量法测定，亦可根据钻石直径(表3-11及表3-12)及其琢型(表3-13)进行估算。

5. 镶嵌钻石分级

(1)颜色等级。采用比色法分为7个等级：D-E、F-G、H、I-J、K-L、M-N、<N。分级时应考虑金属托(白色或黄色)对钻石颜色的影响，注意加以修正。

(2)净度等级。在10×放大镜下分为LC、VVS、VS、SI、P五个等级。

(3)切工测量与描述：

1)在可测量条件下，测量台宽比、亭深比等比率要素。
2)在可测量条件下，采用10×放大镜目测法，对影响修饰度的要素加以描述。

(三)彩色钻石

在钻石世界，将浅黄色以外的具有明显其他颜色的钻石统称为彩色钻石。常见的颜色有粉红色、桃红色、绿色、金黄色、棕色以及少见的红色、蓝色、橙色等。

大多数彩钻的颜色发暗，强-中等饱和度的、颜色艳丽的彩钻极为罕见。钻石的色彩，主要是钻石中含有少量杂质氮、硼、氢原子进入晶体结构之中所形成的各种色心，或者因晶体塑性变形而产生的位错、缺陷等对某些光能吸收,致使钻石呈现各种颜色。如黄色－棕黄色钻石,由于孤立的氮代替碳时,对波长小于 560nm 的入射光有明显的吸收,使钻石呈现黄、褐、棕色,其色彩鲜艳浓郁;另外钻石内氮原子聚集在一起时形成氮集合体,对 400～425nm 光明显吸收的同时,对 477.2nm(蓝光)有弱吸收,可使钻石呈黄色。蓝色钻石,是因钻石内部含微量硼元素而成美丽的蓝色(II_b型),若含少量氢原子也可呈蓝色。而粉红色钻石与褐色钻石,则是钻石在高温和各向异性压力下晶格发生变形而产生的颜色。相比之下,粉红色钻石十分罕见,极其昂贵。这种晶体缺陷在极端情况下可形成紫红色钻石。对于绿色钻石来说,绿色和蓝绿色通常是由于钻石长期在天然辐射作用下形成的,当因辐射作用使碳原子被打入间隙而形成一系列空位-间隙原子时,钻石的电子结构发生变化,从而产生一系列新的吸收使钻石着色。若辐射时间足够长或辐照剂量足够大,可使钻石变成深绿色,甚至黑色。辐射造成的晶格损伤,有时还可形成蓝色钻石和黄褐色钻石。

表 3-11 全翻钻质量换算表

每粒钻直径(mm)	每粒重(ct)	每克拉(ct)有多少粒
1.3	0.01	100
1.7	0.02	50
1.8		40
1.9		37
2.0	0.03	33
2.1		29
2.2	0.04	25
2.3		22
2.4	0.05	20
2.5		18
2.6	0.06	16
2.7	0.07	14
2.8	0.08	12
2.9	0.09	11
3.0	0.10	10
3.1	0.11	9
3.2	0.125	8
3.3	0.14	7
3.4	0.15	7
3.5	0.16	6
3.6	0.17	
3.7	0.18	
3.8	0.20	5
4.0	0.23	
4.1	0.25	4

表 3-12　单翻小钻质量换算表

每粒钻直径(mm)	每粒重(ct)	每克拉(ct)有多少粒
0.9		240
1.0	0.005	200
1.1		155
1.2		125
1.3	0.010	100
1.4		85
1.5	0.015	73
1.6		58
1.7	0.020	48
1.8		40
1.9	0.030	33
2.0		30

表 3-13　钻石质量(ct)的计算

形　状	计算公式(mm)(ct)	说明
圆　形	平均直径×深×0.006 1	
椭圆形	平均直径×深×0.006 2	
心　形	长×宽×深×0.005 9	
长方形	长×宽×深×0.008 0	长宽比为 1∶1
长方形	长×宽×深×0.009 0	长宽比为 1.5∶1
长方形	长×宽×深×0.010 0	长宽比为 2∶1
长方形	长×宽×深×0.010 6	长宽比为 2.5∶1
橄尖形	长×宽×深×0.005 65	长宽比为 1.5∶1
橄尖形	长×宽×深×0.005 80	长宽比为 2∶1
橄尖形	长×宽×深×0.005 85	长宽比为 2.5∶1
橄尖形	长×宽×深×0.005 95	长宽比为 3∶1
梨　形	长×宽×深×0.006 15	长宽比为 1.25∶1
梨　形	长×宽×深×0.006 00	长宽比为 1.50∶1
梨　形	长×宽×深×0.005 90	长宽比为 1.66∶1
梨　形	长×宽×深×0.005 75	长宽比为 2∶1

注：均以腰部厚度中等为准。

彩色钻石的质量分级(4C),比较特别的部分是颜色分级,而其他的则与无色钻石(裸钻)相似。

彩色钻石的颜色分级,跟有色宝石相似,一般是根据其色彩、饱和度和亮度来划分。但不同的国家对彩色钻石的分级标准及术语并不统一。例如桃红色,GIA 从中分为很亮的桃红、亮桃红、适度桃红、强/暗桃红、深桃红及最深桃红 6 个级别,而日本全国宝协则将其分为弱桃红、很亮桃红、杂色亮桃红、杂色桃红 4 级。

在对彩钻分级时,一般应将视线近于垂直台面或冠部,转动钻石以消除表面反射、色散或加工对颜色的影响。彩色钻石会显示出体色和关键色两种色彩。体色是钻石对可见光选择性吸收所致,而关键色则是由钻石台面向上时所见到的该钻石体色和加工产生的效应颜色的综合色。

三、有机宝石——珍珠饰品

今天所称"珍珠"是人工养殖珍珠的简称,它有别于天然珍珠。其质量分级有如下 7 个方面。

1. 颜色

珍珠对白光选择性吸收产生的颜色分为体色、伴色和晕彩三个方面。

(1)体色。珍珠对白光选择性吸收产生的颜色称为体色,体色是珍珠本身的颜色。它取决于珍珠的各种致色离子、有机色素的种类和含量,分五个系列:

1) 白色系列:纯白色、奶白色、银白色、瓷白色。
2) 红色系列:粉红色、浅玫瑰红色、浅紫红色。
3) 黄色系列:浅黄色、米黄色、金黄色、橙黄色。
4) 黑色系列:黑色、蓝黑色、灰黑色、紫黑色、棕黑色、铁灰色等。
5) 其他:紫色、褐色、青色、蓝色、棕色、紫红色、绿黄色、浅蓝色、绿色、古铜色等。

(2)伴色。漂浮在珍珠表面的一种或几种颜色称为伴色。伴色一般叠加在珍珠的体色上,使珍珠魅力倍增。常见的伴色有粉红色、蓝色、玫瑰色、银白色、绿色,人们形象的称为银光皮、美人醉、孩儿红、胭脂红、虾肉锡色(近黑色)等。海水珍珠可能有伴色,如白色、粉红色、玫瑰色、银白色或绿色等伴色。

(3)晕彩。晕彩指在珍珠表面或表层以下形成的可漂移的彩虹色,是由珍珠的结构所导致的光的折射、反射、漫反射、衍射等光学现象的综合反映,亦叫光彩。晕彩主要有粉红、绿、黄、橙、蓝、紫等,或多种色彩组合的彩虹。海水珍珠可能有晕彩。晕彩划分为三个等级:晕彩强、晕彩明显和有晕彩。

(4)颜色表述。颜色表述均以体色为主,伴色和晕彩为辅。

2. 大小

珍珠的大小,指单粒珍珠的尺寸。其表示方法是:正圆、圆、近圆形的珍珠,其大小以最小直径来表示;其他形状的珍珠,以其最大直径×最小直径表示。单位为毫米(mm)。

3. 形状级别

(1)海水珍珠形状,分为正圆、圆、近圆、椭圆、扁形、异形等(表 3-14)。

(2)淡水无核珍珠形状分为圆形、椭圆形、扁圆形和异形四大类。圆形类分为正圆、圆、近圆三级别;椭圆形类分为短椭圆、长椭圆两级别;扁圆形类分为高形、低形两级别;异形类仅分一级。具体划分见表 3-15。

表 3-14 海水珍珠形状质量要求

形状级别		质量要求	备 注
正圆	A_1	直径差的百分比≤1%	
圆	A_2	1%<直径差的百分比≤5%	
近圆	A_3	5%<直径差的百分比≤10%	
椭圆	B	直径差的百分比>10%	可有水滴形,梨形
扁形	C	具对称性,有一面或两面成近似平面状	
异形	D	形状极不规则,通常表面不平坦,没有明显对称性,可能是某一物体形状的相似形	

注:淡水有核珍珠形状级别划分可参考此表。

表 3-15 淡水无核珍珠形状级别及质量要求

形成类别与级别			质量要求	备 注
圆形类	正圆	A_1	直径差的百分比≤3%	
	圆	A_2	3%<直径差的百分比≤8%	
	近圆	A_3	8%<直径差的百分比≤12%	
椭圆形类	短椭圆	B_1	12%<直径差的百分比≤20%	
	长椭圆	B_2	直径差的百分比>20%	可有水滴形、梨形
扁圆形类	高形	C_1	直径差的百分比≤20%	具有对称性,有一面或两面成近似平面状
	低形	C_2	直径差的百分比>20%	
异形类		D	形状极不规则,通常表面不平坦,没有明显对称性,可能是某一物体形态的相似形	

4. 光泽级别

珍珠的光泽是指珍珠表面反射光的强度及影像的清晰程度。

珍珠光泽的级别划分和质量要求,海水珍珠与淡水珍珠有所不同(表 3-16)。

表 3-16 珍珠光泽质量要求

光泽级别		质 量 要 求	
		海水珍珠	淡水珍珠
极强	A	反射光特别明亮、锐利、均匀、表面像镜子,影像清晰	反射光很明亮、锐利、均匀、影像很清晰
强	B	反射光明亮、锐利、均匀、影像清晰	反射光明亮、表面能见物体影像
中	C	反射光明亮、表面能见物体影像	反射光不明亮、表面能照见物体,但影像较模糊
弱	D	反射光较弱、表面能照见物体,但影像较模糊	反射光全部为漫反射光,表面光泽呆滞,几乎无影像

5. 光洁度级别

珍珠的光洁度,是指珍珠表面瑕疵多少的总程度。根据瑕疵大小、多少及位置,珍珠光洁度划分为 5 个级别(表 3-17)。

表 3-17 珍珠光洁度级别与质量要求

光泽级别		质 量 要 求	
		海水珍珠	淡水珍珠
无瑕	A	肉眼观察表面光滑细腻,极难看到表面有瑕疵	肉眼观察表面光滑细腻,极难看到表面有瑕疵
微瑕	B	表面非常少的瑕疵,似针点状,肉眼较难观察到瑕疵	表面非常少的瑕疵,似针点状,肉眼较难观察到瑕疵
小瑕	C	有较小的瑕疵,肉眼易观察到瑕疵	有较小的瑕疵,肉眼易观察到瑕疵
瑕疵	D	瑕疵明显,占表面积的 1/4 以下	瑕疵明显,占表面积的 1/4 以下
重瑕	E	瑕疵很明显,严重的占表面积 1/4 以上	瑕疵很明显,严重的占表面积 1/4 以上

6. 珠层厚度级别

珍珠层的厚度,分为 5 个级别。具体划分方法见表 3-18。

表 3-18 珍珠层厚度级别质量要求

珠层厚度级别		质 量 要 求(mm)	
		海水珍珠	淡水有核珍珠
特厚	A	≥0.6	≥0.9
厚	B	≥0.5	≥0.7
中	C	≥0.4	≥0.5
薄	D	≥0.3	≥0.4
极薄	E	<0.3	<0.4

7. 珍珠等级

按照珍珠质量因素级别,用于装饰使用的珍珠划分为珠宝级珍珠和工艺品级珍珠两大等级。

(1)珠宝级珍珠质量因素最低级别要求:

1) 光泽级别:中(C)。

2) 光洁度级别:瑕疵(D)。

3) 珠层厚度级别:薄(D)。

(2)工艺品级珍珠。工艺品级珍珠是达不到珠宝级质量因素最低级别要求的珍珠。

(3)珠宝级珍珠分级:

1) 单粒珍珠饰品中珍珠的分级,按照珍珠质量因素级别确定等级。

2) 多粒珍珠饰品中珍珠的分级,按照各粒珍珠的质量因素级别及其匹配性级别确定等级(表 3-19)。

3) 多粒珍珠饰品中各粒珍珠 90% 及其以上为同一级别,为该级别。

表 3-19　多粒珍珠饰品中珍珠匹配性质量要求

匹配性级别		质　量　要　求
很好	A	形状、光泽、光洁度等质量因素应一致，颜色、大小应和谐有美感或呈渐进形式变化。孔眼居中且直,光洁无毛边
好	B	形状、光泽、光洁度等质量因素稍有出入,颜色、大小应和谐或基本呈渐进形式变化。孔眼居中,无毛边
一般	C	颜色、大小、形状、光泽、光洁度等质量因素有较明显不同。孔眼稍歪斜并且有毛边

四、玉器

玉器,顾名思义就是用玉材经过加工而制成的有使用价值的器物。就其功用可分为玉石首饰和玉器摆件两大类;就其工艺特征可分为具象型、装饰型和抽象型3种。所谓具象型玉雕作品,它是以客观事物为蓝本,对其外观、精神、动态、性格等特征进行再现;装饰型玉雕作品,是基于客观事物,通过概括、夸张、提炼等手法表现美学装饰价值,注重观者对美的体验和享受;而抽象型玉雕作品,它通常是直接表现本质和内在结构,以点、线、面表现时空的节奏和韵律,追求时空的相对统一,表现人类思想的复杂和精华,注重思想性和艺术性,如各种纹饰图饰(郭涛,2004)。

由创作者的智慧和双手创造的玉器,既反映着社会生活、宗教信仰、民俗传统,又表达出作者的思想感情,并具有较高审美意义的静态视觉形象。玉器的造型与色彩在人类视觉感受中是最重要的。因此,评价玉器的质量,在很大程度上就体现在玉石种质的评价和材料合理利用的审定两个方面。此外,还广泛涉及中国的儒道哲学、华夏美学、宗教习俗等众多社会人文科学领域。对玉器评价的难点,不仅是玉质鉴定与价值评价,而是对作品的认识,对作者创作意图的理解,对群体审美观的认同和敏感。

1. 玉器产品技术要求

(1)必须有一定的欣赏价值和收藏价值。玉器是用于人们装饰、陈设、收藏的特殊商品,是人们精神生活的欣赏品。玉器是以美石为依托的艺术造型器物,其欣赏性有二,一是欣赏石之美,二是欣赏工艺精美。如果石之美与造型美二者相结合,就被作为珍宝而收藏。具有欣赏价值和收藏价值的玉石装饰品,将在人们的装饰、陈设、欣赏中获得精神上美的享受。由于玉器兼具装饰美化与保值增值的特点,人们就将之作为一种投资方式而被收藏。

(2)题材明确、章法清楚、形象生动、艺术夸张得体和形象逼真有机结合。完美的构图、科学的用料、高超的雕琢工艺,是玉雕作品成功的基石,因此,要在有限的玉料上,最大限度地占据空间,使产品有大于原料和显活的效果。在确定重心、明确题材的前提下,做到主次分明、平整均衡、对比匀称、彼此呼应,使各部分之间和谐统一、变化一致。为求得到特殊装饰效果,可将玉器中的一件或某一个构成元素夸张变形,而获得意想不到的艺术效果。

(3)突出主题、陪衬得当、虚实得体。玉雕作品要尽全力表达出作品的主题思想,就必须要把主体形象设计好、制作好,一切其他形象都要围绕主体形象作各种不同形式的处理,为主题服务,而任何与主题无关的物象都是多余的。没有"突",就没有"主",要做到主题明确、主次分明、宾从主用、浑然一体、疏密有度、虚实相生、层次有序、分组呼应,使画面获得最佳艺术效果。

(4)主题应基本符合各部位的造型比例。古人云"增之一分则太长,减之一分则太短",就是指一件事物或景观的整体与局部及局部与局部之间有一定的比例关系。最和谐均衡的比例关系是宽长比相当于大小之和与大者之间的比例(0.618),这个比例最能引起人们的美感。如人体的一般比例是头为身长的1/7,若以头长为单位,身高则是站七坐五蹲三半。而两手臂平伸的总长与全身总长相同。又如,人的五官比例有"三停"、"五眼"之说。所谓"三停",就是从发际至眉心的长度=眉心至鼻底的长度=鼻底至下巴的长度的3个等比关系。"五眼",从正面看,一只眼宽=大约耳到眼角的宽度=两眼内角之间的宽度,眼在头部中间1/2处,鼻翼宽=两眼之间宽度,口缝在鼻底至下巴长度的1/3处,口宽=两眼珠之间宽度,口长=眉心至鼻底长度;侧面看,外眼角至耳朵距离=外眼角至嘴角的距离。

玉雕鸟类或兽类的各部位造型之间亦有一定比例关系,详见本节"玉器品种质量标准"所述内容。

(5)成对产品,应大小一致、颜色一样、章法相同。玉雕造型既要有多样变化又要有整体统一,才能获得好看、和谐完美结合的效果。特别是成对玉雕作品,两个器物一定要大小一致、左右对称、变化相同、颜色一样、制作工艺相同,才能达到均衡和谐、美观好看的效果。

(6)仿古产品,应以古原件为鉴制作。玉雕为中华民族国粹之一,经数千年的继承和发展,从史前的古朴、雅拙到秦汉的雄浑豪放,再发展到明清的玲珑剔透、巧夺天工,成为不同时代、不同观念的不同载体。人们为了追古、复古,往往复制古件以仿先古,追求文物价值。历代仿古者多,仿古异古者历来有之,且常被专家识破。如清代的龙纹蒲璧,系仿古作品,在纹饰、工艺方面完全仿汉代,但同汉代又有区别,汉代璧为水玉制成,玉里含有的斑,古董商称为"饭渗",清代使用的是质地纯正的青玉、碧玉。汉代玉璧带有水沁或土沁,这种沁色,清代璧上一般仿制不出来。因此,仿古产品必须按古原件为标样如是制作,包括玉质、色泽、器型、纹饰、章法等,才能仿古似古。

(7)玉器应量材施艺,巧用石色,挖脏去绺,合理利用玉材。制玉第一道工序是选料,以求正确合理地选用玉石原料,达到物尽其美、物尽其用之目的。根据玉石种质特点设计造型,造型设计准则是量材施艺,即巧用玉色,用料合理;俏色不在多,在于精和醒目;分色清楚,用色忌混;挖脏净质,去绺追色,改瑕为瑜;形象逼真,生动传神;主题突出,推陈出新。

(8)产品中,部位之间过渡应顺其自然,无陀石,无疙瘩和砂印。造型是玉器审美的构架,应比例适当、均匀自然、均衡稳定;纹饰是玉器的装饰,应服从器型需要,结构章法有条不紊,繁简疏密适易、统一和谐;工艺是玉器制作的技术条件,砣工应利落流畅、气韵生动,不可板滞纤弱、拖泥带水、存留加工痕迹。

(9)产品应光洁、平展、滋润、明亮,呈肉奶瓷石光。玉雕产品的光亮净洁、平整舒展、温润细腻、玲珑亮丽,是玉器审美的本质与条件。因此,抛光罩亮、上蜡浸油,是玉器后续加工的必要工序。

(10)产品须有配套的装潢。小件产品应用硬质材料做盒承装。包装盒外粘绸布,配扣开合方便、牢靠;内衬柔软性绸布,遮蔽严密。雕件与底座应隔开放置于同一盒内,不得相互碰撞。

大件产品应配制硬质木材底座。底座应庄重、古朴、色深、漆面光亮。其大小、高低应与产品相匹配。

玉器产品应带包装码放,高不得超过1.50m。

2. 玉饰质量要求

玉饰是指用于佩戴的玉石饰品,按工艺分为素面玉饰和雕花玉饰。

(1)素面玉饰:表面光滑无纹饰。平面形状有圆、椭圆、鸡心、十字形等;立体形状有馒头型、珠型、圆环型、圆珠型、莲子型、菱珠型等。表面玉饰用以与贵金属镶嵌制成各种首饰,如戒指、胸针、串珠、项链、手镯等。

素面玉饰工艺质量,要求形状规矩,对称性好,轮廓完美,比例协调;表面光滑明亮,无伤痕;镶嵌饰品,玉石不松动,无损伤(表3-20)。

表3-20 光身器工艺质量分级

切工分级	轮廓	对称	比例	光亮	厚度
很好	标准	很好	很好	很好	适中
好	一般	好	好	好	中等
一般	不正	中等	一般	一般	薄
差	歪斜	差	差	差	很薄或挖底

注:参考欧阳秋眉1997年《翡翠光身成品工艺分级》而定。

(2)雕花玉饰:俗称挂件,是指在玉石的单面或多面雕刻纹饰、图案,常用作胸前的佩戴或腰间的坠挂。

雕刻的纹饰或图案,来自于生活但高于生活,它是一种美术活动。基本纹饰有8种:几何纹、动物纹、植物纹、佛教纹饰、人物纹、吉祥纹饰、山水纹和民族特色纹饰。

雕花玉饰的质量要求:

1)物尽其财,因材施艺,彰显玉石之美。
2)图纹造型比例完美和谐,雕工简洁有力,圆润舒展,线条清晰流畅,富有表达力。
3)巧用俏色,挖脏去绺,改瑕为瑜。
4)抛光精细,光洁明亮,柔润传神,卖相厚重。

3. 玉件质量要求

玉件,即用玉雕工艺制作的玉石陈设工艺品,兼有实用性,但以艺术欣赏为主。

根据器型制作工艺,玉件分为摆件、器皿、盆景、盆花、镶嵌工艺品等。

(1)摆件:造型丰富,有人物、花卉、鸟兽、山水等。以山水为题材的摆件俗称"山子"、"山子雕"。

(2)器皿:是指用玉雕工艺制作的玉石器皿,可有实用性,但仍以欣赏为主。主要品种有炉、瓶、熏、碗、盘、杯、壶等。制作工艺常采用薄胎工艺,以及嵌金(银)纹工艺、镶嵌宝石工艺、内画装饰工艺等特殊工艺。

(3)盆景、盆花:选用各种玉石碎料,雕刻成花瓣、花枝,再经过打孔、抛光、组花、整形等工艺,将花、叶组成盆景、盆花工艺品。

(4)镶嵌工艺品:即用拼镶或包镶工艺制成的玉雕工艺品,如屏风、工艺插瓶、工艺画或金玉结合的人物、动物等玉雕工艺品。

4. 玉器品种质量标准

玉器产品的质量,取决于玉石材料质量、材料应用技巧及加工设计质量等方面的综合评价结果。

(1) 玉雕人物

1) 人物产品(仕女、观音、大肚佛等)要具有时代特性;人体各部位的结构、比例要安排适当,合乎解剖学要求;主题明确,动作自然,呼应传神。

2) 头脸的刻画,要合乎男、女、老、少的特征;要根据不同人物的身份、性格和动态情节进行创作;五官安排合情合理(成人一般以"三停五眼"为宜)。

3) 手型结构准确,自然适当;服饰衣纹要随身合体,起落聚散有规律,弯沟、叠挖、厚薄、软硬有质感;陪衬物要真实,富有生活气息,要和人物主体相协调,使主题更突出,避免出现喧宾夺主的现象。

4) 人物选用玉料,要求质地细腻、均匀,颜色漂亮,色调相对单一,特别是人物脸部,用料要求颜色均匀、干净,无瑕疵和绺裂。

(2) 玉雕兽类

1) 以各种动物(生肖、图腾等)为形象特征的玉雕兽类产品,造型应生动传神,肌肉丰满健壮,骨骼清楚;各部位的比例合乎要求,五官形象和立、卧、跃、抓、挠、蹬等多种姿态要富有生活性。

2) "对兽"产品应规矩、对称,颜色基本一致;成套产品的造型应根据要求配套琢制。

3) 变形产品的造型,要敢于夸张,又要注意动态合理。

4) 发毛勾彻要深浅一致,不断,不乱,根根到底。大面平顺,小地利落。

(3) 玉雕花卉

1) 玉石材料的颜色应漂亮,层次丰富,瑕疵处理适当。

2) 造型上采用仿真技艺,构图合理,花、叶、枝、干层次分明,反正两面有别;主题突出,配合协调,艳而不杂,多而不乱。

3) 以花为主,由门瓣、翻瓣、花心瓣三部分组成的花朵应排列有序,疏密有度;叶子要"露的俏,藏的巧",层次清楚不杂乱;叶梗有木本和草本之分,木本花卉的枝梗外皮苍老,嫩枝要瘦,符合生长规律。

4) 花卉各部分位置正确,花头、花叶翻卷折叠要自然,花要丰富,枝叶要茂盛;附属物虫草、小鸟等应与主题相呼应。

5) 花、叶、枝、梗以及附属物,应雕琢细致,准确,不变形;整体抛光明亮、均匀,使产品的整体和细部力求玲珑剔透,真实自然。

(4) 鸟禽产品类

1) 玉石材料要颜色美观,无瑕绺;以石选材,巧用俏色。

2) 造型要真实生动,整体形象完美,传神可爱。

3) 站、立、起、落、嬉戏等动作特征应与实际动作相吻合;"对鸟"应色泽一致,高低相等,大小一样。

4) 头、身、翅、脖、爪等部位比例应符合要求;各部比例以嘴根至脑后的头长为基本单位(简称"头")。

(5) 器皿(亦称平素)类。此类品种繁多,记有炉、薰、瓶、鼎、鬲、尊、爵等

1) 玉石材料要求质地均匀、干净,无明显瑕疵及绺裂;盖、身、色彩、纹理等衔接顺畅。

2) 器物造型周正、规矩、对称、美观、大方、稳重;比例得当;仿古产品古雅、端庄,尽可能按

原样仿制。

3）器物的膛肚要串匀串够,膛鼻厚度适宜（一般为 5±0.5mm）,均匀一致,膛内光洁平滑。

4）顶纽、两耳纽上下左右匀称,工细有神;链、环、梁大小适宜,周正均匀、均衡,规矩协调,活动自如。

5）瓶口、子口要严紧,不认口;盖子插入瓶身后,严丝合缝,不左右摆动。

6）纹饰、花纹清晰,自然整齐,边线规矩,清晰顺畅,叠挖细致;底子平顺,深浅一致;透空花纹眼底匀称,干净利落;浮雕花纹,深浅浮雕的层次要清楚,合乎透视关系;花头、兽头等外部浮雕装饰,造型要整体协调一致,并符合各自的规定。

7）抛光洁净、光亮、平滑、均匀;纹饰环、链、镂空花处等各部分,抛光度一致,不走形。

5. 玉雕饰品质量评价指标

(1) 仕女

1）题材章法。题材章法应做到主题突出、主仆分明,应突出仕女的风流娇姿、身段灵活的特征。面目秀丽动人,手型纤细自然;手持物件与花草要适当;服饰衣纹、风带、线条,要交代清楚清楚,翻转折叠要利落,动向自然而飘洒。

2）身段比例。以头长为单位,全身长 7 个单位。头长,至乳头,至脐孔,至大腿中点,至膝盖上沿,至小腿中点,至脚跟,分别为 7 个单位的部位。臀宽等于肩宽,各为 1.5 个单位;腰宽、胸厚,各为 1 个单位;臂长 2.5 至 3 个单位,小臂略长于大臂;手长为头长的 2/3,手宽为头长的 1/3;脚长等于头长。

整体高为 7 个单位,坐高 5 个单位,蹲姿高 3.5 个单位。头顶至髻际,占头长 1/10;眼眉位于头长的中点;鼻子居于脸部中点,鼻宽等于两眼之间宽度;口位于鼻下 1/3 处,口宽等于鼻宽;耳上端与眉齐,下端与鼻尖齐。

3）服装佩戴。服装佩戴应显示出人物的朝代和主仆特征;衣纹的折叠、深浅、长短,应显示出关节部位、动态方向和风向;风带、腰带,应分出正反面,扭动、弯曲时的边界过度应交代清楚。

(2) 观音

1）观音体裁可为自然形态,也可为传统中的故事情节。

2）面部为长方形。鼻直口方,口唇稍厚;眉弯而长,目视下方;耳垂直而胖,符合传统的慈祥而威严大方的形态。

3）全身应袒胸披纱,结发髻,戴凤帽,胸有项珠,下衣裙有边,露赤脚,或上身裸体,戴凤冠等。

4）身段及各部位比例。全身比例基本与仕女相同。不同点为:盘坐可放长到 4 个头长,肩较宽为 2 个头长;赤脚,脚胖而有骨法;脚趾三等分,即大趾、二三趾、四五趾各为一等分。

5）陪衬物。可根据故事情节和玉料颜色,设置附属人物、风景、风带、甘露瓶、柳枝、佛珠、如意、花卉、拂尘、莲台、兽、狮、鹏等。

(3) 大肚佛

1）体裁。头大,体胖,方形脸,身向后稍仰,眼望天空;慈祥大笑,逍遥自在。

2）全身各部比例。基本与仕女同,不同点为:立五,坐三,肩宽与臂长各为 2 个头长;手短而肥胖,为头长的 2/3,手宽为手长的 3/5,指掌相等;脚长为头长的 4/5,脚趾同观音;脸部三停之上停稍长,眼在头部中点;鼻宽,嘴大,张口露牙;两耳肥胖,下垂着肩。

3) 服饰陪衬。服饰宽长,肩臂外露,衣纹线条稀疏,折叠较深,动向明显。手持物有玻璃瓶、如意、拂尘、葫芦、佛珠、桃、莲、铲、幡等,均应根据故事的情节和玉料颜色真实自然的选取。

(4) 玉马

1) 玉马形态豪放、性烈,骨骼明显,肌肉发达。仿唐马应有鞍有缰,夸张含蓄,不求逼真。群马应主题明确,姿态各异,陪衬合理,有呼有应。

2) 基本比例合乎自然。一般嘴头至顶门为1个头长单位,脖子同头长,身高、身长均为两个半头,尾长1个头,胯骨、大腿、小腿三节基本相等。

(5) 玉牛

1) 章法特征。脖后领头高出,前腿挺直,后腿稍弯,脖下有素带,偶蹄;呈有力而温顺的形态神像;水牛腰较粗,呈"大肚"形,牛角弯而长。

2) 基本比例。身长3个头,脖长1个头,尾长2个头;前身高近3个头,后身高2.5个头;前两腿距离稍宽于后两腿距离。

(6) 玉鹿

1) 章法特征。玉鹿一般前身低,后身高,尾巴短小灵活,呈奔跑快速特征。雄鹿头上有树枝形角,根部粗,梢部尖,健壮美观。

长颈鹿身上有斑点,形成条纹状;角短而齐,没尖没叉;脖长大于身长,显示"长颈"的特征。

2) 各部位基本比例。脖长等于头长,身长为2.5个头长,前身高不足3个头,后身高3个头。

长颈鹿的脖子长为2.5个头,身长2个头,前身高不足3个头,后身高3个头。

(7) 玉象

1) 章法特征。四肢粗壮有力,脖粗短;鼻长,下垂可着地;鼻头儿呈三角形;嘴小而尖,两牙前弯,牙根自嘴叉内伸出;尾巴灵活,长可及腿弯。

2) 各部位基本比例。脖长不足半个头,身长3个头,鼻长2.5个头,尾巴长1个头,身高近4个头;耳下垂,长约1个头,宽为长的2/3。

(8) 玉狮

1) 章法特征。胸宽头大,鬃厚吊卷,骨骼格外突出,身、尾、腿、爪均雄壮有力。

2) 各部位基本比例。头呈圆方形,身高2.5个头,胸宽1.5个头,前腿至臀1.8个头。北京天安门对狮,应作标样。

(9) 玉雕鸟禽

1) 长尾鸟。身长2个头,翅长3.5~4.5个头,尾长7~8个头,身宽厚各为1.5个头,嘴长3.3个头,冠长2.5个头,腿长1个头,爪长0.8个头,边趾比中趾短一趾尖,后趾比边趾短1个爪尖。

2) 凤凰。身长3个头,翅长4.5个头,尾长9~10个头,腿长3个头,爪长1个头,边趾比中趾短1爪尖,后趾比边趾短1爪尖。

3) 喜鹊。身长3个头,翅长3.5个头,尾长4个头,嘴长0.5个头,爪比腿稍短。其他同长尾鸟。

4) 玉鹦鹉。身长3个头,翅长3.5~4.5个头,尾长5个头,嘴长3.3个头,腿长3.7个头,爪比腿短1爪尖,外爪比内爪短1爪尖。其他同长尾鸟。

5) 孔雀。身长5个头,脖长2~2.5个头,翅长5~6个头,尾长10~12个头,嘴长0.5个头,腿长 2 个头,爪长短于腿长。其他同长尾鸟。

6) 锦鸡。身长 3 个头,尾长 8~10 个头,冠长 2~2.5 个头,腿长稍多于 1 个头,爪长 1 个头。其他同长尾鸟。

7) 鸭。身长 4~4.5 个头,脖长 1.5~2.5 个头,身宽厚各 2.5 个头,翅长稍短于身长,腿长 2.7 个头,爪长 1 个头、爪尖分蹼。雄鸭两列尾毛向前勾。其他同长尾鸟。

8) 雄鸡。身长 4.5 个头,身宽 2.5~3 个头,脖长 1.5 个头,翅长比身长稍短,尾巴 2.5 个头,头宽厚各为 0.3~0.4 个头,嘴长 0.5 个头,腿长稍大于 1 个头,爪长 1 个头。

9) 母鸡。身长 4 个头,宽 3 个头,厚 2~2.5 个头,翅稍短于身长,尾长 1.5~2 个头,腿长稍大于 1 个头,爪长 1 个头,头宽厚均为 0.3~0.4 个头,嘴长 0.5 个头。

10) 仙鹤、鹭鸶、"三长"鸟。各部比例以身长为单位。腿长稍大于身长,脖子和头稍比身短,嘴长 0.6~0.7 个身长,爪长 0.4 个身长。其他同长尾鸟。

11) 鸟禽饰品加工工艺要求,整体比例正确,不变形,细微部分特征明显,工艺细腻,抛光明亮而均匀。

第三节 镶嵌饰品

镶嵌饰品,是采用镶、锉、錾、掐、焊等多种工艺手段,将不同色彩、形状、质地的珠宝玉石与各种贵金属或贱金属,两种或多种材料相结合制作的首饰与摆件。

一、镶嵌饰品名称

镶嵌饰品的名称是托架材料的纯度、托架材料的名称、珠宝玉石名称和饰品品种的组合。
(1) 托架材料(贵金属)纯度,按 GB11887 的规定。
(2) 托架材料(贵金属)的名称,为金、银、铂、钯等及其合金。
(3) 镶嵌珠宝玉石的鉴定及命名,按 GB/T16552、GB/T16553、GB/T16554 及 GB/T18781 规定执行。宝石的品质分级作为参考级别。
(4) 饰品品种,与贵金属饰品品种名称相同。

二、镶嵌饰品外观质量评价

(1) 宝石镶嵌端正、平服、牢固,空位均匀、对称、合理,无掉石现象。
(2) 宝石与齿口吻合无缝,边口高矮适当,俯视不露托底。
(3) 各种镶嵌工艺技术要求,详见第二章第二节。
(4) 宝石镶嵌牢固、美观、无破损;烧蓝的色泽协调,厚薄均匀,无崩蓝和惊蓝现象。
(5) 印记准确、清晰、位置适当。

三、镶嵌饰品加工单耗标准

用(未锻造)黄金加工生产黄金首饰、用(未锻造)黄金和(未锻造)补口按比例配置而成生产 K(黄)金首饰及用(未锻造)黄金和(未锻造)补口按比例配置而成的 K(黄)金加工生产成 K(黄)金镶嵌首饰镶嵌座的加工贸易单耗标准(HDB/HJ002—2001),可用于海关和商务部门对其加工贸易企业进行加工贸易单耗审批、备案和核销管理。

黄金在加工过程中的损耗包括净耗、工艺损耗和损耗率。所谓净耗,指加工生产中物化在单位黄金首饰(包括深加工结转的半成品)中黄金原料的数量(单位:g/g);指加工生产中物化在单位K(黄)金首饰(包括深加工结转的半成品)中黄金原料和补口的数量(单位:g/g);指加工生产中物化在单位K(黄)金镶嵌制品(包括深加工结转的半成品)中的黄金原料及镶嵌原料(钻石、宝石、半宝石、珍珠等)的数量(单位:g/g)。所谓工艺损耗,是指因加工生产工艺要求,生产过程中所必需耗用的且不能物化在黄金首饰中的黄金原料(进口原料)、K(黄)金首饰中的黄金原料和补口(进口原料)、K(黄)金镶嵌制品中的黄金原料及镶嵌原料(钻石、宝石、半宝石、珍珠等)的数量。所谓损耗率,是指工艺损耗占单位进口保税料件投入量的百分比。

标准中,单耗标准分为原料品种规格、成品品质规格和单耗标准。

1. 原料品种规格

黄金是一种贵金属,熔点高约1 100℃,按纯度分类有99.99%、99%、75%(18K)、58.5%(14K)、42%(10K)、37.5%(9K)、33.3%(8K)等,所有种类的纯度标准国际上有统一规定。

补口是一种以贱金属或银为底的合金材料,是K(黄)金首饰及K(黄)金镶嵌制品原料的组成部分。

2. 成品品质规格

黄金首饰、K(黄)金首饰及K(黄)金镶嵌首饰的品种繁多,包括不规则的戒指、耳环、吊坠、手镯、项链、手链及衫针等。其质量要求:①成色必须符合国际标准。②符合国际贸易双方指定的行业标准。行业标准主要内容包括,首饰外观无变形且表面光滑,花纹线条清晰;电镀均匀,使首饰表面光亮;镶嵌首饰的镶嵌爪要对称,镶嵌钉要圆滑,镶嵌石(指钻石、宝石、珍珠等)要镶嵌得平稳等。

3. 单耗标准(表3-21)

表3-21 黄金首饰、K(黄)金首饰及K(黄)金镶嵌首饰加工贸易单耗标准

序号	成品名称	成品单位	商品编号	成品规格	原料名称	原料单位	商品编号	原料规格	净耗标准(g/g)	损耗率(%)
1	黄金首饰	g	71131919	式样不一且形状不规则的戒指、耳环、吊坠、手链、项链、胸针等	黄金	g	71081200	足金、千足金	1	0.25
	8K(黄)金首饰	g	71131911	式样不一且形状不规则的戒指、耳环、吊坠、手链、项链、胸针等	黄金	g	71069190	足金、千足金	0.333	6
2	9K(黄)金首饰	g	71131911	式样不一且形状不规则的戒指、耳环、吊坠、手链、项链、胸针等	黄金	g	71069190	足金、千足金	0.375	6
	10K(黄)金首饰	g	71131911	式样不一且形状不规则的戒指、耳环、吊坠、手链、项链、胸针等	黄金	g	71069190	足金、千足金	0.417	6
3	14K(黄)金首饰	g	71131911	式样不一且形状不规则的戒指、耳环、吊坠、手链、项链、胸针等	黄金	g	71069190	足金、千足金	0.585	6

续表 3-21

序号	成品名称	成品单位	商品编号	成品规格	原料名称	原料单位	商品编号	原料规格	净耗标准(g/g)	损耗率(%)
4	18K(黄)金首饰	g	71131911	式样不一且形状不规则的戒指、耳环、吊坠、手链、项链、胸针等	黄金	g	71069190	足金、千足金	0.75	6
5	22K(黄)金首饰	g	71131911	式样不一且形状不规则的戒指、耳环、吊坠、手链、项链、胸针等	黄金	g	71069190	足金、千足金	0.916	6
6	9K(黄)金镶嵌制品	g	71131911、71131919	式样不一且形状不规则的戒指、耳环、吊坠、手链、项链、胸针等	黄金	g	71081300	足金、千足金	0.375	8.5
	10K(黄)金镶嵌制品	g	71131911	式样不一且形状不规则的戒指、耳环、吊坠、手链、项链、胸针等	黄金	g	71069190	足金、千足金	0.417	8.5
	14K(黄)金镶嵌制品	g	71131911、71131919	式样不一且形状不规则的戒指、耳环、吊坠、手链、项链、胸针等	黄金	g	71081300	足金、千足金	0.585	8.5
	18K(黄)金镶嵌制品	g	71131911、71131919	式样不一且形状不规则的戒指、耳环、吊坠、手链、项链、胸针等	黄金	g	71081300	足金、千足金	0.75	8.5
	22K(黄)金镶嵌制品	g	71131911、71131919	式样不一且形状不规则的戒指、耳环、吊坠、手链、项链、胸针等	黄金	g	71081300	足金、千足金	0.916	8.5

注：1. 上表的损耗率为加工各式各样的饰品的平均损耗率(此损耗率是加工饰品的整个加工工序的总损耗,即加工前,所进口的料件黄金石块状或条状原料,如进口料件是经"倒模"工序加工的半成品,加工饰品损耗应减去"倒模"工序的损耗)。

2. 上表如加工 K(黄)金饰品、K(黄)金镶嵌首饰的企业不是直接 K(黄)金原料而是进口黄金和补口,海关核销可按黄金的纯度来核,即如企业需使用 10kg18K 金,则相应进口黄金 7.5kg(75%),补口 2.5kg(25%)。

3. 上表规定的是 K(黄)金镶嵌首饰镶嵌座的单耗量,镶嵌原料(钻石等)的单耗量另行规定。海关和商务部门在核销时按实际单耗进行核销。

第四章 价值评估

作为资产评估的在人类历史上流传了几千年的珠宝首饰,是指珠宝玉石和(或)用于饰品制作的贵金属的原料、半成品及其成品。虽然它不是一种生活必需品,却是在人们的基本物质生活需求得到满足后用来满足心理需求的特殊商品,在人们心目中具有神秘的崇高地位。在市场流通的过程中,珠宝首饰给人印象最深的是属性异常,它不仅是一种十分珍贵的商品,亦是一种具有极高装饰功能的商品,一种可作为交换的商品,一种可用于鉴赏、收藏和储备的商品,一种价格让人莫测的高价商品,一种不同地域有不同偏爱的商品,一种具有历史价值和科学研究价值的商品。珠宝首饰也是一种文化饰物,有很高的文化内涵,只有对这种文化内涵有了深刻的理解,才能感受到它的价值。

珠宝首饰的价值,是对人的效应,即它的存在对人的需要、利益及其发展变化的作用与意义。它既由社会必要劳动决定,同时又受供求关系影响。对珠宝首饰的价值评估,就是人们按照一定的价值标准对其价值进行比较判定的过程。这个过程包括对珠宝首饰的认知和对珠宝首饰价值的认定两个方面的内容,并通常以一定的货币量来表示。珠宝首饰价值的认定,取决于对其认知的准确性。所以,本书以三大章的篇幅论述珠宝首饰的材料、工艺、产品质量,就是为了对珠宝首饰进行正确全面的认知,以保证对其价值认定的准确性。

珠宝首饰评估,是指注册资产评估师(珠宝)依据相关法律、法规和资产评估准则,在对珠宝首饰进行鉴定、分级、分析的基础上,对珠宝首饰的价值进行分析、估算并发表专业意见的行为和过程。珠宝首饰的价值评估,与其他资产评估一样,作为我国社会经济活动中一个中介服务行业,在社会主义经济体制改革中发挥着十分重要的作用,并已成为社会主义市场经济不可或缺的重要组成部分。当前,国家对珠宝首饰评估业高度重视,为我国包括珠宝首饰评估在内的资产评估行业的发展提供了前所未有的良好政策环境,同时,也对注册资产评估师队伍素质的全面提升提出了更高的要求。

珠宝首饰评估作为重要的中介服务行业之一,它一定要公正地维护各方所有者的权益,要为政府进行社会经济活动管理提供依据,为投资者决策提供参考。随着我国社会经济的发展,珠宝首饰价值评估越来越重要。其之所以重要,是因为它涉及到社会生活的各个层面,小至家庭或私人财产的继承与分配,大至企业或公司的资产清算和融资,甚至司法部门的量刑定罪等。因此,珠宝首饰评估是沟通与其他行业、部门及大众群体的重要桥梁和纽带,并正在许多领域发挥着不可或缺的作用,如银行、保险、税收、拍卖、典当、抵押贷款、融资、清算、破产、资产变现、遗嘱验证、公平分配、收藏、购买、捐赠,及与市场联系的最后环节。

因此,评估机构和评估人员,必须独立地、不受任何方面干扰地执行业务,评估结果也需要公正、客观。同时,资产评估作为市场经济的一部分,必须由相应的国家法律法规来规范和约束。由于珠宝首饰评估专业性强,珠宝传统文化、信息不对称等因素令公众对珠宝首饰产生了一种神秘感。有些委托方会刻意用珠宝资产的神秘性进行过度宣传,通过不能辨识真伪的媒体进行炒作,动辄以天价在舆论上给评估师施压(如前些年市场上炒作数亿美元的萤石——夜明珠)。如果评估师不经思考采用不当数据进行参照,则评估结论与客观事实大相径庭。因此,直接按委托方授意进行评估报告的行为是被禁止的。

凡从事珠宝首饰评估业务的资产评估机构,应当具有财政部门颁发并在业务范围中表明"珠宝首饰艺术品评估"的资产评估资格证书;签署珠宝首饰评估报告的人员必须具有中国注册资产评估师(珠宝)证书。要获得国家注册资产评估师(珠宝)执业资格,必须通过人力资源和社会保障部、财政部共同设立的执业资格考试。考试包括《资产评估》、《经济法》、《珠宝鉴定与分级》、《珠宝评估理论与方法》和《珠宝评估案例分析》5个科目。目前,我国专职从事珠宝首饰评估的人员很少,获得国家认可珠宝评估师的更是凤毛麟角,截止2009年底仅有67人获得国家注册资产评估师(珠宝)执业资格。由于珠宝评估的专业性强,服务对象众多,服务领域广泛,珠宝评估在诸多经济行为中的作用越来越重要。

第一节 评估方法

珠宝首饰价值评估,是资产评估(房地产、机械设备、企业价值、动产、无形资产、珠宝首饰)六大系列之一。其之所以不同于其他评估,是因为珠宝首饰属于特殊资产(具有保值性、投资性、艺术性和文物性)。

资产评估是社会经济的产物,是专门机构和人员按照国家法律、法规和资产评估准则,根据特定目的,遵循评估原则,依照相关程序,选择适当的价值类型,运用科学方法,对资产价值进行分析、估算,并发表专业意见的行为和过程。

资产评估作为一种与市场经济相适应的中介服务,是对资产在某一时点的价值进行科学的评价与估算。评价与估算具有明显的时效性、市场性、预测性、公正性和咨询性等特点。资产评估主要由评估主体、评估客体、评估依据、评估目的、评估价值类型、评估原则、评估程序、资产评估假设和评估方法等要素构成。

对珠宝首饰的评估,特别是珠宝的价格评估,是珠宝首饰行业中重要而又困难的工作。因为,影响珠宝首饰价值(价格)的因素非常复杂,如原料的性质与品级,产品的造型设计与加工工艺,饰品评价体系,市场状况及性质,评估目的,国民经济状况,汇率,通货膨胀及失业率,政府决策及各项法规制度,以及历史文化、传统心理、地域因素、供求关系与天灾人祸等,而且各方面的因素错综复杂,对价值(价格)都有明显的时限性影响。因此,珠宝首饰评估,必须要由熟悉市场规律,了解商品质量及价格定位,掌握国家相关法律、法规、政策的具有珠宝首饰质量检验师资质的珠宝首饰评估师,为特定的评估目的对被评估珠宝首饰进行质量鉴定、分级与描述,再综合市场信息,独立而公正地进行分析研究,确定其价值,并提出评估报告。

在珠宝首饰价值评估过程中,所谓"价值",是指在特定的交易行为中,特定的买方和卖方对商品(或服务)的交换价值的认可,以及提供或支付的货币数额。资产评估的价值不是一个历史数据或事实,它只是专业人士根据特定的价值定义在特定时间内对商品(或服务)价值的估计。资产评估的目标是判断评估对象的价值,而不是判断评估对象的实际成交价格。因此,在资产评估过程中,应遵守以下基本原则:其一是评估机构和人员在执业过程中应坚持独立、客观、公正和专业服务的工作原则;其二是经济技术原则,即在资产评估执业过程中的一些技术规范和业务准则,为专业判断提供技术依据和保证,如预期收益原则、供求原则、贡献原则、替代原则等。

评估类型因评估目的的不同而异。为满足不同的评估目的,珠宝首饰评估方法有以下几种。

一、收益法

收益法,亦称收入法、收益现值法。收益法一般只适用于租赁、展览等持续经营活动,并具有独立获利能力且获利能力可以量化的珠宝首饰。该法一是满足评估方法的完整性,二是希望在珠宝评估执业过程中和学术界对收益法进行不断探索和研究,使收益法的应用不断完善。收益法是通过估算被评估资产未来预期收益并折算成现值,借以确定被评估资产价值的一种资产评估方法。该法非常适合靠租赁、展览形式等获取收益的珠宝首饰价值的评估。如同购买政府债券和银行存款一样,在使用期内估算出珠宝首饰因不断增值而带来的利润或利益。

珠宝首饰是天然稀有的不可再生资源的产品,随着时间进程将会越来越少,而且越来越被人们喜爱,因而其价值在未来是应该不断增加的,其收藏性越来越强。

这一历史事实,越来越被人们所理解,要求投资珠宝首饰以获取收益的人希望对其珠宝首饰进行价值评估的委托会越来越多。

利用收益法估算珠宝资产年收益的计算办法如下:

设一件高档翡翠挂件价值为 V,其折现率为 r,则其年收益 v 的计算公式为(若每年收益值相同):

$$v = V \cdot r$$

即这件翡翠挂件的价值 $V = v/r$

如果这件翡翠挂件在有限的年限内使用,则其资产价值的计算公式为:

$$V = v_1/(1+r_1) + v_2/(1+r_1)(1+r_2) + \cdots + v_n/(1+r_1)(1+r_2)\cdots(1+r_n)$$
$$= \sum \cdot v_t/(1+r_1)(1+r_2)\cdots(1+r_n) \quad (t \text{ 为年限})$$

根据宏观经济学原理,当收益和利率相等时,市场的供求关系才会趋于平衡,收益率高于或低于利率的行业将会被市场修正。

在实际计算中,以实际利率代替利率,得出的结果更符合实际。所谓利率是指扣除物价因素及所得税因素影响后的利率。即:

实际利率=(一年期定期存款利率/物价指数)×(1−a) (a 为所得税率)

我们可以利用收益法较好地估计(评价)出珠宝首饰在评估基准日的预期收益值。该法简单实用,容易为熟悉财务的珠宝首饰评估人掌握。

二、成本法

成本法,亦叫重置成本法。该法的基础是替代原则,即被评估物是可替代的或者说它是可以重新制作的。因此使用成本法评估珠宝首饰时,是通过在现时条件下估算其新的重置成本并减扣各项损耗价值,来确定被评估物价值的。它适用于以资产重置、补偿为目的的资产评估业务,是保险评估、企业清产核资等常用的评估方法,也适用于评估现代珠宝首饰,尤其是未经注册的现代珠宝首饰。

虽然成本法是评估珠宝饰品的重要方法之一,但在使用该法进行评估时要充分注意实体性贬值、功能性贬值及经济性贬值等各种贬值因素可能对评估结论造成的影响,避免因疏忽错漏导致评估结论偏差。

所谓实体性贬值是指因饰品的磨损或组件的缺损导致的贬值;功能性贬值是因为科技发展导致功能方面的落后引起的贬值;而经济性贬值则是由于外部经济环境变化导致供求关系的改变产生的贬值。

1. 评估步骤

(1)珠宝首饰清洗与称量。

(2)珠宝首饰材质种类及品质分级评价。

(3)珠宝首饰造型设计与制作工艺质量评价。

(4)查询各种价格指南求出珠宝首饰成本价格及有关成本。

(5)把金属、宝石和劳动力3部分成本归总合计,就可得出珠宝首饰的制作成本。

2. 计算市场价值

在对珠宝首饰进行评估时,绝不可忽视一件珠宝首饰的制造成本与消费者成本。消费者成本,即买主成本,是消费者购买一件珠宝首饰商品所支付的总体费用。正常市场条件下,消费者成本大于生产厂家的制造成本。

用成本法估算市场价值,应确定卖主生产该饰品的所有成本,并根据评估目的(如保险评估)和价值类型(如公平市场价值),确定一个合适的加价率(包括销售费用、各种税费及所需的利润)。

当确定了生产成本和加价率后,就可确定珠宝首饰的市场价值(相当于市场零售价)。

$$批发价 = 成本价 \times (1 + 批发利润率)$$

$$市场零售价 = 批发价 \times (1 + 市场利润率) \times (1 + 批发利润率)$$

$$= 成本价 \times (1 + 加价率)$$

加价率在珠宝行业变化很大,主要受控于饰品类型、材料成本、制作工费及市场级别。比如,在市场竞争效应无处不在的情况下,通常是材料成本和制作工费高的饰品其加价率一般较低,而少见的或设计独特的饰品总体加价率要高些。批发商的加价率要比零售商的加价率低,而大商场及装修豪华的珠宝店比珠宝市场上的加价率高。

在实际评估工作中,可把成本法与市场比较法结合起来使用。即,利用成本法计算市场价值,适当提高重置该饰品的批发或成本的标价,从而得出零售价。

3. 成本法的局限性

该法没有考虑到珠宝首饰的其他附加值,不适宜对下列珠宝首饰的价值进行评估:

(1)逝世的名师名匠生前设计制作的首饰。

(2)名人拥有过的或名牌的首饰。

(3)具有宗教色彩或历史价值的首饰。

(4)古董、收藏品或纪念品。

(5)罕见的或一款一制的饰品。

(6)鬼斧神工的天然珠宝玉石工艺品或时代首饰。

(7)濒临灭绝的生物种有机宝石饰品。

三、市场比较法

该法又称市场法。它是通过市场调查,选择与被评估资产相同或相似的资产作为对比参照物,分析参照物的成交价和交易条件,并就影响价格的因素进行对比调整,从而确定被评估资产价值的一种资产评估方法。

就珠宝首饰而言,批量生产的贵金属饰品,彼此是相同的,评估师就要分析最有可能销售这种饰品的市场上相同饰品的模式价格或再现频率最大的价格,视之为被评估饰品的市场价值。而珠宝饰品则无彼此完全相同的现象,仅具有相似性或可比性。这种可比性是按完成饰品和以这种形式索要的价格确定的。

1. 评估步骤

对与被评估饰品相似并能进行详细对比的饰品销售情况,进行研究和分析。

(1)明确评估的对象,确定宝石和金属种类,并对其分级和评价。
(2)认定饰品的制作工艺及其来历。
(3)寻找销售相似饰品的合适的市场。
(4)寻找参照对比物并进行比较,找出彼此异同点及其对价值的影响。
(5)分析调整差异,得出评估结论。

2. 计算方法

市场比较法的理论依据主要有供求原则、替代原则和边际效用原则。

所谓供求原则,是在市场追求供需平衡的机制上,一种商品的价格会随需求的增长而上升,亦会随着供应的增加而下降,这一原则支配着珠宝市场的交易。替代原则是,当同时有几种相同或相似的首饰可供选购时,买方会选购价格最低的,因此在评估时要充分比较评估物与替代物的异同点,计算它们之间的机会成本。所谓边际效用原则,是说增加或减少一个独立商品的消费所能得到的满足程度的变化,是决定商品价值大小的尺度。也就是无论人们消费什么,随着其消费商品数量的增加,人们从中获得满足程度的增量是逐渐减少的,这便是边际效用递减规律。

市场比较法的基本计算公式为:

$$市场价值 = 参照物市场价值 + \sum 因素调整金额$$

应用该法的前提条件是:

(1)有一个充分发育、活跃的珠宝市场,并易找到与被评估物类似的价格。
(2)能搜集到与被评估物相同或相似的参照物或对比物。
(3)参照物的价值因素明确并可量化。

3. 市场比较法的优缺点

市场比较法应用范围较广,只要市场条件具备,该法可用于各种资产评估,也适宜于任何珠宝首饰的评估。特别适用于附加值高的珠宝首饰。

但应用该法评估时,需要有公开活跃的市场为基础,交易要有一定透明度,并有一定数量可信度高的市场交易信息以供参考。

市场比较法的效果受下列因素的影响:

(1)成交资料的效果在大多数情况下要比商家报价资料更好。
(2)根据成交资料得出的结论是否有效,取决于所考虑的销售额、销售日期、销售频率、买主与卖主的买卖动机,以及饰品的可比程度。

市场比较法获得评估结果的准确性,不仅依赖于市场数据的可靠性,而且取决于评估人员对价值要素的分析调整能力。

四、评估方法的选择

珠宝首饰是有价商品,其价值主要是由它能满足人们需要的程度来决定,即主要由市场上供给和需求两个方面的对抗因素均衡度决定。当然,珠宝首饰的价格除受内在供求关系影响外,还受其他商品价格的影响。

珠宝首饰的价格构成要素有:①原材料产地、生产厂家(名牌效应)和珠宝首饰的历史(名人效应);②珠宝玉石和贵金属的自然属性(内在质量);③珠宝首饰工艺质量;④市场供求关系。

任何一种要素发生改变,都会波及珠宝首饰的价格。因此,珠宝首饰既是有价的,其价格(价值)又是变化难测的。

人们对珠宝首饰的评价,是按一定的价值标准对其价值的认定过程,是一种人的主观活动。评估的基础是人对珠宝首饰的认知,评价准确与否取决于认知过程的准确性。对职业评估人员来说,必须遵循一定的执业原则(公正性、客观性、科学性)、技术原则(可行性和专业性)、价值原则(替代性、供需关系、适应性、竞争性、贡献性、外在性、预测性)、鉴定原则及品质分级原则。

同时,珠宝首饰的评估,应根据评估目的的不同而选用不同的评估方法得出相应的结论。上述评估方法有个共同点,都是被评估物与已售出的、正在收益的或已生产的相同或相似物作参照物进行比较,即都是建立在替代原则的基础上。问题在于替代品是否具有与被评估物相同的特征以及替代品所在的市场级别。

从我国珠宝市场的发育情况看,成本法和市场比较法更适合于珠宝首饰的价值评估,虽然市场比较法易与成本法相混淆。

为了得出恰当地评估价值,应根据评估目的、价值类型、评估对象和可搜集的数据信息资料,来选定合适的评估方法。

(1)评估方法应与被评估物的价值类型相适应。如重置价值可用成本法来确定;市场价格,清算价格,可以用市场比较法和成本法来确定;投资价值只能用收入法来确定。

(2)评估方法应与评估对象相适应。被评估的对象,如果是不同类型的或不同时代的珠宝首饰,其评估方法就应不同。如对现代市场上流通的未注册珠宝首饰,可用成本法,亦可用市场比较法;但对于古代的或名人拥有过的珠宝首饰,则应选用市场比较法。

(3)根据所搜集的数据信息资料选择适应的评估方法。对被评估物的评估过程,实际上是搜集和分析资料的过程,因为各种评估方法的运用都需要根据一系列的数据资料进行分析和处理。如果搜集的数据信息资料比较多,就应用市场比较法进行评估。

总之,根据评估工作的具体情况,选择适宜的评估方法。根据替代原则,对于同一价值类型可以用几种评估方法来确定。每一种方法都在衡量和检查其他方法。当一种方法比其他方法更适合于一个具体评估任务时,其他方法可以作为对价值观点的重要支持。因此,有时对同一珠宝首饰同时采用不同的方法评估会得出不同的结论。最终,还是应根据评估价值类型判断选择一种被评估结果作为评估结论。

尚需提及,作为中介服务的资产价值评估,与生产、经销企业的产(商)品市场价格定价有所不同。

对于产销企业来说,产品的价格是市场营销组合的因素之一,产品的畅销还有赖于其他组合因素的配合。因此,产品定价要综合考虑产品的成本、市场的需求与供给、市场竞争、政策和法律等价格因素,制定出合理的有利于企业取得市场主动权的价格。也就是说,产(商)品价格是通过市场机制实现的,即由市场中的买卖双方、商品、交易媒介和交易场所这4个制约关系相互作用、相互影响形成的结果。

商品的市场价格是商品价格的社会认同程度,是市场上不同的行为主体相互作用的结果。即自愿买方与自愿卖方在评估基准日进行正常的市场营销之后,所达成的公平交易中某项资产应当进行交易的价格的估计数额,当事人双方应当各自精明、谨慎行为,不受任何强迫压制。但不同类型的市场(完全竞争市场、不完全竞争市场),不同的价格类型(成交价格、拍卖价格、交易所价格、开标价格、外商统计价格、参考价格、影子价格等),又都会影响珠宝首饰市场价格的制定(定价方法有:成本定价法、市场需求定价法、新产品定价法、弹性定价法、一口价定价法等)。而资产评估的市场价格,则是资产在评估基准日公开市场上最佳使用状态下最有可能实现的交换价值的估计值。总之,产销企业对珠宝首饰制定的价格,实际上是供给与需求这一对矛盾关系相互影响、相互作用下,市场力量达到均衡时决定的。

通常情况下,珠宝首饰的正常交易价较竞买价低,其价格受到销售方式的影响。特别是名贵的珠宝首饰,在经济学中被列为奢侈品范畴,其收入—需求弹性值通常都大于1(即$E_1>1$)。正是因为珠宝产品这一特性,使它对消费者收入(即对经济增长或萧条)反应灵敏,成为了经济的"晴雨表"。

$$E_1 = \frac{需求量的变动百分比}{消费者收入的变动百分比} = \lim_{\Delta I \to 0} \frac{\Delta Q}{\Delta I} \times \frac{1}{Q} = \frac{dQ}{dI} \times \frac{1}{Q}$$

式中:ΔQ——某首饰消费者变化数;

Δ——某首饰消费量;

ΔI——消费者用于首饰消费的收入变化量;

I——消费者收入。

所以,产(商)品价格的估价必须要由熟悉市场规律,了解产(商)品质量及价格定位,掌握国家相关法律、政策的专门机构或专业人员(估价师)进行。

第二节 评估程序

资产评估程序,包括从评估师与客户首次接触到最终出具评估报告的全过程。在这一过程中,评估师应认为能胜任客户的委托。评估师的评估工作可分为6个阶段。

一、评估认定

1. 确定评估对象和目的

评估师在会见客户时,首先要清楚地了解客户对评估物的所有权、评估目的和评估结果的用途,并了解被评估珠宝首饰的种类。

2. 确定被评估物的价值类型

在明确评估目的(保险重置、捐赠、清算)和用途后,根据市场级别确定被评估物的价值类型,并向客户解释与评估目的对应的价值类型。

价值(value)是一种社会认同,是人们对于某财产合理价格的一致意见。它反映可供交易的商品或服务与其买卖双方间的货币数量关系。价值是一个估计值,是根据对整个市场相同或类似商品的实际价格的调查求出的。不同的评估目的对应于不同的价值类型。珠宝首饰评估常用的价值类型有：公平市场价值、市场价值、适销现金价值、重置价值、清算价值、实际现金价值、残余价值、报废价值和投资价值等。

(1)公平市场价值。是一种以纳税为目的的假象概念，是由法律法规规定的，是买卖双方自愿就财产进行交换的价格。

(2)市场价值。在竞争和公开市场上，买卖双方心甘情愿在与对手交易中经过内行的、谨慎的、非强迫的讨价还价后确定的财产交易的数额。这是最常用的价值类型。

(3)适销现金价值。代表财产经有序销售所产生并减扣各种销售成本后预期的净收入(或者到手的现金)。它在适当的时间框架内必须适合相关市场。在抵押贷款中可用适销现金价值。

(4)重置价值。是指购买或建造一件相同的财产以替代另一件财产所需的现金量或其他明确指出的条件。按重新购买或建造所用的材料、技术的不同可把重置价值分为复原重置价值和更新重置价值。

(5)清算价值。是指财产出售后，用现金或其他明确的条款体现的最合适的价格。清算价值可分为有序清算价值和强制清算价值两类。

(6)实际现金价值。指在合理期限内，在合适的相关市场上，用一件年代、品质、来源、外观、大小和形状相似的财产替代某项财产所必需的现金价格。实际现金价值是保险术语。

(7)残余价值。是指一项财产或一部分财产从原地移往异地使用或用于其他目的时的价值，也是指在其提供原本设想的或要求其提供的服务或用途的有用经济寿命末期的财产数。简而言之，残余价值是指财产可用部分的价值。

(8)报废价值。是指形态须改变后才能使用的可利用材料的价值，即可回收材料兑换现金或再利用的价值。

(9)投资价值。是指财产对于具有明确投资目标的特定投资者或某一类型的投资者所具有的价值。珠宝首饰的投资价值可从两个方面得到体现：一是持有者可在佩戴或把玩艺术品时获得美的享受；二是珠宝是不可再生资源，其价值逐年上升，其上升幅度远大于通货膨胀率，投资者因而获得投资收益。

3. 确定评估基准日、检查日期和报告日期

确定评估基准日极其重要，因为市场趋势和市场周期始终处于变动之中，评估值只有在特定时间点上才有效。

当评估基准日和报告日期相同时，为现行价值评估。

当评估基准日早于报告日期时，如在资产税事宜、财产或遗产事宜、没收程序、赔偿损失诉讼及类似情况下，均需进行过去价值的评估，评估基准日应作为评估师考虑取舍数据的日期。

当评估基准日晚于报告日期时，如对计划开发项目的资产权益进行评估时，或由于其他原因需要进行未来价值评估时，评估师分析市场趋势的目的，在于为评估基准日的预期收入、费用或估计售出时间、回收时期、折现率等提供支持。

4. 确定评估报告类型及不测因素

根据评估目的和评估报告的期望用途，确定评估报告类型，并确定评估时应考虑哪些因素，采用哪些资料，同时列举不可预测因素和限制条件。

5. 签约与接样

在接受评估任务时，事先应与客户商定评估费用并达成协议或谅解，然后签订协议或合同。

评估费,通常根据评估工作所花费的时间和支出来定,而不根据被估价值的高低而定。对于特殊评估对象,则根据评估品在市场的易见程度及价值的高低,综合制定评估收费。评估的收费方式通常是按小时收费或记件收费,并预先收取50%的评估费。

在会见客户和签约后,方可接收待评估物品。接样的基本步骤:

(1)让客户在接样单上填写应填项目。

(2)多于一件评估的物品时,应对物品进行分类登记。

(3)详细列明每件被评估物品、购货发票,详细检查评估物品的状况并作初步描述。

(4)让客户在接样单上签名确认。

二、制定评估计划

评估师或评估机构在签约后,应着手制定评估计划,拟定评估工作的总体思路和详细实施方案。

(1)搜集分析有关资料,确定有关经济要素和分析与评估有关的资料是否备齐,以及搜集资料的难易程度。评估师应确定与评估目的有关的经济行为的法律依据、交易特点及有关的经济关系,以确定评估方法和相关的法律法规以及宏观因素的近期发展变化对评估对象的影响。

(2)拟定评估报告提纲,编制评估工作计划。评估师主要是制定各项目的范围和总体实施操作方案,如评估项目的背景、评估目的、评估对象、评估的价值类型和评估人员的组成和分工;计划评估进度和费用预算;提出评估风险的评价与控制手段。

(3)编制评估报告类型,完成时间及委托方的披露要求。

三、评估物的鉴定与评价

1. 鉴定珠宝首饰

鉴定珠宝首饰是评估工作的基础。珠宝首饰评估师必须是珠宝首饰鉴定师(注册质检师),运用宝石学和首饰工艺知识对珠宝首饰进行仔细检查和评价,对宝石进行种属鉴定和品质分级,对镶宝首饰应评价镶嵌工艺和宝石状况。

2. 评价珠宝首饰

详细准确描述珠宝首饰类型和价值构成,按照国家有关标准评价被评估物的评价结果,应用鉴定原则、贡献原则和分级原则,确定被评估珠宝首饰的价值构成特征和独特性,及其对价值的影响。

(1)鉴定原则。鉴定原则是资产真实物品鉴证工作的基础,是指被评估物真实构成要素通过评估人员检验而具可供辨认的特征、特性或标志。

按照鉴定原则,评估师需对被评估的珠宝首饰进行写实性描述和解释性描述。如颜色、尺寸、形状、材质、质量(体积)等真实描述令人不持异议,并将珠宝首饰的物理特征研究与其价值特性联系起来,作出业界人士赞成的结论。

(2)贡献原则。这是指对被评估的珠宝首饰的某一构成部分的价值取决于它对整体价值的贡献量,或其缺少时对整体价值的影响。当然,在评估珠宝首饰由多个部分构成的整体的价值时,应综合考虑这些不同部分在整体饰品构成中的重要性,而不能只孤立地确定某个部分的价值。

根据贡献原则,不完全相同的珠宝首饰之间可以比较,并可在它们之间作出判断。这是应用市场比较法的基础。因此,该原则对于理解一对或一套珠宝首饰的全部(与部分)价值具有重要意义。

(3) 品质分级原则。该原则是指通过被评估珠宝首饰的特性与特征,与被选作比较标准的另一件珠宝首饰的特性和特征相比较,从而得出对被评估物的品质特征和价值的正确看法。

分级是根据某种标准尺度(如优、良、中、差)将被评估珠宝首饰的评级结果归属于其中某一类。评估师在评价时,通过把一件物品与同类货物中的其他物品进行比较来确定其品质,还要对影响物品市场需求的因素进行评价,并根据物品的价值对物品进行分级。

在多数情况下,具有重要意义的品质特征对价值也有重要意义。虽然也有例外,但一般来说"好、中、差"这种分级是业内人士在市场上比较货品的标准。当然,有些品质要素与价值特征紧密相连(如钻石的颜色、净度),有些则与价值特征关系不密切(如有色宝石的净度),甚至完全可以忽略(如荧光性)。

按照品质分级原则,可分为品质的主观分级和按价值特性进行的客观分级两种方法。前者是反映专家们对品质要素的主观看法(如颜色、净度、款式、工艺、材料、状况等)和对饰品品级主观划分(差、中等、好、很好等)。后种方法可有 3 种情况,一是按照市场情况对被评估珠宝首饰的价值特性进行分级。因为价值特性不完全依赖于珠宝首饰的主观分级,而且总是随着市场的潮流而变动的。历来在珠宝市场上,不同的宝石有不同的分级系统(如钻石与有色宝石),一个正规的分级系统是联系珠宝首饰的品质及其市场价值之间的桥梁。二是通过市场观察,对价值特性进行分级(如品质特征、珍稀程度、实用性、大小、规模、风格、知名度等价值特性分级要素)。三是对具有捐赠意义的价值特性进行分级(如来源、名人所有、发现、参加过重要展览、重要历史意义、保存价值等),它是独立于被评估物品质因素之外的。

总之,鉴定原则和贡献原则,要求评估师审查整个珠宝首饰的各个组成部分,决定该评估物中可寻找出哪些属性;分级原则,则是通过权衡影响价值的品质要素并对其进行级别鉴定。即通过与已评级珠宝首饰的成交价进行分级,来研究被评估珠宝首饰的价值。

四、调查研究

为使评估报告真实可靠和具有说服力,必须了解珠宝市场,系统搜集市场资料和对评估物品质的准确评价,再经过认真研究、对比,才能得出科学结论。调查研究可分为两个阶段,即调查与研究。

1. 市场调查阶段

市场调查是人们了解、认识市场,分析研究市场发展变化规律的方法或工具,是有组织有计划地对市场现象的调查研究活动。市场调查不能只局限于国内市场,还要在国际市场的广度上来考虑市场调查。

(1) 市场调查基本方式

1) 市场调查。市场调查即市场整体调查,是对市场调查对象总体的全部单位无一例外地逐个进行调查,为确保普查资料的准确性,必须是普查项目简明,普查时间统一,尽可能在短时间内完成,其目的是了解市场一些至关重要的基本指标的情况。

2) 市场典型调查。选择与社会评估物具有代表性的部分单位作为典型,进行深入、系统的调查,并通过典型单位的调查结果来认识同类市场现象的本质及其规律性。

3) 市场重点调查。它是一种非全面调查,其目的是通过重点单位调查掌握和了解总体状况。如从全国经营翡翠的市场中选择云南昆明、广东揭阳、河南南阳进行重点调查,以了解全国翡翠销售情况。

4) 市场个案调查。它是从总体中选取一个或几个珠宝首饰专营单位对其进行深入研究，以反映某一个或几个单位的具体情况，而并不是通过个案调查来推断总体。

5) 市场抽样调查。它是从调查对象总体中，按随机原则抽取一部分单位作为样本进行调查，并用对样本调查的结果推断总体的相应指标。

(2) 市场调查基本原则

一项成功的市场调查，必须遵守几条原则，即真实性和准确性原则、全面性和系统性原则、经济性原则及时效性原则。

1) 真实性和准确性原则。这是市场调查最基本也是最重要的原则，调查中必须排除主观倾向和偏见的影响，不能主观臆想、隐瞒事实或夸大其词，以求调查的真实；必须采用适当的调查组织方式和搜集资料的方法，对所搜集资料还须认真检查审核，做到调查结果的准确性。在市场调查过程中都应做到精益求精。

2) 全面性和系统性原则。市场现象与政治、经济、文化、风俗、法律等社会现象之间，有着千丝万缕的联系，而且随着时间、地点、条件的变化而不断发生变化。所以在市场调查时，必须对相互联系的市场现象及各种影响因素做全面性的调查，而不能片面地观察市场。全面性和系统性原则，既是正确认识市场的条件，又是进行市场预测的需要。

3) 经济性原则。市场调查工作必须考虑到经济效果，要以尽可能少的费用取得相对满意的市场调查资料。在市场调查中，必须根据明确的调查目的，确定市场调查的内容项目，选择适合的调查方式方法，做到少花钱多办事。

4) 时效性原则。市场调查必须具有较高的时效性，这是市场调查的作用决定的。市场调查必须做到及时搜集资料，及时整理和分析资料，及时反映市场情况。时效性高的市场资料，能够为价值评估提供有价值的依据，不及时的资料则往往失去了价值。因为市场现象是不断变化的，市场调查正是在这种不断的变化中对市场现象进行研究。

市场调查的各项原则，是相互联系的。在市场调查中要将各项原则综合应用，将其贯穿于市场调查的始终。

(3) 市场调查内容

市场调查所涉及的内容很广泛，各种调查者出于不同的调查目的和要求，其市场调查内容各有不同的侧重点。对于珠宝首饰价值评估为主的市场调查来说，在收集有关数据和资料时，应根据评估物和评估目的所需资料的数量和特定类型，从合适的市场区域和市场级别，国内外市场以及拍卖行、展销会、指示特定市场等调查收集珠宝首饰市场情况，包括各种销售、租赁以及评估物以前产生的收入等资料，收集有关经济趋势、人们消费心态等方面的信息。评估师都应把评估物价值纪录下来(还有纪录的日期与来源)，做到任何资料信息都有出处。

2. 分析研究比较

在收集了大量真实可靠的资料以后，就要认真地分类，系统地整理分析。分析研究所用的各种资料和证据是客户、法庭及第三方等评估报告使用者衡量评估可信度的主要依据。

在分析研究过程中，应根据资料的情况采用合适的研究方法，从多个角度、用各种方法相互验证，做到客观、公正、科学。

(1) 分析研究原则

研究步骤通常是从一般到特殊。采用比较法则要把已售出的类似物与被评估物之间的异同做出对比,然后根据逻辑来量化这种对比。

在查询价格指南过程中应认真检查消息的来源,汇总各种实质性证据(即无偏见、无瓜葛、无利害关系的合理意见),以备有人提出质疑。

(2)分析研究方法

1)建立市场模型。模型是对某些因素作用过程的表达方式。市场模型是对典型的采样结果进行分析,这些采集样品能够表达和描述总体对象(如市场、产品)的抽象格局。

在建立市场模型时,要认真分析市场的集中率(当大量销售为少数人占有,则称市场具高集中率)、市场结构、市场分级以及明显异常的不一致价格。

为评估而建立的市场模型应具较高的可信度,为此须遵循5条基本原则:

a.所考虑的珠宝首饰属同一收藏类别。

b.考虑了同样的价值特征。

c.所考虑的全部证据来自相应级别的市场。

d.考虑了时间变迁所需的调整。

e.所考虑的采样具有充分的代表性。

2)统计分析。在分析研究结果时,应当注意对所收集的资料进行对比分析。对比方法有:

a.众数。代表最常见的观察价格,适用于一系列的价格或成本的分析。

b.变动范围。代表最大观察价格与最小观察价格之间的差别。

c.中值。代表所采集的一组观察价格的中间值,代表一个点,有50%的观察数据落在这个点之下(或之上)。

d.平均值。将所有观察数据之和,除以这些数据的数目,所得之商。

这些统计方法看上去都不错,但通常得不到足够的观察价格来进行有意义的统计。因此,获得观察价格越多,从中得出的结论也就越可信。

3)匹配分析。匹配分析是使用二元比较法进行价值特征比较的技术。它涉及成双成对地匹配物品比较。这些物品只有一个价值要素是不行的。匹配分析的适用条件是:

a.所使用的价值特征必须是由双重因素决定的(即两个物品都有或都没有),确保分析集中于价值要素。

b.所指示的价值是分离的,并具有比较具体的价值特征,分析结果可能需要随着时间(通货膨胀或贬值)或市场级别进行调节。

c.可以调节多种变量,但变量越多,准确性越小。

d.可比物品的数量至少比所分析价值要素的数量多一个。

e.最适用于相互间差别相对小的珠宝首饰。

五、估价

估价,应根据评估目的、评估物类型和资料数据收集情况,选用适宜的估价方法。

1. 选用成本法

(1)贵金属首饰

$$成本 = 贵金属原料成本 + 提纯费用 + 加工费$$

(2)玉石雕件

$$成本 = 玉石原料成本(包括损耗) + 造型设计费 + 雕琢加工费 + 装潢费$$

(3) 镶宝首饰

成本＝宝石成本＋托架成本＋镶工费

2. 选用市场比较法

评估一枚铂金钻戒。评估目的是提供购买建议,评估基准日为 2000 年 3 月 7 日,价值类型为市场价值:

(1) 经鉴定,一粒标圆型主钻重 0.41ct,净度 VVS2,颜色 I 色;配钻 12 粒,梯形,重 0.18ct,颜色为 H,亮度好;托架为 Pt900,重 4.9g;浇铸制造。

(2) 销售市场属专营店或大型商场专柜。

(3) 选择参照对比物:

a. 铂金钻戒,标圆型主钻重 0.41ct,净度 VVS2,颜色 I 色;配钻 12 粒,梯形,重 0.27ct;托架为 Pt900,重 3.88g。售价 19 980 元。

b. 铂金钻戒,标圆型主钻重 0.41ct,净度 VVS2,颜色 I 级,无配石;托架为 Pt900,重 3.3g。售价 19 000 元。

(4) 对比,调节差异。所选参照物与被评估物均为铂金钻戒,主石相同,不同的是托架质量和配钻。在评估基准日,Pt900 市场价为 180 元/g,0.01～0.03ct 梯形钻石市场价为 2 800 元/ct,镶宝费 3 元/粒。

所选参照对比物 a 与 b,经与被评估物对比调节后的价格分别为 19 912 元及 19 877 元。评估结果,雷同参考物的铂金钻戒的市场价值为 19 895 元(即参考物 a 与 b 的调节价值的算术平均值)。

根据评估结论,提出评估结果。

六、评估报告

评估报告,是评估师或评估机构在完成评估工作后,向客户(委托方)提交的关于评估工作过程和结果的报告,是评估师或评估机构为评估项目承担相应法律责任的证明文件。评估报告按评估的期望用途不同,美国的《专业评估执业统一准则》将其分为 3 种类型:完整评估报告、简明评估报告和限制评估报告。按照表达方式不同,评估报告可分为书面评估报告和口头评估报告。

珠宝首饰评估报告中的期望用途包括保险、捐赠、遗产检验、纳税、公平分配和清算等。

1. 评估报告内容

评估报告,主要由正文和附件两部分内容组成。我国财政部在 2007 年《资产评估准则——评估报告》中对评估报告的标题文号、声明、摘要、正文、附件、评估明细表和评估说明等方面进行了规范。

报告一般应包括以下基本要素:

(1) 委托方、产权持有者和委托方以外的其他评估报告使用者。

(2) 评估目的。

(3) 评估对象和评估范围。

(4) 价值类型及其定义。

(5) 评估基准日。

(6) 评估依据。

(7)评估方法。
(8)评估程序实施过程和情况。
(9)评估假设。
(10)评估结论。
(11)特别事项说明。
(12)评估报告使用限制说明。
(13)评估报告日。
(14)评估机构和注册资产评估师签字。

张蓓莉等编著的《珠宝首饰评估》一书中提出,珠宝首饰评估报告应包含的主要内容有:评估目的和期望用途、价值类型及价值的定义、评估基准日、珠宝首饰的产权、对珠宝首饰的描述和鉴定、所用评估方法的说明、对排除常用评估方法的解释、评估过程和范围、采用的信息、可对比的销售数据、得出评估结论的论据或理由、评估出的价值结论、对珠宝首饰最高和最佳使用的意见,以及影响分析、意见和结论的所有假设条件和限制条件,任何附加的资料(证明是完全评估或限定评估),评估师或评估机构与本项评估有无利益关系的声明,对评估作出重要贡献的每位评估师的签名和提交报告的日期。

中国资评评估协会近日发布的《资产评估准则—珠宝首饰》,在珠宝首饰内涵、评估方法、价值影响因素、披露要求等方面进行了诸多创新,对服务于珠宝首饰交易、质押、保险、典当等行为,维护各方合法权益,具有重要作用,使得珠宝首饰评估对于珠宝企业的产品定价、融资、资产重组等方面发挥了重要作用。据悉,《资产评估准则—珠宝首饰》是目前国际上首个专门的珠宝首饰评估准则。该准则的制定是对珠宝评估理论研究和评估执业实践的科学概括和总结,它标志着珠宝首饰评估在我国评估准则框架建设方面已经迈出了重要一步,对充分发挥珠宝首饰评估的作用,规范珠宝首饰评估市场将产生积极深远的影响,对推动我国珠宝首饰评估事业的健康发展具有重要的意义。

2. 评估报告格式

(1)封面和目录。封面内容包含评估报告编号、委托单位/委托人姓名、评估项目/被评估物的名称、评估目的、评估报告提交日期、评估机构全称及其商标/徽标(即图形标志)。目录内容要求报告每页必须标明页码和总页数,每页都要标明评估目的。

(2)报告摘要。在评估报告正文前面,用简明扼要的短文将报告中的关键内容摘要出来,列出每件珠宝首饰及其价值结论,并注明"以上内容摘自评估报告,欲了解评估项目的全面情况,应认真阅读评估报告全文"。摘要与评估报告正文具有同等法律效力。

(3)正文。正文的基本内容按财政部的要求,记有:委托方全称、受委托方评估事项及评估工作的整体情况、评估目的、价值类型及评估的期望用途、评估对象、评估基准日、评估依据、评估方法、评估过程和方法、各种限制条件、其他需要说明的事项、签署报告、评估报告提交日期等。必要时可有一项评估师签署的声明。

(4)附录。附录是对正文重要部分的具体说明和必要补充,主要包括对评估方法和依据的具体说明,对评估物的鉴定测试资料,评估物的性状、来源的说明材料或证明、照片、图表或分级系统的说明,评估师或评估机构的资格证明复印件等。

评估报告的编写,可以根据评估业务的性质,合理确定珠宝首饰评估报告的披露程度。注册评估师可以根据评估对象的复杂程度、委托方要求等,合理确定评估报告的披露程度,体现珠宝首饰评估的专业特点。为保证评估报告的质量和准确性,在对珠宝首饰进行鉴定和品质分级的同时,应当考虑珠宝首饰的品质因素及其他因素对评估对象价值的影响,如来源(出处)、历史、名人拥有、名师制作、品牌、稀缺程度等,展示评估结论的形成基础和适用条件,促进评估结论与评估目的相结合。评估师执行评估业务时,应选择恰当的价值类型并予以定义,使评估结论能够更好地服务于经济行为。

第三节 评估案例

通常所谓"珠宝首饰",一般包括珠宝玉器、贵金属首饰和镶嵌首饰三大类。下面就这三类饰品择其要而予简述。

业界通常将珠宝分为钻石、有色宝石、玉石和有机宝石4种类型。影响珠宝价格评估的因素主要有珠宝的属性、珠宝的价值、评估目的、评估方法、评估级别、供需关系、珠宝出处及其他影响因素(如市场的垄断性、个人的偏好、类比滞留效应和剧场效应等)。

珠宝评估的步骤是,确定估价的珠宝情况,了解估价珠宝的来源及市场情况,明确估价的目的,确定合适的估价方案,最后编写评估报告。

一、翡翠

翡翠的评估是很难的,因为影响翡翠的品质分级因素很多,同时还有玉文化和个人偏爱等因素。对翡翠的评估分两类,一是原石(未镶嵌)评估,一是成品(磨制成型、抛光镶嵌)评估。

1. 翡翠原石评估

翡翠原石是指翡翠成矿后经外力地质作用形成的它形料石。原石因产出状态不同又分为山料、半山料和仔料等。

原石仔料在一般情况下常有一层风化壳(古称璞,现称皮),导致人们看不见翡翠内部特性,故在交易时被称为"赌石"。对"赌石"的评估是最难最复杂的,只能根据翡翠原石在其风化壳表面所呈现的特征和标志进行评估。

(1)皮质

1)皮色。翡翠皮壳的颜色、粗细、致密度、厚薄等,均与翡翠内部的成分、结构有密切关系。翡翠以皮壳质地不同而分为:

a.砂皮石。皮壳表面手摸之有粗糙的砂砾感。这种砂皮在业界又分为白砂皮、黄砂皮、铁砂皮、黑乌砂皮和石灰皮等。

b.水皮石。通常是指翡翠经水流冲刷,手摸无砂状感的光滑表面。水皮石皮层很薄,颜色多种(褐色、青色、淡黄色等),在强光下较易透视内部玉质,一般品质较好。

c.漆皮石。颜色漆黑,表面光亮,厚薄不一,结构紧密。其内玉色可能很好。

d.象皮石。皮厚薄不一,灰白色至淡绿色,表面粗糙,高低不平。突出部分多为未风化的柱状矿物。

2)皮疥

a.松花。是指翡翠皮壳上有绿色的表现。这是一种翡翠内部或浅部的绿色(即"翠")在皮壳上显露的表征。因此,观察松花特征和分布很重要,若多处有松花,其内部可能有色或色仅分布于翡翠浅部表层。评估时应做到"一份绿给一分价"。松花愈多、愈绿、愈集中,愈好;块状者最佳,次为脉状,浸染状最差。

　　b. 蟒。是指翡翠原料表面表现出的与周围不同的条带或块体,其结构较周围细腻。这往往是翡翠的色带或色块所在,是判断玉料价值高低很重要的研究依据。如蟒中有绿,水头好,其内常有好色。蟒在玉料中的多少、宽窄、上下左右是否贯通等分布状况,可以推断内部情况。

　　c. 癣。是指在原石皮壳表面上出现的黑色、深绿色或灰色的表像,有的光亮,有的黯淡。癣多呈大小不同、形状各异的点状、片状、块状分布,与皮壳周围的物质有明显的颜色变化。这种现象,主要是绿色硬玉被阳起石选择性交代的结果,俗称"癣吃绿"或"黑随绿走"。以癣断料,应仔细观察癣的多少和分布规律,不可贸然从事。

　　d. 雾。是皮壳与玉肉之间的半风化过渡层,厚薄不一,界线易见,可抛光。雾的形成与原石内部矿物成分及外生地球化学特性有关。漂亮的雾常被玉雕艺人利用创作"俏色"作品。但不好的雾会降低玉料的价值。

(2) 肉质

　　肉质根据原石去皮后的颜色、透明度、结构及三者组合方式分为三料(即色料、花件料和庄头料)九种(即老坑种、白底青种、花青种、油青种、豆种、芙蓉种、金丝种和干青种)。

　　1) 三料。

　　a. 色料。通常是指用来加工首饰的,往往以"克"或"两"记价。小小的一块,价值可能逾万元。

　　b. 花件料。通常是一些有色的,质地尚可,颜色分布不均,裂隙较多的玉料。这种料可按"千克"计价,或按"块"记价。价格变动在每千克(公斤)几百元到几千元不等。

　　c. 庄头料(亦称砖头料)。是指一些颜色较差、块度较大的玉料。庄头料适合用来制作较大的玉件,其价格可根据质地和裂烂的多少来定,每千克几十元到上千元不等。

　　2) 九种。

　　a. 老坑种。色浓艳而亮丽、分布均匀、质地细腻的翡翠,即所谓玉色正、浓、阳、匀,透明度好,水头足者,价格昂贵。如一枚翡翠素面戒指在 2000 年香港佳士得拍卖会上以 1 324.5 万港元成交。

　　b. 白底青种。该种多见,其特点是白底上分布着斑斑点点的绿色(色正而艳)团块,白底不透明,白与绿反差大,更显丽色。该种可用以制作首饰或摆件。

　　c. 花青种。底色为淡绿、豆绿、浅灰、白等,质地有粗有细,粗者又称豆底花青种。该种色淡绿,呈脉状分布,形状很不规则,可深可浅,可疏可密。

　　d. 油青种。半透明,结构细腻,质地均匀;颜色为深绿色至黑绿色,色暗不艳;表面泛有油脂光泽,常带较重的灰或蓝的色调。该种适于做小件饰品。

　　e. 豆青种。质地粗糙,晶粒粗大,晶间界较清晰;色多为浅绿色,地子干,水头不足。这种原料多用于雕刻,价值不高,属较低档的原料。

　　f. 芙蓉种。一般为淡绿色,绿得纯正;质地比豆青种细,肉眼不见晶间界限,透明度属冰种。该种色深的价高些,色浅的便宜些。该种虽色淡而清雅,适于制作多种饰品。

　　g. 金丝种。绿色呈丝状分布,绿中略带黄,绿丝有粗有细,定向排列,可连可断;透明度好。因此,绿丝的色泽、绿丝多少、质地粗细和水头足否,就成为评估的主要因素。

　　h. 马牙种。质地较细、不透明,像瓷器,又称"瓷地";颜色大部分为绿色,有色无种,绿色中常有很细的丝丝白条。该种多用于雕花件。

　　i. 干青种。是钠铬辉石组成的玉料,颜色较浓艳,颗粒粗,透明度差,多黑色杂质(多为铬铁矿),看上去很脏。这种料多用作花件、雕件,价格便宜。

综合上述,对于"神仙难断寸玉"的璞料,只能从皮壳表面特征分析推断。即使是去皮(无皮)的原料,由于不同级别价格变化范围及不同质量的交叉组合,以及其他未能考虑要素,因此对市场不熟悉,完全依靠一些价格文告来估价亦是很困难的。

2. 翡翠饰品评估

翡翠成品是指琢磨成型和抛光镶嵌饰品,其评估要素主要有材质品级、加工工艺和市场行情等,这些要素对于翡翠成品(饰品)来说,既是独立的又是互相关联的,是一个综合分级评价系统。

(1)材质品级评价

1)评价条件。在对翡翠质量分级评价之前,应满足以下条件:

a.光源。不同的光源对翡翠质量分级评价结果是不一样的。根据我国传统工艺要求,白天应在晴空无云的正午前后两个小时的时段内,于阳光下进行;或者在无阳光直接照射的室内,配备有色温为4 500~5 500K、显色指数不低于90的照明光源的条件下进行。

b.背景。翡翠在不同色彩的背景(环境)下会产生不同的感观效应。因此,分级评价环境的色调应为白色或中性灰色,并以无荧光、无明显定向反射作用的中性白(浅灰)色纸(板)作为观测背景的条件下进行,以减少环境对评价的干扰。

c.评价人员。在对翡翠质量分级评价时,应由2~3名技术人员独立完成同一样品的分级,并取得一致结果。

2)评价要素。

a.颜色。翡翠的颜色十分丰富,可分为无色和有色两类。无色类包括白色及颜色彩度极低的翡翠,有色类包括绿色、紫色、红-黄色等具有一定彩度的翡翠。翡翠的色质(色调、彩度、明度)、色形(点、线、带、块、片)、色相(多少、深浅、疏密、走向),极为复杂。有色翡翠中以绿色和紫色最有价值,若红绿白紫等色和谐搭配,则可溢价。

对颜色的准确描述,至关重要。如翡翠的绿色分级可根据颜色的色调、彩度、明度的差异进行划分(表4-1至表4-3)。

表4-1 翡翠(绿色)色调类别及表示方法

色调类别		肉眼观测特征	光谱色波长参考值(nm)
绿	G	主体为纯正的绿色或绿色中带有极轻微的、稍可察觉的黄、蓝色调	500≤G<530
(微黄)绿	yG	主体颜色为绿色,带有较易察觉的黄色色调	530≤yG<550
(微蓝)绿	bG	主体颜色为绿色,带有较易察觉的蓝色色调	490≤bG<500

表4-2 翡翠(绿色)彩度级别及表示方法

彩度级别		肉眼观测特征	色纯度参考值 $Pe(\%)$	色卡彩度参考值 $C(\%)$
极浓	Ch1	反射光下呈深绿色-墨绿色,颜色浓郁。透射光下呈浓绿色	$Pe \geq 65$	$C \geq 85$
浓	Ch2	反射光下呈浓绿色,颜色浓郁饱满。透射光下呈鲜艳绿色	$45 \leq Pe < 65$	$65 \leq C < 85$
较浓	Ch3	反射光下呈中等浓度绿色,颜色浓淡适中。透射光下呈较明快绿色	$30 \leq Pe < 45$	$45 \leq C < 65$
较淡	Ch4	反射光下呈淡绿色,颜色清淡	$20 \leq Pe < 30$	$25 \leq C < 45$
淡	Ch5	颜色很清淡,肉眼感觉近无色	$10 \leq Pe < 20$	$5 \leq C < 25$

表 4-3 翡翠(绿色)明度级别及表示方法

明度级别		肉眼观测特征	色卡灰度标尺参考值 $G(\%)$
明亮	V1	样品颜色鲜艳明亮,基本感觉不到灰度	$G<10$
较明亮	V2	样品颜色较鲜艳明亮,能察觉到轻微的灰度	$10 \leqslant G<30$
较暗	V3	样品颜色较暗,能察觉到一定的灰度	$30 \leqslant G<50$
暗	V4	样品颜色暗淡,能察觉到明显的灰度	$G \geqslant 50$

注:紫色、红色—黄色翡翠的颜色分级同绿色翡翠。

b. 透明度。翡翠的透明度是指翡翠对可见光的透过程度。翡翠的透明度因有无颜色而不同(表 4-4、表 4-5)。

表 4-4 无色翡翠透明度级别及表示方法

透明度级别		肉眼观测特征	单位透过率参考值	商贸俗称(参考)
透明	T1	反射光下:内部汇聚光强,汇聚光斑明亮;透射光下:绝大多数光线可以透过样品,样品内部特征可见	$t \geqslant 85$	玻璃地
亚透明	T2	反射光下:内部汇聚光斑较明亮;透射光下:大多数光线可透过样品,样品内部特征可见	$80 \leqslant t<85$	冰地
半透明	T3	反射光下:内部汇聚光弱,汇聚光斑暗淡;透射光下:部分光线可透过样品,样品内部特征尚可见	$75 \leqslant t<80$	糯化地
微透明	T4	反射光下:内部无汇聚,仅可见微量光线透入;透射光下:少量光线可透过样品,样品内部特征模糊不可辨	$65 \leqslant t<75$	冬瓜地
不透明	T5	反射光下:内部无汇聚光,难见光线透入;透射光下:微量或无光可透过样品,样品内部特征不可见	$t<65$	瓷地/干白地

表 4-5 绿色翡翠透明度级别及表示方法

透明度级别		肉眼观测特征	单位透过率参考值 $t(\%)$	商贸俗称(参考)
透明	T1	反射光下:内部汇聚光较强;透射光下:大多数光线可透过样品,样品内部特征可见	$t \geqslant 75$	玻璃地
亚透明	T2	反射光下:内部汇聚光弱;透射光下:部分光线可透过样品,样品内部特征尚可见	$65 \leqslant t<75$	冰地
半透明	T3	反射光下:内部无汇聚光,仅可见少量光线透入;透射光下:少量光线可透过样品,样品内部特征模糊不可辨	$55 \leqslant t<65$	糯化地
微透明~不透明	T4	反射光下:内部无汇聚光,难见光线透入;透射光下:微量-无光线透过样品,样品内部特征不可见	$t<55$	冬瓜地~瓷地

注:其他有色翡翠的透明度级别与之同。

c. 质地。质地是指组成翡翠的矿物颗粒大小、形状、均匀程度及颗粒间相互关系等因素的综合特征。根据翡翠质地的差异,将其分为 5 个级别。质地级别由高到低依次表示为极细

(Te1)、细(Te2)、较细(Te3)、较粗(Te4)、粗(Te5)。质地级别及表示方法见(表 4-6)。

表 4-6 翡翠质地级别及表示方法

质地级别		肉眼观测特征	颗粒粒径 d(mm)
极细	Te1	质地非常细腻致密,10×放大镜下难见矿物颗粒	$d<0.1$
细	Te2	质地细腻致密,10×放大镜下可见但肉眼难见矿物颗粒,粒径大小均匀	$0.1 \leqslant d<0.5$
较细	Te3	质地致密,肉眼可见矿物颗粒,粒径大小较均匀	$0.5 \leqslant d<1.0$
较粗	Te4	质地较致密,肉眼易见矿物颗粒,粒径大小不均匀	$1.0 \leqslant d<2.0$
粗	Te5	质地略松散,肉眼明显可见矿物颗粒,粒径大小悬殊	$d \geqslant 2.0$

d. 净度。翡翠的净度是指翡翠的内部特征及外部特征对其美观和耐久性的影响程度。所谓内部特征,包括在或延伸至翡翠内部的天然内含物和缺陷;外部特征是指存在于翡翠外表的天然内含物和缺陷。净度也称瑕疵和裂绺的有无程度,瑕疵如内部存在的角闪石等黑色矿物呈丝带或点状分布的黑色体及白色的硬玉与长石等呈块状、粒状分布的包裹体;裂绺是玉石中的裂隙、解理、纹理等。净度影响玉石的完整性和利用率。

在评价翡翠时,应观察这些内、外部特征的大小、分布、特征、位置、深浅和对饰品质量影响程度。根据净度差异,将其划分为 5 个等级。净度级别由高到低依次表示为极纯净(C1)、纯净(C2)、较纯净(C3)、尚纯净(C4)、不纯净(C5)。净度级别及表示方法见表 4-7。

表 4-7 翡翠净度的级别及表示方法

净度级别		肉眼观测特征	典型内、外部特征类型
极纯净	C1	肉眼未见翡翠内、外部特征,或仅在不显眼处有点状物、絮状物,对整体美观几乎无影响	点状物、絮状物
纯净	C2	具极细微的内、外部特征,肉眼较难见,对整体美观有轻微影响	点状物、絮状物
较纯净	C3	具较明显的内、外部特征,肉眼可见,对整体美观有一定影响	点状物、絮状物、块状物
尚纯净	C4	具明显的内、外部特征,肉眼易见,对整体美观和耐久性有较明显影响	块状物、解理、纹理、裂纹
不纯净	C5	具极明显的内、外部特征,肉眼明显可见,对整体美观和耐久性有明显影响	块状物、解理、纹理、裂隙

e. 不均匀性。若待分级翡翠的颜色、透明度、质地中的一个或多个因素不均匀,且不均匀程度不可忽视时,应对不均匀因素存在着显著差异的部分进行评价。

若颜色不均匀,应对颜色特征(形状、比率、分布特征、与基底的对应关系)进行描述和评价(表 4-8)。

若翡翠的透明度不均匀,且不均匀程度不可忽视时,应对其透明度特征进行说明。

若翡翠的质地不均匀,且不均匀程度不可忽视时,应对其质地特征进行说明(表 4-9)。

表 4-8 翡翠(绿色)颜色形状及分布特征

编号	颜色形状	分布特征
1	点状	颜色呈点状分布
2	丝线状	颜色呈丝状或线状分布
3	絮状	颜色呈絮状分布
4	脉状	颜色呈脉状分布
5	网状	颜色呈网状分布
6	块状	颜色呈斑状、团块状聚集

表 4-9 翡翠常见的内、外部特征类型

类型	名称	说明
内部特征	点状物	可呈白、灰白、黄褐、黑等颜色
	絮状物	棉絮状、丝网状,主要呈白、灰白色,部分呈褐、黑等颜色
	块状物	块状、团块状,主要呈白、灰白色,部分呈褐、黑等颜色
	解理	矿物的晶面或解理面呈现的点状、片状闪光,俗称"翠性"
	纹理	由板状、柱状或片状矿物近于平行排列而呈现的纹相,俗称"石纹"
	裂纹	连续性或完整性遭到破坏而产生的裂隙
外部特征	破石	翡翠表面破损的小口
	解理	矿物晶面或解理面呈现的点状、片状闪光,俗称"翠性"
	刮伤	翡翠表面很细的划伤痕迹
	抛光纹	抛光不当所致的细密线状痕迹,在同一方向上大致平行
	纹理	由板状、柱状或片状矿物近于平行排列而呈现的纹相,俗称"石纹"
	裂纹	晶体的连续性或完整性遭到破坏而产生的裂隙

f.质量。翡翠的质量单位为克(g)或千克(kg),以克为单位的质量数值保留至小数点后第三位,以千克为单位的质量数值保留至小数点后第二位。

(2)工艺评价

翡翠工艺评价,包括材料应用设计评价和加工工艺评价两个方面。材料应用设计评价包括材料应用评价和造型设计评价,加工工艺评价包括磨制(雕琢)工艺评价和抛光工艺评价(表4-10)。有关玉雕工艺及其质量的评价,在本书第二章和第三章已有论述。

1)材料应用设计评价。

a.材料应用评价。总的要求是:材质、颜色取舍恰当,翡翠的内部特征和外部特征处理得当,量料取材,因材施艺。

b.造型设计评价。总的要求是:主题鲜明,造型美观,构图完整,比例协调,结构合理,寓意美好。

2)加工工艺评价。

a.磨制工艺评价。总的要求是:轮廓清晰,层次分明,线条流畅,点面精准,细部特征处理得当。

b. 抛光工艺评价。总的要求是:抛光到位,平顺、光亮。

表4-10 翡翠工艺评价及表述方法

品质因素		肉眼观测特征	评价结论
材料应用设计	材料应用	材质、颜色与题材配合贴切,用料干净正确,内、外部特征处理得当	材料取舍得当
		材质、颜色与题材配合基本贴切,用料基本正确,内、外部特征处理欠佳,局部有较明显缺陷	材料取舍得当
		材质、颜色与主题配合失当,用料有明显偏差,内、外部特征处理失当,影响整体美观	用料不当
	设计	造型烘托材料材质颜色美,比例恰当,布局合理,层次清晰,安排得体	造型优美、比例协调
		基本按材料材质颜色特点设计造型,比例基本正确,布局主次不够明显,安排欠妥	造型优美、比例基本协调
		未按材料材质颜色特点设计造型,安排失当	造型呆板、比例失调
加工工艺	磨制工艺	轮廓清晰,层次分明,线条流畅,点线面刻画精准,细部处理得当	雕琢精准细腻
		轮廓清晰,线条流畅,点线面刻画准确,细部处理欠佳	雕刻较细腻,局部欠佳
		形象失态,线条梗塞,点线面刻画不准确,整体处理欠佳	雕刻较粗糙
	抛光工艺	表面平顺光滑,亮度均匀,无抛光纹、折皱及凹凸不平	抛光到位、均匀平顺
		表面平滑,亮度欠均匀,局部有抛光纹、折皱或凹凸不平	抛光基本到位,较均匀平顺
		表面不平顺,亮度不均匀,有抛光纹、折皱,局部凹凸不平	抛光较粗糙

(3)综合评价

按上述评价要素的优劣,在评估时可根据翡翠成品类型(首饰类、手镯类、花件类、摆件类)不同,有不同的要求。

1996年汪毅飞根据翡翠的颜色、质地、透明度、净度、加工工艺等质量因素在质量经济评价中所处的重要性,分别进行百分值评分。满分100,再将各因素的各自质量级别的百分值乘以所对应的百分比(表4-11)。

表4-11 翡翠质量评价因素及百分比例

评价因素	成品(%)	原石(%)
颜色	40	30
质地	30	30
透明度	20	20
净度	5	20
工艺	5	/

最近,云南省质量技术监督局发布的《翡翠饰品质量等级评价标准》中,采用质量等级划分,将天然翡翠分为上品、精品、佳品和合格品等五档十二级。在合格品外,每个档次又分为三个级别,从质地、透明度、颜色、工艺和综合印象五方面进行详细评估,并采用千分制的"五加一评分法",把翡翠饰品的具体全貌归属到具体品质的区间。另外,在鉴定证书上还将记述历次交易详情,详述它的外观、工艺,使消费者能从证书中看到。

总之,翡翠的品质因素是影响翡翠价值的重要因素,其次是加工工艺质量。由于影响翡翠价值的因素很多,而且每一因素都是变动不定的,因此只有不断总结经验、积累资料、寻找因果关系,才能较好地把握翡翠原料及成品的评价与估价。一分价钱一分货,不同品级翡翠之间的价格悬殊,在正常情况下市场价是成本价的2倍到2.5倍。只要是种老水足、色正、工精的翡翠首饰或摆件,其收藏价值和增值幅度一定是十分可观的。

俗话说:"黄金易得,翡翠难求"。高档翡翠仅限于缅甸伊洛瓦底江支流露露河一带几百平方千米的范围内,储量非常稀少。有数据显示,15年后,缅甸的翡翠储量将面临枯竭。因此近20年来,翡翠的价值上涨了约1 000倍,近几年来更以每年超过50%的速度在蹿升。2009年香港佳士得春季拍卖会上,一件仅23g重的小翡翠,竟拍出了1 200万港元的天价,贵过黄金2 000多倍(表4-12)。

表4-12 翡翠饰品拍卖实例

名称	规格(mm)	品质	时间(年)	地点	成交价
项链	155颗	清代,艳绿色,玻璃底	1995	香港	210万港元
玉镯	内径53,粗9.4	满绿,翠色均匀	1995	香港	970万港元
弥勒佛	26×26	艳绿,水底	1995	北京	18万人民币
印章		阳绿,玻璃底	1995	香港	145万港元
项链	79颗圆珠	老坑玻璃种,翠绿	1996	香港	1 762万港元
圆面		玻璃底,翠绿	1996	北京	66万港元
戒指		翠绿	1996	香港	970万港元
螭龙璧佩	直径50,厚10	清代翡翠	1997	北京	209万港元
玉佩	36.5×17.2×10.8	玻璃底,艳绿	1998	香港	871 794美元
串珠项链	33颗直径11.02~15.02	满绿,饰以蓝宝石扣环	1999	香港	1 102万港元
观音项坠	Pt镶钻1.13ct	玻璃底,祖母绿色	2000	香港	34.1万港元
珠链	37颗直径10.27~14.24	玻璃底,艳绿	2004	香港	3 422 400万港元
两块原料	LOT65 120kg		2004	仰光	347 000欧元

二、和田玉

我国谓之玉,系指新疆和田白玉,孔子称其有十一德。

和田玉是一种以微晶-隐晶质透闪石为主的玉石。欧洲称之为"软玉",意为其硬度比"硬玉"(翡翠)软。根据原岩性质,和田玉(软玉)可分为由碳酸岩蚀变而成和由超基性岩蚀变而成的两大成因类型。通常所说的和田白玉、俄罗斯白玉、青海白玉,我国辽宁、河南、江苏等地的青白玉等属于第一类;和田碧玉、玛纳斯碧玉、加拿大碧玉、新西兰玉和台湾花莲玉等属于第二类,即其成因为超基性岩蚀变而成。

1. 和田玉的分类

(1)按地质产状分类。

1)山玉。山玉产于原地的原生矿。

2)山流水。山流水搬运了一定距离,具有一定磨圆度,呈次棱角状。

3) 仔玉。仔玉搬运到河床中下游或冲-洪积扇中,磨圆度较高,呈滚圆状,表面光滑。

4) 戈壁滩玉。戈壁滩玉经大自然的地壳变动,搬运至戈壁滩中并经受风沙磨蚀形成有"沙痕"的片状石材,也称风棱石。

(2) 按颜色分类。和田玉分为羊脂玉、白玉、青白玉、青玉、碧玉、黄玉、墨玉七大类。此外,在和田玉矿区还新发现一种粉红色长石黝帘石玉(类似独山玉一种)。

2. 和田玉特征

和田玉的主要感观鉴定特征,在自然光下按颜色、光泽、手感、水头、声音、质地进行鉴定。

(1) 透闪石化学成分:$Ca_2Mg_5Si_8O_{22}(OH)_2$。

(2) 常见颜色:白、青、墨、黄四色,这些颜色当中有若干过渡色,此外还有次生糖色、皮色等。羊脂白玉因玉色白润,其价高昂。

(3) 物理特性:脉理坚密,细腻温润,适宜雕刻,抗压度高;油脂光泽—蜡状光泽,摩氏硬度 $6\sim7$,密度 $2.98(+0.15,-0.05)g/cm^3$。

(4) 光性特征:非均质集合体,折射率 $Np=1.600\sim1.614$,$Nm=1.613\sim1.630$,$Ng=1.625\sim1.641$;光洁柔和,秀雅端庄。

(5) 透明度(水头):因玉质厚度不同而有所区别,总体呈微透明—半透明。

(6) 声音:和田玉器碰撞声音清脆悦耳悠长,仔料玉器尤甚。

(7) 手感:较沉重,光滑滋润(与石英岩相比)。

3. 质量分级

颜色好坏、原材料质地及块度的大小,是划分和田玉质量等级的重要依据。

(1) 颜色分级。

1) 上等:羊脂玉、白玉、黄玉。

2) 中等:青白玉、碧玉、墨玉。

3) 下等:青玉。

(2) 质地分级。按原料质地特征,可分为五个等级(表4-13)。

表 4-13 和田玉质地等级划分

等级	质 地
特级	油脂光泽,很柔和,滋润感很强,致密纯净,无杂质,无瓷性
一级	油脂光泽,柔和,滋润感很强,致密纯净,无杂质,无瓷性
二级	油脂光泽或蜡状光泽,滋润感较强,较致密纯净,少杂色
三级	油脂光泽或蜡状光泽,滋润感较强,不纯净,有杂色
四级	油脂光泽或蜡状光泽,无滋润感,不纯净,多杂色或瓷性大

(3) 块度(质量)分级。按和田玉的块度大小,分为5个等级(表4-14、表4-15)。

(4) 工艺质量。玉不琢不成器,工艺乃评价玉器的重要因素,故有"三分料七分工"之说。评价工艺的要素有:

1) 意境。因材施艺,发挥出玉质最佳艺术效果,意境高或立意新。

2) 题材。大题材,价值高。

3) 造型设计。器形布局合理有层次,形象是否生动,各部分之间比例是否协调,对应关系是否明确等。

4）做工。刀法是否干净利索或圆润滑厚，地子是否够平，抛光是否细腻，人物花卉的细节是否有表现力等。

5）裂绺及包体。特级或一级品中一般都强调有无裂绺，如何处理俏色，可否改瑕为瑜。

表4-14 山流水块度分级（单位：kg）

级别名称	特级	一级	二级	三级	四级
羊脂玉 白玉 黄玉	> 3.0	3.0～1.0	0.9～0.5	0.4～0.1	< 0.1
青白玉 碧玉 墨玉	> 30.0	30.0～10.0	9.0～5.0	4.9～1.0	< 1.0
青玉	> 50.0	50.0～30.0	29.0～2.0	9.9～2.0	< 2.0

表4-15 山料类块度分级（单位：kg）

级别名称	特级	一级	二级	三级	四级
白玉 黄玉	> 20.0	20.0～5.0	4.9～3.0	2.9～1.0	< 1.0
青白玉 碧玉 墨玉	> 40.0	40.0～10.0	9.9～5.0	4.9～2.0	< 2.0
青玉	> 80.0	80.0～20.0	19.9～10.0	9.9～5.0	< 5.0

6）产状及来源。新疆料最好，仔料尤优。通常情况下，青海料、俄罗斯料次之，韩国料再次（表4-16）。

表4-16 不同产地和田玉特征

特征 产地	化学成分								杂质矿物	显微结构
	Na_2O	K_2O	CaO	MgO	MnO	Al_2O_3	SiO_2	FeO_T		
新疆和田 白玉	0.57	0.22	13.02	24.50	0.01	0.08	59.17	0.45	石墨、镁质绿泥石	平行纤维变晶结构（长1.5～1.4 μm，宽150～600mm）、纤维交织变晶结构、显微纤维-隐晶质变晶结构、不等粒和近等粒变晶结构（长3.2μm，宽1 400mm）、斑状变晶结构（斑晶宽3～6μm，长15～17μm）
新疆和田 青白玉	0.87	0.25	12.52	23.87	0.02	0.61	56.55	2.09		
新疆和田 青玉	0.58	0.25	13.39	23.13	0.06	1.32	55.39	2.09		
青海格尔木 青白玉	0.00	0.06	12.16	25.95	—	0.10	61.42	0.12	锆石	毛毡状、显微纤维-隐晶质、显微叶片状结构（长0.100～0.015mm，宽0.005～0.030mm）

续表 4-16

产地\特征	Na$_2$O	K$_2$O	CaO	MgO	MnO	Al$_2$O$_3$	SiO$_2$	FeO$_T$	杂质矿物	显微结构
河南青白玉	0.05	0.07	12.23	25.31	—	0.02	60.67	0.79	含 La 与 Ce 较高的矿物，Al$_2$O$_3$ 少（0.02%）、方解石、蛇纹石、绿泥石	平行针柱状变晶结构
辽宁青白玉	0.05	0.12	11.07	26.06	—	0.37	61.38	0.77	闪锌矿，铁含量高（0.77%）	平行纤维变晶结构
江苏溧阳青白玉	3.31	0.16	12.41	25.00	0.04	1.54	56.00	0.48	方解石、磷灰石	毛毡状、显微叶片状结构（长 0.010～0.020mm，宽 0.010～0.015mm）
江苏溧阳白玉	3.27	0.29	12.48	24.98	—	3.57	53.96	0.30	方解石、磷灰石	毛毡状、显微叶片状结构（长 0.010～0.020mm，宽 0.010～0.015mm）
台湾花莲碧玉	—	—	1.42	24.09	—	—	58.61	3.51	阳起石、铬铁矿、磁铁矿，含铬钙铝榴石	交织毛毡状变晶结构
新疆和田碧玉	0.77	0.29	13.41	22.43	0.08	1.00	54.67	2.11	阳起石、铁-铬铁矿、镁铁-铬铁矿	显微细晶结构（直径 0.01～0.03mm）、显微粗晶结构（0.1～0.4mm）
新疆玛纳斯碧玉	0.19	0.06	12.93	21.71	0.07	0.57	55.55	4.97	铝铁镁-铬铁矿、阳起石	毛毡状、显微纤维状结构（长 0.030～0.060mm，宽 0.002～0.004mm）

注：江苏溧阳和田玉含微量 Cr$_2$O$_3$（0.03%～0.05%）。

近些年来，和田玉每年增值幅度达 50% 左右。帝王玉玺、名人玉章涨势惊人，屡创拍卖纪录，领涨藏市。2009 年 11 月 5 日，伦敦苏富比拍卖行一方清乾隆"八征耄念之宝"御宝交龙钮和田碧玉玺，以折合人民币 4 000 万元左右拍出，创造当下拍卖纪录；2008 年发行的奥运玉玺也从 5.6 万的发行价一路涨到 55 万，一年中足足上涨了 10 倍。正如央视所报："和田玉被称为'疯狂的石头'"。

三、独山玉

早在八千年前已被开发利用的独山玉，是指仅产于河南省南阳市北郊独山的以黝帘石和基性斜长石（An55－An100）为主要成分的蚀变辉长－斜长岩类玉石，简称独玉。

1. 基本特征

（1）化学成分。独山玉化学成分按岩石学分类属硅不饱和（SiO$_2$<45%）的超基性岩。不同类型玉石的化学成分，随其组成矿物含量的变化而变化（表 4-17）。

（2）矿物成分。独山玉主要由钙铝硅酸盐类矿物组成，种属近 40 种。以其含量及生成世序可分为主要矿物（黝帘石、基性斜长石）、次要矿物（铬云母、透辉石、钠长石、黑云母）、少量矿物(绿帘石、斜黝帘石、铬绿帘石、透闪石、阳起石;榍石、金红石、含铬白云母、珍珠云母、磷灰石、锆石;铬铁矿、黄铁矿、黄铜矿、磁黄铁矿、磁铁矿)和次生矿物(沸石、葡萄石、蒙脱石、电气石、方解石、绢云母、蛇纹石、绿泥石、褐铁矿等)4类。

表 4-17 独山玉化学成分($w/\%$)

名称\成分	白独玉	绿独玉	青独玉	紫独玉	黄独玉	红独玉	花独玉	平均	黑独玉
SiO_2	43.37	43.26	41.77	43.54	43.96	43.11	43.36	43.19	54.94
TiO_2	0.10	0.58	0.63	0.41	0.53	0.05	0.79	0.44	0.60
Al_2O_3	30.28	34.31	32.67	34.23	33.68	32.06	32.40	32.80	15.84
Cr_2O_3	0.04	0.30	0.34	0.26	0.20	0.06	0.26	0.21	0.44
Fe_2O_3	0.52	0.27	0.61	0.47	0.22	0.34	0.38	0.40	1.40
FeO	0.38	0.22	0.35	0.39	0.59	0.19	0.64	0.39	5.63
MnO	0.26	0.07	0.02	0.05	0.09	0.014	0.05	0.08	0.12
MgO	1.36	0.49	2.93	0.43	0.30	0.76	0.71	1.00	5.30
CaO	18.06	15.45	20.37	18.39	19.28	17.79	17.76	18.16	8.87
Na_2O	2.28	0.47	0.50	0.58	0.73	0.89	0.33	0.83	3.52
K_2O	0.08	1.46	0.08	0.37	0.05	0.80	1.23	0.58	0.96
P_2O_5	0.01	—	—	—	—	0.038	—	0.02	0.22
H_2O	1.51	1.50	—	0.39	0.23	—	1.71	1.07	—
CO_2	0.24	0.65	—	0.10	0.06	—	0.16	0.24	—
灼失量	0.47	—	—	—	—	3.70	—	0.59	1.74
总量	99.06	99.03	100.27	99.61	99.92	99.80	99.78	100.00	99.58

注:各品种的化学成分含量为平均值。黑独玉(辉长岩)未参加总平均。

(3)质地与产状。

1)结构。多数品种为溶蚀交代结构、细粒(变晶)结构、变余碎斑-糜棱结构或隐晶结构,部分品种为碎裂结构、中粗粒(变斑)结构或花岗变晶结构、辉长结构等。玉石中矿物粒度不均匀。平均粒径小于0.05mm。

2)构造。多数品种为致密块状构造,条带状、条纹状构造;部分为弱定向条纹状-条带状构造,角砾状(碎裂)构造。

3)产状。玉矿呈脉状(占70%)、透镜状(占20%)、团块状、网脉状、树根状、对称条带状等形态,沿辉长岩或斜长岩的断裂破碎带分布。成玉热液活动具多期多阶段性,因而玉石品种多而复杂。

(4)光学性质。

1)颜色。独山玉颜色丰富,色调有30余种。单一色调出现的玉料不多,多由两种(以上)色调组成大致平行的多色玉,自脉壁向脉中心呈现出"淡-浓-淡"的渐变过渡关系。基本玉色有:白、绿、青、蓝、紫、黄、红、黑。玉色变幻主要取决于致色元素及带色矿物的组成。

2) 光泽、透明度。独山玉具玻璃光泽至油脂光泽,呈半透明至不透明,大多数为微透明。

3) 光性。独山玉的折射率(RI)变动于 1.57~1.70 之间,主要受矿物组成影响;紫外线照射下,表现为荧光惰性,有的品种可见微弱的蓝白、褐黄、褐红色荧光。

(5) 力学性质。

1) 密度。2.73~3.71g/cm³。

2) 硬度。摩氏硬度 6.5~8.0。

(6) 工艺性质。

1) 质地细腻,凝腻柔嫩。

2) 坚韧致密,硬度适中。

3) 颜色丰富,色彩鲜艳纯正,浓淡兼备。

4) 润泽明快,抛光性好。

5) 独山玉为多色玉料,按"量料取材、依材施艺、巧用俏色"的琢玉规则,可雕琢加工成多种造型的工艺品。

6) 玉种独特,举世无双,驰名中外。

2. 独山玉分类

按照"玉以色分"原则,独山玉依其主色调可分为八大类(表 4 - 18)。

(1) 白独玉。白独玉以白为主色。依透明度及质地不同又可分出透水白、白、乌白 3 个品种。

(2) 绿独玉。绿独玉以绿为主色,绿色与 Cr^{3+} 离子有关。因致色矿物(铬云母等)含量不同,玉色可分为翠绿、绿、灰绿、蓝绿、黄绿色等色调,并常与白色相伴。

(3) 青独玉。青独玉呈青色、灰青色、蓝青色,颜色主要与角闪石和透闪石有关,为独山玉中常见品种。

(4) 紫独玉。紫独玉呈紫色,由富含 Fe^{3+} 离子的黑云母所致。玉石为黑云母化斜长岩。

(5) 黄独玉。黄独玉呈黄绿色或橄榄色,玉色主要与含致色元素 Fe^{2+} 离子的绿帘石有关,属绿帘石黝帘石化斜长岩玉。根据色调变化可分为棕黄玉、紫黄玉、曙黄玉等品种。

(6) 红独玉。红独玉呈芙蓉色、粉红色或淡褐色,因 Ti^{4+} 及 Mn^{2+} 离子所致,其内含有绿帘石、金红石、楣石等有色矿物。以其色调可分为芙蓉玉、褐独玉等品种。

新疆和田有一种粉红色长石黝帘石玉,与红独玉十分相似,粉白相间,半透明-不透明,玻璃光泽,由粉红色黝帘石(含锰)(51.9%)、钠长石(33.3%)、石英(14.4%)及少量褐帘石、单斜辉石等组成。其密度为 2.93g/cm³,折射率 1.56~1.70。

(7) 黑独玉。黑独玉呈黑色、墨绿色,玉色与次闪石化有关,不透明至微透明,常与白独玉相伴,是近些年开发利用的新品种。

(8) 花独玉。花独玉为独山玉所特有的种类,约占玉石总量近半,为多期多阶段成玉作用相互叠加的结果。花独玉多呈白、绿、黄、青、紫相间的条带、条纹以及各种花色相互浸染渐变过渡形式出现于同一块玉料上。

3. 玉料分级

独山玉质量等级划分,可根据独山玉的颜色分出品种,再按质地、绺裂、杂质、质量等划分为特级、一级、二级、三级、四级 5 个等级(表 4 - 19)。

表 4-18 独山玉品种基本特征

大类	品种	基本特征					
		颜色	硬度	密度	折射率	结构	构造	主要矿物
白独玉	透水白独玉	细白	6.4	2.86	1.57±	等粒	块状	钙长石、拉长石、黝帘石
	白独玉	曙白	6.4	3.01	1.57~1.70	溶蚀	块状、弱定向	基性斜长石、黝帘石
	乌白独玉	乌白		3.15	1.70±	交代	块状	黝帘石、斜长石、透闪石
绿独玉	绿独玉	绿	5.8	2.80	1.57~1.60	等粒	块状、条带状	基性斜长石、铬云母、钠长石
	翠独玉	翠绿	5.8	3.10	1.58~1.70	溶蚀交代	块状	黝帘石、斜长石、透辉石
	绿白独玉	绿白	6.1	3.10	1.58	溶蚀交代	块状、弱定向	斜长石、黝帘石、阳起石、绿帘石、透辉石
	天蓝独玉	蓝绿	5.8	2.88	1.58	细粒	块状、条带状	斜长石、铬云母
青独玉	青独玉	青、蓝青	5.8	2.88	1.58	辉长、糜棱	块状	基性斜长石、辉石
紫独玉	紫独玉	紫、亮棕	5.4	2.76	1.57	斑状、交代	块状、条带状	基性斜长石、黑云母、阳起石
黄独玉	黄独玉	黄绿	6.4	2.91	1.60	花岗变晶	块状	基性斜长石、黝帘石、绿帘石
红独玉	芙蓉独玉	粉红	5.9	3.15	1.66	溶蚀交代	块状、条带状	黝帘石、基性斜长石、绿帘石
	褐独玉	褐	5.9	2.80	1.58	粒状	块状、条带状	斜长石、黝帘石
黑独玉	黑独玉	黑、墨绿	6.0	2.80	1.58	碎裂、交代	块状、条带状	斜长石、黝帘石、透闪石-阳起石
花独玉	花独玉	杂色	6.5~8.0	2.73~3.71	1.57~1.70	溶蚀交代、残余、碎裂	块状、条带(纹)状	基性斜长石、钠长石、铬云母、绿帘石

表 4-19 独山玉质量等级标准

品种	等级	等级标准
翠绿 蓝绿 天蓝红	特级	色泽纯正鲜艳,色调丰满均匀,半透明至透明,玻璃—油脂光泽,质地细腻致密,无绺裂,无白筋,无杂质,无干白石花,块重20kg以上者
纯绿 深天蓝 绿白 透水白	一级	色泽纯正鲜艳,颜色分布均匀,油脂—玻璃光泽,半透明,质地细腻致密,无杂质,无绺裂,无干白石花,块重10kg以上者
白 乳白 绿白 绿	二级	颜色均匀,质地细腻,色泽鲜艳,玻璃光泽,微透明至半透明,基本无绺裂,无杂质,可有少量石筋及干白的石花,块重5kg以上者
干绿白 青紫黄及其他色	三级	色泽较鲜艳,质地细腻,微透明至不透明,水头差,允许有绺裂杂质及干白石筋存在,可有少量其他色斑,块重3kg以上者
杂色 黑色 墨绿	四级	色泽一般,质地致密,微透明至不透明,水头不足,玻璃光泽,允许一定绺裂杂质及干白筋存在,块重无一定要求,一般要求在2kg以上,按需要来定

四、钻石

钻石俗称"宝石之王"。钻石是不可再生资源,目前全球产量不断下降,如无新的发现,40年后,全球钻矿将会枯竭。而钻石的消费需求在不断增长,我国市场需求量从2001年至今已翻了两翻,预计今后几年会再增加20%。由于需大于供,近几年来优质的钻石价格以每年10%的速度稳步增长,近年更是惊人,据报一个1ct H色,VVS级别的圆形裸钻在2003年的价格为4 000多美元,目前已达到7 700美元左右,涨幅达到92.5%,几乎翻了一倍。钻石估价可分为原石与钻饰两类。

1. 钻坯估价

一般来说,宝石级金刚石钻坯的价格比同样产地平均的金刚石坯的价格要高出1倍左右,而比半宝石级的金刚石坯高20~30倍,比工业级或技术级的则高50~60倍,甚至百倍以上。有关资料表明,全世界宝石级钻石的平均价值,约为170~176美元/ct。

(1)估价要素

1) 原石外部特征。钻石形状特征是影响其加工出成率的重要因素。相同质量而形状不同的钻坯,其价格可能相差一倍或数倍。

在观察钻坯外形特征时,还应记录那些裂口、双晶纹、解理面等可能对成品裸钻的价值产生影响的特征。因为钻坯的形状对价格的影响主要是因成品裸钻质量及质量级别的影响而产生的。

2) 原石的大小。无论是原料或是成品钻石,其价格和质量的平方成正比关系。对2ct以上的钻坯,应准确测量其大小。

3) 钻坯的颜色。钻坯的颜色往往在加工前后有不同程度的变化。如我国沅水流域的钻坯,一般加工后的颜色会变得稍高,而非洲一些钻坯,在加工后的颜色不如加工前的外观颜色。

另外,在观察钻坯颜色时,应对钻石内色带的颜色及分布进行描述。

4) 钻坯的净度。影响钻坯净度级别的主要因素是其内含物的颜色、大小和分布位置与表面瑕疵,它们可对出成率的影响提供关键数据。

5) 钻坯的荧光特征。荧光性对钻石质量级别有一定的影响。具蓝白色荧光特征比具有强黄绿色荧光的钻坯有更好的价值认同。

通过上述因素的评价后,就可确定钻坯的出成率。

(2)评估方法

钻坯的价格评估,用成本法最为合适。评估者只要了解该钻坯可能的出成率及出成后钻石的市场价值,扣除加工费用与加工者的平均利润,就可获得该钻坯的成本价。

钻坯的价格,亦可根据其集散地或加工地的市场价格的调查来确定。不过每颗钻坯都是独特的,很少具有可比性。

当今世界的原钻,主要由戴比尔斯公司(De Beers Group)、必和必格公司(BHP Billiton)、力拓公司(Rio Tinto)和俄罗斯矿业巨头埃罗莎公司(Alrosa)四家钻石公司控制着超过90%的全球钻石产量,为应对全球金融危机,2009年它们自动减产,使原钻价格飙升40%,从中获取了巨大的利益。

2. 裸钻估价

(1)估价因素。对切磨成型的钻石(即裸钻),由于较为明显的世界市场行情,其价格评估比钻坯要方便得多。影响圆钻型钻石价格的因素有下列几种。

1) 质量的影响。钻石质量与价格之间的关系主要受两个方面的影响：一是钻石质量本身，有时会产生克拉溢价。克拉溢价是指超过1ct的钻石的价格会比1ct以下钻石的价格明显增加(跳高)。同样，质量在 $n×10$ 分的位置附近的钻石，其价格会有明显的变化。如0.81ct钻石的价格与0.79ct的价格就在不同等档次上。二是国际市场的供求关系。基于质量与价格的微妙关系，钻石价格可以用下式表示：

$$钻石的价值 = 钻石质量^2 × 单位钻石价格 × K(市场系数)$$

所谓市场系数 K，是反映市场对这一定价原则的认同程度。一般来讲，0.30～0.99ct 的钻石 K 值接近于1或大于1，而质量在1.00～1.49ct 的钻石，其 K 值小于1，质量越大，K 值越小。

2) 颜色与净度的影响。这些影响随大小不同及裸钻的质量不同而有规律性变化。

a. 颜色和净度均较好的钻石(I色以上，VS_2 以上)中，颜色和净度其中一个因素保持稳定，而另一个因素逐级变化时，每一级变化对单位价格的影响几乎相同，但各级之间的变化率不同。

b. 颜色较好而净度较差或净度较好而颜色较差的中等品级的钻石，颜色和净度对价值的影响是不同的。

(a) 颜色较好的钻石，净度每一级变化引起的价格变化大，即净度对价格影响较大。
(b) 净度较好而颜色级别较低的钻石，颜色每一级变化引起的价格变化影响更大。
(c) 就颜色而言，每个色级间的差价一般在10%～15%之间。而D—H色级之间，一般每降低一级价格约下降10%～30%，其中D—F三级之间的差别更大，达到40%以上。
(d) 净度对圆钻价格的影响亦甚明显。以1ct而论，VVS_1 与 VVS_2 之间价差视颜色等级不同约相差5%～25%；VS_1 与 VS_2 的价差约5%～15%；SI_1 与 SI_2 之间的价差约5%～25%；P_1、P_2 与 P_3 各级价格相差约20%～40%。

c. 对于颜色和净度较差的钻石而言，颜色和净度变化对价格的影响相近。但相对而言，净度变化的影响更为明显。

d. 天然彩色钻石，是钻石中的精华，号称"世界上最为浓缩的财富"。由于颜色稀罕，价值极昂。颜色等级越高，价值也就越高。天然彩色钻石可与Cape系列中D级相比；其中的红色、粉红色与蓝色钻石要比Cape系列中D级的价位高2～3倍；而人工合成彩色钻石则只能与Cape系列中的M级比较。

彩钻的颜色分级与有色宝石相似，一般是根据其色彩、饱和度及亮度来划分，但不同国家的分级标准及术语并不统一。进行彩钻分级时，它会显示出体色与关键色(key colour)，分级一般以关键色为准。

3) 切工的影响。一般说来，优质切工的钻石，其价格较一般切工钻石的价格认同相差15%～40%左右，即在质量相同的条件下，切工好的比切工差的售价要高。至于高多少、销售是否容易，则与市场发育程度有关。一般是越成熟的市场对切工的敏感程度会越高。Rapaport钻石报价以标准比例加工、整体切工良好作为基准报价，对切工特别好或特别差的钻石价格可能与报价有50%～80%的差价。

钻的琢型各种各样，同等质量的条件下，如果以明亮圆形钻石的克拉单价系数为1，则以价格高低次序排列为：圆型＞马眼型＞梨型＞祖母绿型。但要对花式切工的钻石进行评价较对圆型钻石评价更为困难。这是因为,花式钻石的市场需求变化受市场推广及潮流影响更为明显。另一方面,花式切工钻石的切工好坏对钻石价格的影响极为明显,切工好的钻石的价格远远高于切工差的钻石,而配对好的钻石也有较高的价格(表4-20)。

表4-20 不同琢型钻石价格比较表

质量(ct)	颜色	形 状		
0.18~0.22	I-J.VS	马眼形(1)	梨形(水滴形)(0.95)	祖母绿形(0.72)
0.23~0.29	I-J.VS	马眼形(0.95)	梨形(0.91)	祖母绿形(0.75)
0.30~0.39	J.VS$_2$	马眼形(0.86)	梨形(0.86)	祖母绿形(0.80)
0.40~0.45	I.SI$_1$	马眼形(0.94)	梨形(0.88)	祖母绿形(0.78)
0.46~0.49	I.VS$_1$	马眼形(0.95)	梨形(0.90)	祖母绿形(0.81)
0.50~0.69	I.VS$_2$	马眼形(1)	梨形(0.96)	祖母绿形(0.84)
0.70~0.89	K.VS$_2$	马眼形(0.96)	梨形(0.92)	祖母绿形(0.86)
1~1.49	I.VS$_1$	马眼形(0.96)	梨形(0.90)	祖母绿形(0.79)

注:摘自丘志力等《珠宝首饰系统评估导论》。

④汇率的影响。汇率对裸钻价格影响的主要原因是钻石是在国际市场上进行交易的,并以美元、英镑或欧元结算。在不同时空,汇率是会变化的。如当用外币报价时,国内钻石的报价是:国内市场价=外币价×人民币的外币汇率+手续费。一般来说,在钻石的总价构成中,质量约占40%,净度、颜色和切工约各占20%左右。

2. 估计方法

裸钻价格评估,应根据钻石质量品级、评估目的、用途、市场级别及环境,以Rapaport报价作参考,用成本法或市场比较法进行估算。

1) 彩钻估价比较困难,目前尚无一套行之有效的方法,尤其是彩色钻石的鉴定有一定的难度且彩钻质量分级标准不统一。因为不同国家对颜色的喜爱程度有差异,个人偏好也不同。在彩色钻石中,颜色不同,价值也不同。蓝钻是近年来国际上成交量最大、成交价最高的彩钻,黄钻也呈上升趋势。粉红色钻石是国内市场上流行最广的彩钻,价格大约是同级别白钻的3~5倍。

目前,粉红色名钻拍卖成交价多在500~1 000万美元之间,如某拍卖行将拍卖5ct罕有粉红钻石,估价5 425万港元;蓝色名钻的成交价多在1 000万美元以上,比同级白钻高出10倍。

2) 当前,我国钻石市场上主要是无色-黄色系列明亮型圆钻。王雅玫等学者根据国内市场情况,提出的一份《中国市场钻石品级-价格系数表》,可作为钻石评估参考(表4-21)。

3. 钻饰估价

钻饰是钻石镶嵌在贵金属托架内制成的首饰,如戒指、耳环、手链、项链等。

对钻饰价格评估,首先需要了解评估目的、评估报告用途,确定其价值类型和评估方法。

(1) 估价要素。

1) 钻石质量品级。详细描述4C分级结果。

2) 贵金属种质。用于镶嵌钻石的贵金属种类、含量及质量,是评估不可或缺的因素。

3) 饰品类型、款式及制作工艺。

4) 钻石来源及有关公司的信誉情况。

表 4-21 中国市场钻石品级—价格系数表

价格系数(%)	色级	净度	切工	质量(ct)	价格系数(%)	色级	净度	切工	质量(ct)
1.85	D			2.0	0.65	M			0.60
1.75	E			1.5	0.60			差	0.50
1.40	F				0.55	N			
1.30	G				0.50		P_1		0.40
1.05	H	LC			0.45	P			
1.00	I	VVS_1			0.40	Q	P_2		0.30
0.95		VVS_2	优	1.0	0.35	R			
0.90	J	VS_1	好		0.30	S			
0.85	K			0.90	0.25	T			
0.80		VS_2	中等	0.80	0.20	I	P_3		0.20
0.75	L	SI_1			0.18				0.10
0.70		SI_2		0.70	0.15				<0.05

(2)估价方法。

对于钻石首饰的估价,可采用成本法或市场比较法。

1)成本法估价

a. 根据国际钻石的报价表(如 Rapaport,Gem Guide)或国内市场批发报价表,查出和计算出评估基准日时钻石的成本价格(P_1)。

b. 根据评估基准日国际报价,计算出所用金属的成本价格及配钻价格(P_2)。

c. 确定出在加工过程中的金属损耗率及加工成本费用,加上损耗的金属价格(P_3)。

d. 根据目标市场的毛利率水平,确定市场价格。

e. 根据我国平均税赋水平(增值税 17%,消费税 5%),加上该件首饰的应付税金,即为市场价值(表 4-22)。

因此,重置成本价 = $(P_1 + P_2 + P_3) \times 1.13$。

对于设计独特的钻石首饰,再进行重置成本估算时,还应加上设计的费用。它可占总价值的 15%~35%。

表 4-22 2010 年 1 月 7 日钻石行情表

10 分~80 分的价格(单位:元/ct)

10 分	VVS		VS		SI_1	SI_2	P_1
	10 分以下	10 分以上	10 分以下	10 分以上			
D-E	5 400	5 600	5 300	5 500	/	/	/
F-G	5 200	5 400	5 100	5 300	3 950	3 650	3 250
H	5 080	5 180	4 980	5 050	3 850	3 450	3 150
I-J	4 980	5 080	4 700	4 800	3 550	3 250	2 950
K-L	4 550	4 650	4 350	4 450	2 950	2 650	2 150

15 分	VVS		VS		SI$_1$	SI$_2$	P$_1$
	15 分以下	15 分以上	15 分以下	15 分以上			
D－E	7 350	7 550	7 150	7 350	/	/	/
F－G	7 150	7 350	6 950	7 150	4 500	4 200	3 900
H	6 950	7 150	6 750	6 950	4 400	4 100	3 700
I－J	6 750	6 950	6 550	6 750	4 300	4 000	3 500
K－L	5 950	6 150	5 650	5 850	3 500	3 200	2 800

20 分	VVS		VS		SI$_1$	SI$_2$	P$_1$
	20 分以下	20 分以上	20 分以下	20 分以上			
D－E	8 600	8 800	8 300	8 500	/	/	/
F－G	8 200	8 400	7 800	8 000	5 200	4 800	4 400
H	7 900	8 100	7 700	7 900	5 000	4 600	4 200
I－J	7 750	7 950	7 450	7 650	4 800	4 100	3 800
K－L	7 100	7 300	6 800	7 100	4 000	3 500	3 100

25 分	VVS		VS		SI$_1$	SI$_2$	P$_1$
	25 分以下	25 分以上	25 分以下	25 分以上			
D－E	9 100	9 300	8 800	9 000	/	/	/
F－G	8 800	9 000	8 500	8 700	5 600	5 300	/
H	8 500	8 700	8 300	8 500	5 400	5 100	/
I－J	8 300	8 500	8 100	8 300	5 200	4 500	/
K－L	7 500	7 700	7 200	7 400	4 300	3 800	/

30 分	VVS	VS	SI$_1$	SI$_2$	P$_1$
D－E	16 300	12 600	/	/	/
F－G	13 800	11 800	8 200	7 700	/
H	12 000	11 200	7 700	7 200	/
I－J	11 000	9 800	7 200	6 700	/
K－L	9 000	8 500	5 700	4 700	/

40 分	VVS	VS	SI$_1$	SI$_2$	P$_1$
D－E	19 300	14 800	/	/	/
F－G	16 300	14 300	8 500	7 900	/
H	14 000	13 700	7 900	7 400	/
I－J	12 800	12 400	7 400	6 900	/
K－L	9 600	9 100	5 900	4 900	/

50分	VVS	VS	SI$_1$	SI$_2$	P$_1$
D－E	26 900	22 700	/	/	/
F－G	22 700	21 300	11 500	10 500	/
H	20 300	19 300	10 500	8 500	/
I－J	18 200	17 200	8 500	7 500	/
K－L	15 200	14 200	6 500	5 500	/

60分	VVS	VS	SI$_1$	SI$_2$	P$_1$
D－E	28 700	23 500	/	/	/
F－G	23 500	22 000	12 000	11 000	/
H	21 200	20 300	11 000	9 000	/
I－J	19 300	18 300	9 000	8 000	/
K－L	16 200	15 200	7 000	6 000	/

70分	VVS	VS	SI$_1$	SI$_2$	P$_1$
D－E	32 600	26 400	/	/	/
F－G	27 100	24 100	12 800	11 300	/
H	24 100	22 100	11 800	10 300	/
I－J	22 100	19 100	9 500	8 500	/
K－L	17 100	16 100	7 500	6 500	/

80分	VVS	VS	SI$_1$	SI$_2$	P$_1$
D－E	34 700	28 500	/	/	/
F－G	29 200	26 200	14 900	11 900	/
H	27 200	24 200	12 900	10 900	/
I－J	23 200	20 200	10 000	9 000	/
K－L	18 200	17 200	8 000	7 000	/

0.9～2ct 的价格（单位：元/ct）

90分	IF	VVS$_1$	VVS$_2$	VS$_1$	VS$_2$	SI$_1$	SI$_2$
D	69 000	58 000	50 500	40 000	/	/	/
E	57 500	54 000	46 000	36 700	/	/	/
F	55 000	52 500	43 500	35 800	/	/	/
G	47 000	43 200	36 600	32 900	31 500	23 500	20 700
H	38 000	35 800	33 600	31 500	30 000	22 500	20 400
I	32 000	30 400	28 200	27 100	25 600	20 200	18 500

1ct	IF	VVS$_1$	VVS$_2$	VS$_1$	VS$_2$	SI$_1$	SI$_2$
D	135 000	99 000	79 500	58 000	45 400	/	/
E	85 000	81 600	69 000	55 300	44 400	/	/
F	76 400	69 500	61 500	49 200	41 100	/	/
G	54 500	51 800	49 700	43 300	38 500	28 500	25 500
H	47 000	46 000	43 200	38 500	34 600	27 800	24 700
I	40 200	39 700	36 900	33 000	30 100	25 000	22 500

1.5ct	IF	VVS$_1$	VVS$_2$	VS$_1$	VS$_2$	SI$_1$	SI$_2$
D	156 000	114 400	109 600	81 700	65 700	/	/
E	113 200	108 500	90 800	77 000	62 500	/	/
F	98 300	89 800	85 500	70 500	59 800	/	/
G	68 900	67 300	64 100	58 200	52 400	/	/
H	58 000	56 500	54 700	49 700	46 000	/	/
I	51 400	50 800	49 200	41 600	38 500	/	/

2ct	IF	VVS$_1$	VVS$_2$	VS$_1$	VS$_2$	SI$_1$	SI$_2$
D	232 900	188 000	159 500	130 400	94 800	/	/
E	171 500	160 600	137 000	116 700	91 000	/	/
F	150 700	135 900	122 200	103 000	87 100	/	/
G	108 500	99 700	91 000	83 300	76 200	/	/
H	92 800	86 800	80 800	71 300	66 300	/	/
I	75 350	73 000	68 800	57 500	53 200	/	/

备注：1.行情表中Ⅰ—J颜色均偏Ⅰ色。2.行情表中的价格为成品钻饰上镶嵌钻石的价格。

2) 市场比较法估价

a. 确定评估物件的钻石质量品级，贵金属种质，款式，配钻的多少、大小及质量状况，厂家声誉及销售服务情况。

b. 查知当地各种质量钻石或钻石首饰的零售价。

c. 根据评估目的，确定所需参考体系。通常情况下，零售价可作为馈赠及财产纳税等评估目的的价值，批发价可作为保险公司资产评估和转让为目的的估价。

目前，国内大型公司的折扣率约在25%～35%之间变化。

d. 估价步骤。当确定被评估物的影响价格因素后，就要对市场进行同类饰品价格对比调研。

(a) 市场上能找到与被评估物完全相同的钻饰一件或数件，即可取平均价格作估价依据。

(b) 市场上若只能找到与被评估物风格相似物两件或数件，而彼此市价不尽相同，这时，应对参照物进行价格调整，以使其与评估对象一致。取两个参照物修正价的均值，为评估物的估价。

(c)如果参照物不只是两件而是几件,其一般公式应为 $\Sigma P_n/n$。理论上,最有参考价值的价格为众数价格,即和被评估物相似的参照物最常见的价格,但实际上并非易事。

(d)相同风格的钻饰,在不同的公司其价格可能不同,即所谓"名牌效应"所致。就目前国内情况来看,若以中等规模公司钻饰的价格系数为1计算,大公司则在1.1~1.2之间变化,小公司的价格系数变化在0.7~1.1之间,而一些历史悠久或具自己品牌的名牌公司,其价格系数可变化到1.2~1.5,甚至更高。

五、红珊瑚

红珊瑚是有机宝石中最名贵的品种。主产地是中国的台湾省海域。台湾红珊瑚工艺品畅销全世界,售价高于黄金。

1. 分类

宝石级珊瑚,在商业上分为三大类:活体珊瑚、倒珊瑚和死珊瑚。

(1)活体珊瑚。这种珊瑚表面有生物组织,而其骨髓表面有薄膜。珊瑚被磨光后,光泽明亮,光彩夺目。

(2)倒珊瑚。这种珊瑚已停止生长,但其骨髓结构尚未受到海水侵蚀。质地仍然较致密,经抛磨后其光泽尚好,虫孔较小。

(3)死珊瑚。这种是已经死亡,并受到海水及微生物侵蚀较为严重的珊瑚,其机体结构已有一定的变化,表面有较多的虫孔。饰物光泽一般较差,常为低质珊瑚。

2. 颜色等级

对于红色珊瑚,我国工艺界常以颜色来定质估价。

(1)辣椒红。深红色的珊瑚,称为"辣椒红",而暗红色光泽较暗的则称"蜡烛红"。

(2)关公脸。大红色的关公脸质如鲜枣,属光泽良好的红珊瑚,颇似三国名将关云长关二爷的脸色。

(3)孩儿面。孩儿面的颜色为桃红色、粉红色,属质地细润而有光泽的红珊瑚,颇像婴幼儿的红润脸谱。

(4)白珊瑚。白色珊瑚除纯白色的品种有较高价值外,大都只能做低档饰物或通过优化处理后加工做工艺品。

(5)蓝珊瑚、黑珊瑚。这种珊瑚我国尚未出产,国际市场可见,也是一种高档品。

3. 红珊瑚质量分级

红珊瑚按颜色、光泽、质地、块度、做工五要素的质量优劣划分为五个级别(表4-23)。

表 4-23 红珊瑚质量分级

因素 级别	颜色	光泽	质地	块度或大小(原料)	做工(成品)
特级	深红、鲜红、色匀	很好、好	致密	大而完整,高度大于0.9m	独特、精细
一级	红色、鲜艳、较均匀	很好或好	较致密	块度较完整,高0.6~0.9m	精细
二级	粉红色,色不太均匀	好	致密,可有少量蛀洞	高度大于0.15m,块度不完整	规则
三级	浅红、橙红、褐红,色不匀	一般	有较多蛀洞	高小于0.15m,残缺、断枝	规则或不规则
级外	可呈不同色调红色,不均匀	较差或暗淡	有较多蛀洞	主要由各种残枝组成	较粗烂

六、贵金属首饰

当前市场上流通的贵金属首饰所使用的贵金属主要是金、银、铂和钯,以及它们与其他金属的合金。价值单位是元/g。

贵金属首饰的评价内容包括:标识、印记、外观、首饰质量及其中贵金属含量、制造工艺、加工质量,以及估价基准日的贵金属交易价格(表4-24)。

表4-24 2010年12月29日各地黄金、铂金饰品行情

城市	经销单位	黄金(元/g)		铂金(元/g)		
		足金	千足金	Pt900	Pt950	Pt990
北京	菜市口百货有限公司	330	338		465	485
上海	老庙黄金银楼	371.5	372		492	
余姚	凤祥金楼	365	365		495	
阜阳	星光珠宝城		378		482	
济南	齐鲁金店	368	368		488	
呼和浩特	内蒙古乾坤金店		355		428	458
无锡	无锡银楼	372+加工费	372+加工费	598	608	
南昌	亨得利珠宝行		372			476
保定	百花黄金珠宝有限公司		328		415	
武汉	金兰珠宝金行		378		506	526
	湖北省工艺美术服务部(晶钰首饰)	363	368		496	516
西安	西北金行		368	按件销售		
黄石	金凤凰珠宝		318		438	458
沈阳	沈阳荟华楼黄金珠宝首饰有限公司	335	345		448	
郑州	河南金星首饰行有限公司/金星银楼		320,330(品牌)		508	528
	金鑫珠宝	348	356		460	490
长春	吉林省宇泰金银珠宝有限公司		360		465	485
	银兴珠宝		360		465	
天津	百信珠宝和平路旗舰店		370		458	
邯郸	河北邯郸赵都金店		348		450	470
义乌	义乌中金黄金旗舰店		368		480	

以黄金首饰为例:
(1)纯金量(g)=含金的质量(g)×金的成色。
(2)黄金的价格(元)=纯金量(g)×黄金的牌价(元/g)。
(3)黄金首饰的零售价格=零售金价×金饰质量。

在香港,零售金价主要由基础金价(亦称饰金价)和手工费两部分构成。即:

$$零售价格=饰金价×饰金质量×2\%店佣+手工费。$$

所谓饰金价,是在国际金价的基础上加上一部分利润构成。

另外，贵金属饰品的价值，除了取决于市场价格外，贵金属饰品的款式设计和制造工艺也是重要的影响因素。在评估时应记住，没有任何一个价格来源是完整的，要经常考虑是否可以获得其他定价信息，特别是联络和接触业内人士，对评估工作最为重要。

七、镶嵌首饰

1. 品质评价

镶嵌首饰是由两种或两种以上材料组成，影响估价的因素较多，其中主要评价因素有：贵金属材料品种、含量和质量，珠宝玉石的品种、品质级别、质量和切工，首饰类型、款式、图案和风格，制作工艺、镶嵌方法和整体工艺水平和技巧，材料价格，加工费等。评估时都应一一详细描述。

镶嵌首饰的品质评价主要从宝石品质、贵金属托架品质、镶嵌工艺和款式设计诸方面来考虑。这些方面的评价在本书前面有关章节已做论述。

2. 饰品评价

对镶嵌饰品的价值评估，要综合考虑宝石的品质、贵金属品种及成色、款式与设计、制作工艺、饰品出处、市场需求以及销售企业的商誉等影响因素。其中，镶嵌的珠宝玉石和金银铂钯的估价，可通过查找有关报价表和市场销售记录来确定，而影响估价的其他因素（特别是设计风格和名人效应）则需认真分析研究。通常，设计独特的首饰比普通首饰的价值高出5%～15%，名师名匠和名牌的首饰比普通首饰的价值要高，有时可高达2/3的溢价。另外，首饰的出处，对其价值亦有不同程度的影响。如一条由 Tiffany Schlumberger 设计制作并有其签名的镶宝手链，在香港苏富比的估价为 20 000～25 000 美元。清代一枚翡翠螭龙璧佩，在中国嘉德1997年春季拍卖会上以209万元人民币成交。

3. 评估报告

对成品饰品的评估报告的论述，应包括以下内容：

(1)款式与种类。

(2)金属与宝石的品种和印记。

(3)制作方法与工艺水平。

(4)设计风格与技术特点。

(5)饰品状况。

八、古董饰品

古董，乃人类物质文明与精神文明双重凝结的文化遗存。古董具有丰厚的文化内涵和不可限量的经济价值，数千年来一直为官方和民间所收藏、传存，是一种高雅的精神追求。人类的文明程度越高，社会的物质财富越丰富，收藏之风便越盛。

古董饰品是人类文化遗存之一，它包括古董珠宝和古董金属的首饰与摆件。它们都有较长的历史，并具有一定的历史价值和文化艺术价值。

古董的定义，各国不一。欧美国家规定其历史在100年以上，我国过去定其年代为清朝乾隆(1795年)以前，现在一般理解为中华民国(1911年)以前加工生产的物品。

1. 古董出处

具有不同功用的古董出处归为两类，其一是从古代墓葬中发掘出来的陪葬物品，简称出土古董（文物）；其二是社会上世代流传的传世物品（古玩）。现代市场上的传世工艺品，有些可能是过去的出土文物，有些是过去的或现代的仿古物品。

出土古董，是指人类古代采用一定方式对死者进行埋葬时的随葬品。发掘古墓葬往往出土一些有历史价值的较高的珍贵文物。这是探讨不同时代、地区和社会阶层之间埋葬习俗以及所属时代生活状况的重要实物资料。

中国的古墓葬分布很广，最早的见于旧石器时代的北京周口店遗址。新石器时代已知有一定的墓葬约1.3万余座，其中70%以上分布在黄河流域。年代较早的新石器时代墓葬，一般墓坑小而浅，墓葬排列有序，多为单人葬，未见葬具，随葬器物数量不多，彼此无明显差别。到了晚期，发现采用木质葬具的大墓，有的随葬上百件陶器，有的随葬较多的玉器，表明墓主生前占有大量财富，这些大墓从不同程度上（仰韶文化、红山文化、良渚文化等）显示了中国古代文明的曙光。商周时代墓葬多为中小型墓葬，并有严格等级之分。奴隶主上层贵族的墓室大，有墓道，使用多种棺椁，地面上有祭祀的建筑，随葬品十分丰富，如殷墟妇好墓出土铜器和玉器各有数百件。春秋战国墓葬主要位于都城或城市附近，大墓上部都有高大的夯筑坟丘，有的还建造宏大的"享堂"，身份高的贵族墓葬，随葬成套的青铜器、乐器和车马器。秦汉及其以后的帝陵，除元代不留坟冢无遗迹可寻外，其余各代大都地望明确。著名的西安秦始皇陵兵马俑、三门峡虢国墓车马坑、陕西西汉十一陵、北邙山下南北朝、关中平原唐代十八陵、巩县北宋八陵、北京明十三陵等，各有特色。明清两代的陵寝制度有较大变化，坟冢不再是覆斗形，改为平面圆形前建方城明楼的宝城宝顶式。

从汉代开始，黄河流域和北方地区的一般墓葬，多为建构简单的土洞墓，同时出现几种新的墓制：空心砖墓（西汉）、砖室墓（东汉）、画像石墓（南阳、密县打虎亭）。此外，还有四川乐山的崖墓、川南的悬棺葬等。随葬器物，西汉中期开始在日常器物之外增添陶质明器，东汉明器种类和数量更多。从南北朝开始，又随葬大量的仪仗俑和伎俑，并置放方形石质墓志，盛唐时期常用三彩陶俑，宋代以后多随葬瓷器。

2. 古董价值

古董之所以成为人类高雅的精神追求，是由其中丰厚的文化内涵和不可限量的经济价值所决定的。文物的价值是客观的，是文物本身所固有的。总的来说，文物主要有历史价值、艺术价值和科学价值。文物价值的具体体现是其对社会所起的教育作用、借鉴作用和为科学研究提供资料的作用。文物具有时代特征，它从不同侧面反映了当时社会的生产力、生产关系、经济基础、上层建筑以及社会生活和自然环境的状况。各类文物的产生、发展和变化过程，反映了社会的变革、科学的进步，以及人们物质生活和精神生活的发展变化。总的来说，文物是帮助人们认识和恢复历史本来面貌的重要依据，特别是对没有文字记载的人类远古历史，它成了人们了解、认识这一历史阶段人类生活和社会发展的主要依据。

由于古董的来源不同，其意义、特征，尤其是它们的价值，都有一定的差别。

出土古董的历史与人类的历史一样古老。它可分为逝者生前心爱或象征其宗教意识及社会身份而同葬的主动墓葬品和因偶然原因而散落地下的被动埋葬品两类。前者最有文化价值和科学研究价值，后者在发掘时较难分辨其准确的时代特征和意义。

传世古董（古玩）的价值评价要比出土古董复杂。首先是其来源较难确定，并在流传过程中多被改造；其次古董在流传过程中，会因易主或保存不当而产生"文化"增值或工艺"形制"的损害，从而增加评估难度；再次是仿制品较多，难辨真伪。因此，传世品的文化价值和科学价值变化很大。

3. 古董鉴定

科学的鉴定是对人类历史文化遗存物评估的首要任务,是文物管理工作的基础和技术前提。

古董鉴定方法很多,考古学家常将其归纳为3种:

(1)分类。分类是把混杂相间的各种文物分为互相排斥、互不相容的不同类别。分类过程也是鉴定的一个步骤。

分类往往与定义相联系。按定义公式:属＋种差＝定义,可将古董分为青铜器、玉器、金银器、瓷(陶)器等。

(2)类比。类比是文物鉴定常用的一种认识文物特征的方法,是在混杂的古董中找出相似之处,如造型、纹饰、铭文、工艺、着色等,与已知标准物加以对照,从而确定与标准物的异同,作出定性判断。

(3)辨识。评估师以其实际经验,用调查、考证和科学检验等不同方法,按鉴定对象及其同类品的规律,考察文物的本质,通过理论思维(如分析综合、逻辑推理等)、概括和抽象的作用,形成关于对被评估物的认识,辨识真伪。

古董鉴定,特别是对古董珠宝的鉴定,不仅仅局限于辨别真伪(今仿古或古仿古),还应对其材质和表面处理及沁色特征予以充分鉴评。除一般的常规鉴定外,常可借助诸如X射线仪、X荧光光谱仪、红外光谱仪、拉曼光谱仪等仪器分析来完成。

1) 材质鉴定。古董饰品的材质主要是珠宝玉石和金银铜铁等,关于材质鉴定标准,详见第一章有关论述。

在我国,古董中的珠宝玉石,以玉石为主,特别是和田玉、岫玉、绿松石、玛瑙较多,其次是汉白玉、玻璃、独山玉和密玉等。有机宝石中主要有珍珠、象牙,次为琥珀、龟甲、贝壳等。晶体宝石甚少,而且绝大部分为异国输入。贵金属成分无损检测可用X荧光光谱仪分析,用红外光谱仪检测宝玉石是最有效快速的方法。

2) 饰品质量检验。对古董饰品的质量检验,可按本书第二章和第三章所列技术标准予以评价,特别是加工工艺和造型纹饰,是古董价值评估的重要依据。

3) 古董表象鉴定。古董表象鉴定包括两部分,一是表面处理,二是沁色。

表面处理的鉴定,主要是辨识仿古伪作。在我国仿古玉作已有两千余年历史,春秋时期的河南光山黄君孟墓葬品蛇身人首玉饰就具有浓厚的商代遗风,《新唐书·柳浑传》云:"玉人为帝做玉带。帝识不类,掷之,工人伏罪",确证唐代仿古伪作亦然。而大量仿古玉作从宋代开始,元承宋风,清代尤甚。仿古玉器制作可分为两类,一类是以古件(图谱、器物)为鉴制作,另一类是仿古伪作(改造、伪造)。但凡民国前的仿古器物,均称古董,或曰古玩。

a. 表面处理。表面处理常见的有改色和改制两种。前者有涂色、染色、热－辐照、激光电镀及异物加注等;后者有加款、刻纹、翻新、分解、修整、镶嵌、拼合、添补和致残(砣碾、砂磋、敲击)等。上述处理技法的鉴定,请参阅第一章有关论述。

b. 沁色。古董饰品,无论玉器抑或金银器,在新的环境条件下,将发生物理－化学变化,使其颜色或结构得以改变,玉器之变均称"沁色",金银器的称之为"锈色"。就色彩而论,有黄色(土沁,曰玵黄)、白色(水沁)、绿色(铜沁,曰鹦哥绿)、紫红色(血沁,曰枣皮红)、红色(石灰沁,曰孩儿面)、黑色(水银沁)、褐色(铁沁)、蓝色(靛青沁,曰青)。

无论是沁色,还是锈色,致色原因有二,一是自然形成的,一是人工所为。随着时代不同,人工致色手段和方法更加复杂,与天然致色更难鉴别。

玉器材质结构变化,习称"鸡骨白",经鉴定,矿物成分尚未发生变化。金属材料结构变化,称"锈蚀",通常情况下,黄金饰品不易锈蚀,银易氧化变黑。

4. 古董玉器断代

只有弄清楚被评估物制作年代(时代),才能把它放到一定的历史环境中去研究,揭示其历史地位和价值。目前断代的方法是地层法和类比法,并借助同位素测年技术来完成。概括起来,断代工作可从如下几个方面展开:

(1)材料断代。在人类社会发展过程中,不同时代、不同地域、不同种族,古董所用的原材料是不同的。故可以此推断其制作时代。

在中国,新石器时期,山东大汶口文化和龙山文化,玉器多以质地细腻、不透明、光泽温润的长石为原料;江浙地区的良渚文化,以浅绿色、带有云母状闪亮斑点的软玉为主要原料;东北地区的红山文化则以岫岩玉为主要原料;分布在四川成都地区的广汉文化早期玉器,大量使用一种质地细腻带有斑纹的岩石和另一种质地较软表面呈灰黑色的沉积岩为材料。这些不同地区不同文化的玉材虽然不同,但都重视材料的质地、色泽、纹理、光亮等特征。商代玉器,玉材多样,有岫岩玉、独山玉,还有少量和田玉种(透闪石-阳起石类玉)。春秋战国时期,玉器用材非常复杂,但和田玉用量明显增加。汉代张骞通西域后,新疆和田玉大量进入中原地区,同时还有蓝田玉。汉以后,和田玉是玉雕主要用料,宋代出现了较多的玛瑙器,清代又较多地使用了翡翠(表4-25)。

表4-25 各时代的玉石品种

时 代	玉石品种
新石器时代	玉石不分。闪石类玉石中有小部分青玉、黄玉、墨玉、灰白玉;少量的绿松石、玛瑙、水晶、岫玉
商周	闪石类玉石中多青玉,也有白玉、墨玉;独山玉、岫玉、绿松石、玛瑙、水晶
春秋战国	闪石类玉石中多青玉、黄玉,白玉少见;独山玉、岫玉较多,有少量绿松石、玛瑙、水晶
汉	白玉兴盛,新疆玉开始占上风,地方性玉石减少
唐	除青玉、黄玉外,白玉很多,新疆和田玉最多
宋元	多青玉、白玉,有墨玉、玛瑙等
明清	以新疆和田玉为主,常见青玉、绿松石及翡翠、青金石和各种宝石

(2)器型断代。不同地域、不同时代的古董器型,因受当时生产力发展水平、社会文化形态及民族风俗习惯的影响,其器型类别、大小及设计风格均有很大差异。如东北地区的红山文化期、太湖地区的良渚文化期和黄河中下游仰韶文化期的古物,各自具有不同器型和风格。因此,根据其器型及其含义就可对其制作时代进行判断(表4-26)。

1)新石器时期。大汶口文化期出土有玉铲、玉指环、玉琀、玉镯、玉璧、玉坠;红山文化期玉器中,玉龙、双龙首璜、兽首形玦、卷云纹玉佩、马蹄形玉箍为其代表器型,尤其是兽首形玦对当时及后世都有影响;龙山文化玉器出于山东、河南、陕西三处,出土玉器较多,其中璇玑和玉质生产工具颇具特色,玉锛上的饕餮纹应是商代铜器饕餮纹的祖型;良渚文化玉器为制作精美的玉璧、玉琮、玉钺、玉冠饰、三叉形器、漆镶玉、高柄杯、璜、管、玦、鸟、鱼、蛙、蝉、龟、带钩等。

表 4-26　不同时代玉礼器器形

特征\名称\时代	璧	环	圭	璜	含玉	握玉
新石器时代	器型简单,内外圆不规则,好肉比例不一,厚度不均,素面无纹饰	器型简单,内外圆不规则,好肉比例不统一,厚度不均,素面无纹饰	器型不规整,多为长方片状,有的顶部微隆起,素面	两端钻孔,似虹,不规整,多素面	少而不规则	无
商周	多弦纹,其他同上	同上	同上	较规整,多由璧、环类裁制,多素面,可见龙、螭等形状	圆形、蝉形或不规则玉玦	无
春秋战国	器型复杂、规整,多饰谷纹、蒲纹,间有螭纹、龙凤纹、云纹,出廓较矮	纹饰简单,无出廓	规范,长方身、尖顶、素面,个别有纹饰	多双龙连体、双螭连体,规整而多纹饰,出现镂雕	多见蝉形	少见
汉	规整、精致,谷纹较疏,出廓交穿似三角形,常见吉祥文字,厚度较薄	纹饰简单,无出廓	同上	更规整、精致,在内缘常见类似璧出廓的装饰,常见镂雕	流行蝉形	多猪形,雕琢简练,典型的"汉八刀"
唐	不多	少	极少	罕见	较少见	少见
宋元	不多	少	极少	基本没有	较少见	无
明	不多	少	形状仿汉,体积较大,多饰乳钉、海水、谷纹等	不常见	较少见	无
清	不多	少	精致、规整、名目繁多,多为臆造	不常见	较少见	无

2) 夏商周时期。夏代玉器有玉琮、玉圭、玉璋;商代早期薄片兵刃器最多,如玉戈、玉刀、玉柄形器及圆筒状玉琮,商代晚期玉器种类增多,装饰性加强,主要是玉礼器、生产工具、佩饰、用具、兵器等,玉佩有玦、璜、环、瑗、蝉、兽形饰、柄形器、玉带钩、玉管、玉牛、玉龟、玉鹿等形配件,特别是玉版甲子表、玉人等;周代素面和片状玉器大量增加,如玉幎目、玉组佩、玉琮等,玉鱼则继承了红山文化特点。

3) 春秋战国。春秋时期玉器既有时代共性,又在器型和纹饰上各具特点,如玉璧、玉琥、玉璜、玉佩饰等引入了精神道德的理念,佩玉成为当时重要的一个类别;战国时期玉器发展于春秋基础,佩玉多而礼器少,新品种出现较多,其特点是玉质优良、琢技精湛、龙形地位突出、风格统一、使用范围扩大。战国早期仍保留西周遗风;河南省辉县出土的大玉璜、洛阳玉耳环、玉桃形杯、金凤饰玉卮等,是战国中晚期玉器的代表。

该时期的金银器,多为服饰品,器皿不多,金箔色泽鲜艳明亮,包贴在非金属器物上,银箔片发现较少。洛阳出土有嵌玉金带钩、银杯,辉县出土有包金嵌玉银带钩、银泡等。

4) 秦汉时代。秦汉继承了战国传统并有所变化和发展。礼仪性的玉器减少,佩饰及玉佩种类趋于简化,葬玉显著增加,日用品及装饰品也有较大发展。以功能与用途可分为日用品

(高足杯、角形杯、带托高足杯、盒、枕、带钩、印章等)、装饰品(佩玉、玉饰)、艺术品(辟邪、奔马、小动物、玉屏)、辟邪用玉(刚卯、玉人)、礼仪用玉(璧、圭)、丧葬用玉(玉衣、玉九窍塞、玉琀、握玉)等。

秦代金银器不多,仅见于铜车上的金当卢、金泡、银项圈等。汉代铸造金饼、马蹄金投入流通领域,并发明了金粒焊接工艺,定县出土有龙角上镶绿松石红宝石的金龙头。

5)隋唐时代。隋炀帝荒诞腐败,玉器生产无大改观,出土玉器有金口玉盏、白玉钗、水晶珠、菱形云头饰和玉梳背饰。唐初用隋礼,玉器出土不多,标准器少,主要有官员用玉(玉带板)、佛教用玉(玉飞天)、玉器皿(青玉四逸图椭圆杯、扁耳瓜棱杯、流云纹单柄杯)、玉佩与装饰(多用狻猊、鹿、寿带、凤等祥瑞性禽兽图案)和畋猎玉(青玉扁耳瓜菱形杯)。唐代玉器重在表现神韵,善于采取夸张手法突出形象的关键部位。

唐代金银器中金花银盘最为有名,银盘上錾刻或模冲花纹全部涂金,形成白底黄花,在形制与装饰方向不同程度地接受了波斯萨珊、印度、粟特等方面的影响。

6)宋元玉器。宋代玉器与政治生活和世俗生活密切相结合,仿古玉兴起。宋仿古玉,都是有本而成,依古物或图谱仿制,目的是仿效前人的礼仪和欣赏前代的艺术,与后世的恶性仿制、追求利润不可同日而语。因此,宋代玉器不仅有较高的工艺价值,而且是鉴定传世古玉的标准器。

元代玉器是在宋、金玉器基础上发展起来的,在造型与纹饰上有自己的特色。仿古玉多,"春水"、"秋山"玉继续生产,并出现了玉帽顶、玉押等新品种。

宋代金银器多出自窖藏,宋元金银器多为饰件,银器多为生活及宗教用品,并且金银器制作趋于商品化。

7)明清玉器。明清玉器渐渐脱离宋元玉器形神兼备的艺术传统,形成了追求精雕细琢装饰美的艺术风格,并为收藏玩赏古玉之风大量制造伪赝古玉器。明代特色品种主要有礼器玉、仿古玉和佩玉三大类,器物有白玉带饰、青玉觚、青玉圭、玉合卺杯等。文人风画对玉器有很大影响。

清朝是中国玉器鼎盛期,道光后则气势减退。清代玉器可分3期:早期(顺治、康熙、雍正三朝)为励精图治阶段,和田玉进入不多,器型袭明代路数,玉业萧条,产量很少,但出土的康熙时玉砚、雍正款玉杯、玉环套等却表现出此期玉器精致典雅的特点。中期(乾隆、嘉庆)玉器达历史顶峰,选材严格、名工荟萃、题材广泛、技术全面,以显文韬武略,尊崇儒教。和田玉大量应用,玉肆繁盛,"大禹治水玉山"、"王寿山"、"五福海"是其代表作,痕玉之风亦进入内廷仿制。晚期(道光、宣统)为衰退期,突出的是仿古玉生产,咸丰之后片状玉器增多(表4-27)。

(3)工艺断代。古代制作的金银饰品、珠宝饰品及玉石饰品,在不同时代、不同地域,其制作工艺(切磨、雕刻、镶嵌、纹饰、形制风格)有所不同。尤其是纹饰,是当时社会工艺水平与艺术风格最直接的表现特征。根据这些特殊的"表象"可断其制作时代。

1)新石器时代。红山文化期玉器的特征是,简洁朴实、技艺娴熟,线刻只在细部刻划,没有较复杂的纹饰,碾压出凹槽,穿孔多为磨棱穿孔或实心钻。良渚文化期,切片是旋转的圆盘切割的原始砣机,出现了镂空技法,还熟练运用钻孔、隐起、阴刻方法,增加了纹饰的变化,如羽冠神人兽面纹。

2)夏商周时代。夏代玉器工艺主要体现在开片、磋磨及阴刻线上,并不留下加工痕迹,刻划细线既平且直,砣具的运用已较熟练。商代青铜砣具的形成,使玉器制作水平得到了极大提高,在纹饰上,商代早期以素面的为多,纹饰简单,多为直线纹,少有兽面纹及随形动物纹。到了晚期,玉器种类增多,装饰性加强,纹饰多姿多彩,较为流行的有几何纹、动物及饕餮纹、雷纹、目纹等,不同的玉器所用纹饰有程式化的倾向,不少器物的曲线以断直线做成。技法上,双阴线并列形成一种阳线,效果十分强烈。钻孔方面,较有特色的对钻孔大量使用,动物口部以多次钻孔凿磨而成,结果呈犬牙交错状,造型拙朴,也有圆熟作品。西周玉器特色是素面和片状的玉器大量增加,加工技法最突出的是一面坡技术。纹饰较少,主要有鸟纹、龙纹、兽纹、人纹、重环纹。相对于商代而言,阴刻弧线较多也较细,而且多用于纹饰细部的精心刻划,双阴线和阳线使用频繁。

表 4-27 不同时代玉饰器型

特征\名称\时代	玉玦	玉带	刚卯	瑱	杂佩	摆件
新石器时代	素面,或简单纹,玦口大,厚而不规则	无	无	形制没有太大的变化,以东周到汉代最为常见,其基本形制为梯形圆柱体,或上端尖的圆形柱体,中间均内凹束腰	形制不定,需参考风格、纹饰、工艺等方面综合分析	无
商周	厚而规整,有纹饰,常见龙螭卷曲形	无	无			可能有
春秋战国	小而精致,缺口窄细,玦体薄,多纹饰					可能有
汉	同上	无	四方柱体,每面均有文字			有
唐	无	带板厚,多雕人物花鸟,胡人形象最多	无			始于唐,盛于明,以清代最多,一般现存的摆件大部分都是清代的,其中仅有个别的有汉代物,极少见
宋元	无	龙纹较多,带板数量增加,最多的达25块	无			
明	无	带板数量不定,结构多变,多用多层镂空	无			
清	无	极少见	无			

3)春秋战国时代。春秋玉器的技法是片状玉器较多,钻孔技术较发达。由纹饰的对称发展至器形的对称,出现了组合玉器。隐起纹饰大量出现渐渐取代了一面坡的技法。其纹饰由西周嬗变而成,较西周纹饰而言,则显得复杂多样,常见细密纹饰布满器身。

战国玉器纹饰多样而且多变,主要纹饰有云纹、谷纹、雷纹、柿蒂纹、蒲纹、绳纹、"S"形纹、龙纹、凤纹、鸟纹、兽纹等,相同的器物有不同的纹饰,即使同一地区也有这种情况。在琢玉技法上,早期继承了春秋的做工,纹饰上一般使用透雕、平面雕刻、隐起等多种手法,而中后期侧重于隐起法的应用,器物的边缘锋利、硬朗,注意对称。活环技术熟练,琢玉水平有了长足的进步,如辉县魏国墓出土的琵琶形包金镶玉银带钩、洛阳金村的金链玉佩等金属细工与玉作的结合,对广为后世所称道的"金镶玉"有深远的影响。

春秋战国时期,金银器制作工艺,在玉器、铜器上都有错金银、鎏金银的装饰,许多漆器上还有金银扣饰、包金碗、镂花银片、几何纹金箔。

4)汉代。汉代琢玉技术与同期石雕密切相关,其特点有二:一是有细腻和粗犷两种路数,细腻者线条流畅、转侧自然、刻划生动逼真,而粗犷一路即所谓"汉八刀";二是细若游丝的"游丝毛刀",装饰细丝用砣具修刻而成。

东汉在琢磨方面更加精益求精,镂空技术突出,但缺少一种蓬勃气势。纹饰上的乳丁纹可能是由谷纹变化而来。

汉代金银器制作工艺有钣金、浇铸、捶、揲、錾刻、压印、扭丝、焊接、镶嵌等技巧和圆雕与浮雕相结合的艺术表现手法,将金饰件塑造成形态生动的各种鸟兽形象,富有浓郁的游牧生活气息和独特的民族风格。

5) 三国、两晋、南北朝。此时期社会动乱,玉业衰败。由于佛教传入,魏晋南北朝的纹饰造型也稍有不同,出现了新的十字云纹;琢玉技法衰落,圆雕极少,多为平面阴刻。

三国两晋时期,中原战乱,仅在安阳出土了银镯、金银戒指、臂钏、银指环等,而在南方金银器较多,金花饰物在东晋金银器物中最具特色。北魏出土的金戒指面上有小动物,制作工艺受到外来影响;东魏出土一枚金戒指上镶嵌青金石,中心以联珠围绕一鹿纹;北齐出土一件镂空金饰,并嵌有珍珠、玛瑙、蓝宝石、绿松石和玻璃等,构成华美图案,颇为罕见;北周制造有镶青金石环状金戒指,特别是鎏金刻花银壶,其纹饰图案有着浓郁的罗马风格。魏晋南北朝时期金银器特点是饰物为主,容器少见,西亚输入较多,形制与工艺受西方的影响,并对隋唐也有较强的影响。

6) 隋唐至明代。隋唐时期金银器盛行,玉业无大改观,金银细工与白玉相结合最能代表时代特征。唐贞元间礼制的建立健全,使玉器生产得以发展。佛教题材"玉飞天"的出现开拓了玉器纹饰新领域,最典型的是花叶形纹饰,大花大叶,叶片上常有较细的阴刻线,花叶纹多饰于梳背、粉盒。胡人伎乐、献宝与卷草纹,具有异国风情;云纹也几乎全变成了卷云纹,还有兽面纹、螭纹、鹿纹、龙纹等。唐代平面雕刻技法有二:一是剔地碾刻,细部加阴刻纹(如青玉流云杯);一是阴刻,阴线有宽有细,宽的深,可示枝叶的叠压等,细的浅,如龙身的鳞纹。值得重视的是一些玉带銙的碾琢方法,平地起凹,剔地,使带銙表面成为"池面",面上是平的,而纹饰却有隐起的效果。

唐代金银器造型精美,工艺复杂精细,已普遍采用镀金、浇铸、焊接、切削、抛光、铆、镂等工艺。在器物成型方面除铸造以外,多用锤击成型法,在形制与装饰方面不同程度地接受了波斯、印度等方面的影响,装饰图案以几何形与写生形两种而著称。纹样也有其自身的演化规律(分四期),如龙的形象:早期胸脯高耸、体态粗壮,而晚期胸脯较小、体形纤细。

宋代玉器得以发展,表现在理学对玉业的影响和仿古玉的兴起。由于时作与仿古并行发展,宋代纹饰变得复杂多样,如兽面纹,既有仿汉的兽面纹,又有唐以来的带放射状细阴刻线的兽面纹。新出现的有龙穿花纹、绶带鸟纹、灵芝云纹,还有云雁纹、孔雀纹、荷叶龟巢纹、竹节纹、鹤纹、鱼纹,都富有新意。宋人治玉,称"碾",有唐代遗风,平地起刀,用剔地法碾琢隐起样的纹饰。宋玉最大特点是镂空技艺广泛使用,技术娴熟,写实性很强,明显受到宋代绘画的影响。

元代玉器纹饰中最常见的是春水玉的鹘攫天鹅纹,秋山玉的"伏虎林"、龙纹、螭纹、云纹、鸟纹、花卉纹等,每一种纹饰都有其时代的特征。元代治玉兴俏色,细阴刻线排列紧凑,密而不乱。深雕细磨的方法也是元玉特色。

宋元金银器器形设计构思巧妙,富有灵活性与创造性,同一器物的造型还往往显示有多种不同的形制,装饰花纹多按照器物造型构图并采用新兴的立体装饰,浮雕形凸花工艺和镂雕为主的装饰技法,使器物具有鲜明的立体感和真实感。纹饰有花卉瓜果、鸟兽鱼虫、人物故事、亭台楼阁及錾刻诗词5类。除器物上有年款或标记外,多数打印金银匠商号名记的款式,表明宋元金银器制作的商业化。

中国青铜器最早仿制始于北宋,仿制是对古代文化的尊重和仰慕,与后世蓄意作伪有严格区别,如大晟编钟的形制取法于当时出土的春秋晚期宋公成钟等。

明代玉器纹饰取材于青铜器、金银器等,掏膛技术得到了广泛地应用和提高。纹饰题材多样,有云龙纹、人物、动物、双鱼等,多层镂雕、内外相错,有"双明透"之称。陆子刚是明代中晚期著名治玉大师,操刀雕刻,作品深受欢迎。

7) 清代玉器工艺。清代金石学发达,工艺水平日臻精致,精品迭出。清早期玉器大致可分为宫廷玉器和民间玉器两种。中期玉器纹饰题材十分广泛,既有传统的松、竹、梅、蟠螭、云纹,也有象征吉祥喜庆的羊、蝙蝠、寿桃、象、御制诗文、暗八仙、佛祖、观音、罗汉、百子图、和合二仙等。龙纹变化具时代特征,即颊瘦眼更明,身子更灵活,胫骨后的凹槽更明显,腿毛也较多。琢玉技术水平极高,阴线、阳线、隐起、镂空等技术已十分全面,而且多种技法的结合使用,已达到随心所欲的地步。

咸丰之后,片状玉器增多,粗而短的阴刻线多,加工时进刀很深,不仅粗糙,而且技法单一,没有什么艺术性。至此,清代玉器的悲怆乐声画上了休止符。

8) 图腾龙纹演变。在纹饰图案中,最具特色的是龙纹的差异。龙是中国人传统的崇拜物和吉祥物。中国人把自己喻为"龙的传人"。在古代中国各民族中有许多各自的图腾,但龙却是衍生在中华大地上的人们的共同的图腾,因此,龙在各类器物上被广泛地用作纹饰。中国古代玉器上最早出现的龙,是距今5 000年的红山文化玉龙——玦形猪龙,其最大特点是在鬣部有一道圆滑的凹槽(图4-1)。在距今约4 000年的洛阳盆地东部的偃师二里沟村夏代都城遗址三号墓葬中出土了一只大型绿松石龙形器,由200余片各种形状的绿松石片组成长64.5cm的龙身,极为神秘奢华,堪称"超级国宝"。如媒体所述"当你面对它时,会感到一切丰富的想象与推断都变得黯然失色。当你从上面俯视这条龙时,感觉它分明正在游动。当你贴近它硕大的头与其对视时,它那嵌以白玉的双眼也在瞪着你,仿佛催你读出它的身份。"这条"浮出水面"的巨龙可作为解读与其一起出土的镶嵌绿松石铜牌饰纹饰的一把钥匙。商代龙纹较多,按形制可分早、中、晚3期。早期龙形玉多为扁平薄片状,单足,头大、身粗短,尾细尖,头有独角,角形状如麻姑,"臣"字眼,素身无纹饰;中、晚期,薄片龙减少,代之以圆雕龙并出现璜形龙,体身变长,头缩小形如虎,角倾斜或趴伏于头后,龙身出现阴刻重环纹、云雷纹、回纹等(图4-2)。

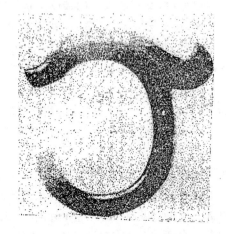

图4-1 红山文化玉龙

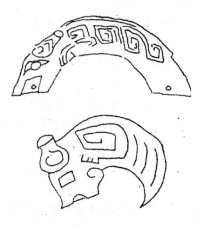

图4-2 商代龙纹

西周玉龙特点是龙角为蘷形角,"臣"字眼两端带很长的勾形线,体不露足,周身纹饰繁复华丽,线条流畅,弧线较多。另外出现对称的连体璜形龙(图4-3)。春秋战国时期玉龙摆脱前期玉龙的特点,向近代龙形靠拢,麻姑角消失,代之飘飞而上扬的蘷角,再到分叉飘卷的云冠状,"臣"字眼消失,出现单线或双线阴刻的纯圆或方圆的眼形。到战国时玉龙发展成为凤眼和杏核眼,双眼皮,云朵状龙耳,龙身转化为多变的"S"形,基本形状是勾首、凸腹、卷尾。龙身上纹饰也有很大变化,春秋时出现蟠虺纹,蟠虺纹自成一组而构成连续图案;战国时出现了满而密的凸起谷纹,后期又加饰蒲纹地,此外还有勾云纹等各种变化的云纹,在头部口露牙,下唇呈斧形(图4-4)。

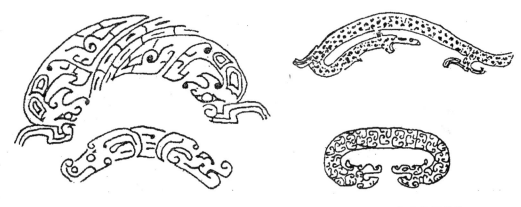

图4-3 西周龙纹　　　　图4-4 春秋战国龙纹

汉代玉龙虽与战国时有相似之处,但头部变长如马头状,角尖分叉,一叉粗平,一叉尖细。纹饰排列疏松,谷纹磨工好,摸之有扎身感。东汉龙身出现飞翼,并刻有细毛纹,在龙背上刻有相对数个双线纹表示肋骨(图4-5)。进入唐代,龙为双角,形如鹿角,角从鼻梁处长出,嘴部极长,嘴角一直向后延伸过眼角,下颚部出现髯,口中有舌;龙身无纹饰,或素面,或有鳞;四肢细长,后腿特长,粗壮有力并带有勾毛,前腿处有带状飞翼;爪有三,少有四,爪尖锐利,虬劲有力,秃尾,个别龙背有脊鳍,龙形与现在十分相似(图4-6)。

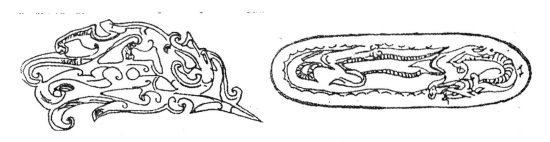

图4-5 汉代玉龙　　　　图4-6 唐代玉龙

宋代龙与唐龙很像,区别仅在于嘴角向后延伸不超过眼角,脊鳍大而多,眉毛突出,爪粗长,前爪往往抓紧如三叶莲瓣,出现扇形鳞(图4-7)。元、明、清三代的龙形基本相似,差别细微。元龙头髯呈前冲型,并有独特的三股发髯,眼很凹,与眉毛很近,腿关节有勾云纹,小腿有数道横线,爪多为3个,尾呈火焰尾(图4-8)。

图 4-7　宋代龙纹　　　　　　图 4-8　元代青玉龙纹饰

明龙脸部刻划很深,鼻端有如意云饰,小腿细瘦,爪以四、五为多,尾部髯毛如枪缨状(图4-9)。清龙的最大特点是龙发蓬乱,发须不分,眉毛成锯齿状,角粗壮分叉,尾行多样(图4-10)。不同时代龙形纹饰有所变化,而且龙眼也有变化(图4-11)。

(4)史料断代。一些具有重要艺术价值和历史文化意义的大型传世之宝,往往都有历史文献的记载和描述,这对断代提供了重要参考价值。如由独山玉制作的大型玉雕作品"渎山大玉

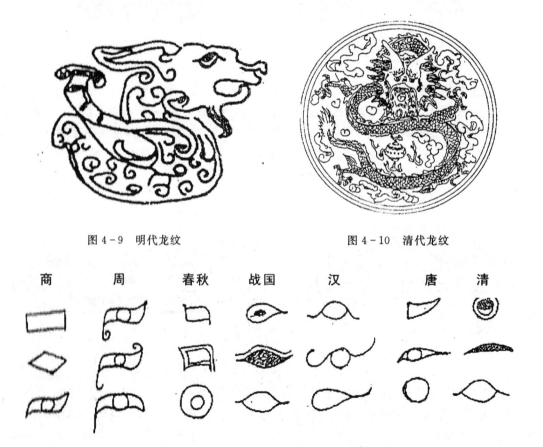

图 4-9　明代龙纹　　　　　　图 4-10　清代龙纹

图 4-11　历代龙眼

海",虽经数百年沧桑巨变,因其制作过程及工艺特征的史载甚详,人们很易断其年代为元朝制品。但现存品,已是由清朝乾隆帝改造过的古玉器。

(5)测年断代。利用同位素质谱分析仪对古董进行年代测定,如 ^{14}C 测年、铀系测年及热发光测年等技术。

(6)旁证断代。对于一些无法根据其本身特征进行断代的古董,可以以墓葬的其他古董文物为其主要参考物,作为断代佐证。

古董断代是非常复杂的,需要综合分析。时至今日,仍有许多古物为历史悬案,有待后人解读。

5. 古董评价

对历史遗存的珠宝首饰的评估要比现在饰品评估复杂得多,往往极为困难,因为古董种类繁多而数量稀少;来源广泛而历史复杂;材形离奇而工艺怪异;锈蚀多变而残损伤容;仿古盛行而历史传承。因此,古董评估具有普遍的"模糊"性。评估内容与步骤如下。

(1)质量评价。古董质量是决定古董价值的物质基础和内在品级。古董质量的评价要素主要是制作年代及其可靠性,材料种类及其质量品级,题材形制与工艺水平,存世类型及其经历,完美性及其稀有程度等。只要掌握了玉器鉴定的技能,就可把握玉器经济评估的各种要素。

(2)价值评估。在对古董质量评价基础上,根据被评估物的类别、品种、内部特征、外部特征、存世历史、真伪孤众及有关拍卖纪录,与参考物或对照物进行比较,采用市场比较法(也只能采用此法)予以价值评估和估价。

评估时,重点是寻找工艺特征和质量相近的参考物的价格资料,根据市场级别和市场需求,进行深入研究,综合分析。至于市场上的具体价格,则是经常浮动不定的,不能一言以蔽之。

古董的价值主要取决于其历史文化价值,而与古董本身的内在质量常无必然联系。但对于同时代的古董来说,其内在质量和工艺水平不同,其拍卖成交价是有贵贱之分的(表 4 - 28)。

表 4 - 28 古董拍卖纪录(2007 年)

时代	古董名称	规格(cm)	拍卖地点	估价(万元)	成交价(万元)
新石器	兽面纹玉圭	长 15.5	中拍国际	10~15	5.50
红山文化	玉猪首龙形佩	高 7.4	北京瀚海	120~160	156.800
良渚文化	玉镯	直径 6.7	北京瀚海	8~10	11.200
龙山文化	黄玉琮	高 2.7	北京瀚海	4~5	4.480
商代	商代玉凤	长 10、宽 5	崇源抢趣	100~150	142.025
商/周	玉鸟纹璜	长 8.3	北京瀚海	38~45	44.800
西周	镂空龙纹佩	长 6.5、宽 4.0	崇源抢趣	35~45	45.885
春秋	黄玉龙凤玉佩	长 8.3	诚铭国际	25~38	40.700
战国	蟠螭勾连谷纹璧戈	长 18.1	澳门中信	120~160	239.580
汉代	出廓螭龙璧	长 10.5	崇源抢趣	100~150	152.950
西汉	玉人(君王将相)	高 3.5	北京瀚海	60~70	69.440

续表 4-28

时代	古董名称	规格(cm)	拍卖地点	估价(万元)	成交价(万元)
辽代	白玉雕凤形佩	长5.7	北京荣宝	7~10	7.700
金/元	旧玉螭龙佩	高7.0	北京瀚海	6~8	6.720
元代	白玉镂雕牌子	长7.5	大唐国际	5~8	6.600
唐代	旧玉鹅衔莲花摆件	长5.2	北京瀚海	15~18	17.920
北宋	黄玉卧马	长8.8	匡时国际	20~30	38.080
宋/明	黄玉凤凰	长5.9	香港佳士得	15~20	34.912 5
明代	玉卧牛	长15.2	北京瀚海	6~8	19.040
元代	墨玉雕龙神	高5.1	天津文物	2.6	4.400
明末清初	骨白玉丁才两旺摆件	宽21.0	香港佳士得	15~20	28.072 5
晚清	翠玉扳指	宽3.1	香港佳士得	50~80	95.040
战国早期	原始大型空首布	极少、极美	中国嘉德	1.8~2.5	5.600
汉代	五珠条形铜质母花	极少、极美	中国嘉德	5.0~6.0	9.520
五代	"永通泉货"一枚	直径3.95	北京城轩	3.0~3.5	3.360
五代十国	后唐天成元宝	直径2.4	中国嘉德	3.5~5.0	5.824
北宋	靖康通宝真书折二	直径2.95	中国嘉德	40~60	72.800
南宋	大宋通宝当拾	直径5.2	中国嘉德	35~50	39.200
金代	天眷通宝真书折二	直径3.0	中国嘉德	40~80	134.400
元代	至正之宝权钞伍分	直径4.2	中国嘉德	4~5	8.960
西汉	金饼一枚	直径6.2,重249g	北京诚轩	7.5~8.5	10.120
南宋	"十分金"陈二郎背"吕"拾两金铤一枚	重371g	北京诚轩	20~22	22.400
元代	束腰形拾两金琮一枚	重371g	北京诚轩	12~15	19.800
明代早期	一两金铤	重37g	中国嘉德	0.6~1.0	3.920
1907年	大清金币库平一两样币	重37.5g	中国嘉德	45~60	112.000
民国	孙中山像背嘉禾一元银币金质呈祥试铸币	极为珍罕,未使用,极难得	中国嘉德	200~300	616.000
1916年	袁世凯像中华帝国洪宪纪元飞龙银币金质样币一枚	重35.5g	北京诚轩	150~180	253 000
1923年	曹锟武装小型金币	完全未使用	中国嘉德	4.5~6.0	14.560
唐代	船形伍拾两银铤一枚		北京诚轩	10~15	15.680
南宋	全州宝佑二年淮西银五十两银		中国嘉德	13~18	14.560
金代	"明昌三年盐税"五十两银铤		中国嘉德	25~40	28.000
唐代	建中二年二月停减课科银五十两银铤	26.6cm×7.5cm 重2 100g	中国嘉德	16~20	33.600
明代	"永乐六年银做局"五十两银铤		中国嘉德	26~48	156.8
清代	大清银币贰角样币	未使用	中国嘉德	1~2.5	33.600
民国	民国二十一年孙中山像金本位银币一元样币		中国嘉德	50~80	95.200

续表 4-28

时代	古董名称	规格(cm)	拍卖地点	估价(万元)	成交价(万元)
商代	饕餮纹爵杯	高19.5,宽16.5	中国嘉德	30~40	33.600
西周	青铜窃曲瓦纹	高27.8	北京瀚海	90~100	100.800
明代	竹根并蒂佛手	高13.0	诚铭国际	35~50	37.500
清代	18世纪蔡时敏竹雕八仙		香港佳士得	180~200	348.4125
元代	彩绘木雕观音	高110	长风拍卖	80~120	89.6
明代	象牙雕观音坐像	高21.5	中国嘉德	70~90	123.20
清乾隆	象牙雕吹笙仕女像	高25.0	匡时国际	12~18	17.920
明代	犀角雕螭龙纹秋葵纹杯	高10.8	北京瀚海	100~120	89.60
清康熙	犀角雕缠龙杯	高17.0	北京瀚海	120~150	134.40
明末	紫砂壶	16×12.5	诚铭国际	5~8	6.600
清乾隆	杨彭年制紫砂壶	高15.0	中国嘉德	5~7	11.2
西汉	凤纹漆壶	高35.8	中拍国际	30~35	44.000
明嘉靖	剔红雕漆"紫宿"仙人图方斗	高31.9	香港苏富比	120~150	261.360
清乾隆	御制漆雕山水人影蒜斗瓶	高49.5,一对	香港佳士得	40~60	109.0125
春秋	铜龙纹鼎	高35.5	中国嘉德	6~9	12.320
明代	铜鎏金钱刀	高16.0	古天一	60~80	80.000
清雍正	铜海水龙纹瓶	高65.0	北京瀚海	60~90	1 570.240
春秋战国	兽纹铜镜	直径8.0	中国嘉德	0.3~0.8	1.120
汉代	铜草叶纹镜	直径13.6	中国嘉德	1~2	1.120
唐代	海兽葡萄瓶镜	直径17.3	中国嘉德	60~80	69.440
唐代	银鎏金錾花骑射纹花口瓶	高28.2	广州申艺	600	478.500
明宣德	金发簪一对	长14.5	北京保利	5~8	17.920
清代	铜鎏金錾花嵌松石宝瓶	高47.0	天津文物	12.800	14.300
元代	铜胎掐丝珐琅枫缠枝花纹鼓式炉	高11.7	上海嘉泰	12~15	13.200
明万历	掐丝珐琅缠枝菊纹六方盒	长9.9	长风拍卖	80~120	369.60
清乾隆	铜胎画珐琅开光式西洋仕女图小壶	高5.8	香港苏富比	70~90	205.9125
清嘉庆	珐琅彩鼻烟壶		香港佳士得	120~150	342.7125
清代	翡翠龙纹鼻烟壶	高5.0	中鸿信	15~20	17.600
清道光	白玉五福鼻烟壶	高6.3	北京瀚海	30~40	33.600
清乾隆	宝石红料子孙万代鼻烟壶	高5.5	香港佳士得	8~12	11.880
清中期	水晶雕勾云纹烟壶	高6.3	中国嘉德	5~7	5.600
清代	珊瑚吹箫引凤摆件	高21.6	北京瀚海	7~9	20.160
隋代	蜜蜡手串		古天一	0.8~1.2	4.200
辽代	蜜蜡项链		古天一	3~5	16.000
清中期	蜜蜡螭龙鸡心佩	高5.8	北京瀚海	2~3	6.720
清代	琥珀珠串	大1.8,小1.0	北京诚轩	1~1.2	5.280

续表 4-28

时代	古董名称	规格(cm)	拍卖地点	估价(万元)	成交价(万元)
清代	金琥珀花插	高 11.0	雍和嘉诚	4~6	4.400
清代	血珀凤凰摆件	高 25.0	蓝天国拍	12~15	13.200
清代	田黄五龙摆件	重 195g	北京中嘉	80	89.100
清康熙	寿山石仿青铜	高 17.5	北京保利	8~12	53.760
清光绪	大理石《李鸿章》雕像	重 362kg	香港苏富比	400~600	445.312 5
清代	青金石兽面出戟双目瓶	高 29.8	北京瀚海	35~40	47.040
清代	青金石人物山子	高 28.5	长风拍卖	26~30	29.497 5
清早期	青田灯光冻石雕观音立像	高 23.0	北京荣宝	50~80	67.200
清代	灵璧石山子	长 14.5	中国嘉德	2~3	5.824
清代	灵璧石山子摆件	长 35.0	匡时国际	18~25	20.160
南宋	官窑花口洗	直径 11.6	广东天成	30~38	33.000
明永乐	青花缠枝花卉折沿洗	高 9.0	上海工美	120~180	286.000

(3)鉴赏要诀。俗话说:"乱世黄金盛世藏"。随着收藏市场的日益火爆,古董饰品作为中国历史文化的重要组成部分已成为收藏界的第一大门类,吸引了众多收藏爱好者的目光,尤其是近年来高额的利润回报和不断扩大的升值空间,更使古董市场人脉迭升。但同时也使得大量的赝品流入市场,一时鱼龙混杂,令人难辨真伪。那么如何在古董饰品收藏中睁大一双慧眼呢?

一是"懂行"。古董饰品,尤其是古玉器制作历史悠久,玉坊众多,风格不同,出世不多。作为商品,价格并非越高越好,这就需要认真加以鉴别,要看材质、造型、做工、艺术效果等。既要看整体效果,也要仔细观察器型。就翡翠而言,只要是种老水足色正工精的首饰或摆件,其收藏价值和增值幅度一定是十分可观的,千万不可将钠长石(水沫子)、钠铬辉石(干青种)、翠榴石、马来玉(玻璃)等冒牌货误为真品。

二是"慎淘"。大多收藏者喜欢从旧货古玩市场上"淘宝",其实,这是一个误区。就整个古玉器收藏界来说,珍贵古玉数量是比较少的,很早以前就受到人们的珍视,目前国内外的存世量几乎都是有数可查的。所以,如果在地摊或旧货市场上发现它的踪影,实属可疑,收藏者一定要慎之又慎。

三是"心悟"。现实生活中,有很多收藏爱好者常常拿着古董鉴定理论书籍去"按图索骥",但仿古作伪者都往往依据这些资料描述的特征和图片进行仿制。因此,作为成熟的古董饰品收藏者,要学会用心、理性地去品味古董,依据自己掌握的鉴别方面的知识,去辨别真伪,沙里淘金。

四是"求品"。收藏者有句行话:"玉器一破,不值半个"。因此,收藏时要求器物基本完整,不能有冲、炸、磕、崩、掉、损等明显毛病,还要讲求艺术性、工艺精、纹饰美、色彩搭配好、审美情趣高雅。

如今,随着国际、国内金融危机形势逐渐好转,进入 2010 年后,国内收藏市场已经开始升温。尤其是 2010 年下半年后,在国家对房地产产业中的投机行为进行不断的政策打压下,国内有相当一部分炒房资金开始流入艺术品市场，使得2010年的艺术品市场十分火爆，无论是古陶瓷精品收藏热、青铜器价格的翻番，抑或珠宝玉器和金银饰品，投资热度比前两年明显提高。随着国内收藏大军的不断增加，白玉和翡翠市场行情连年看涨，尤其是高档白玉籽料和优质翡翠价格涨得离谱。2010年玉器市场行情火热，从苏富比、佳士得拍卖场到国内拍场，再到各大中城市的古玩玉器市场，和田玉器及翡翠饰品的拍卖成交率及单品价格均呈节节升高的趋势。

预计今年白玉、翡翠市场的行情会在上一年的基础上稳步攀升。原因是多方面的，一是资源稀缺；二是市场需求量大；三是人们价值取向发生改变，收藏、保值、增值的需求骤增；四是通胀情况下部分热钱游资的涌入。开门时代的古玉、老玉因具有很高的文物历史价值、深厚的文化内涵及精细圆润的琢工，投资潜力巨大，不仅将继续受到古玉收藏爱好者的追捧，而且随着时间的推移，会得到愈来愈多的有眼光的藏家的青睐。明清玉中的陈设玉器、佩玉、现代高端和田玉佩玉、把玩件、高端翡翠饰品也将继续走俏。

但是，市场繁荣的背后，玉器收藏也考验着收藏者的眼力和判断力。为此，收藏者应做到以下几点：第一，越是市场火爆的时候，越应该保持冷静；第二，要有追求精品的意识，"宁买贵的，不买错的，不买滥的"；第三，不要盲目轻信各种所谓的"鉴定证书"、"专家认证"；第四，要分清真正的和田玉与冒牌货，和田玉籽料与山料的区别。新疆和田产的"和田玉"要比青海、韩国、俄罗斯、加拿大产地的"和田玉"的价格高10倍以上。另外，黄金、白银飙升，收藏投资金条、银条应是首选。

古董饰品是中华民族智慧的历史和人类永恒之美，在色彩缤纷的世界里，中国人的聪明才智与东方民族独特的审美意趣得到了和谐完美的统一。在这样一个充满魅力的空间体味收藏之乐，确实是人生一大快事。希望广大收藏爱好者在收藏活动中将学、赏、藏相结合，练就一双"火眼金睛"，丰富自己的收藏人生。

第五章 检验方法

珠宝首饰是有物质产品和艺术作品双重属性的装饰品,它既有一般艺术作品的精神属性,可供欣赏,有愉悦情绪的功效,又具有与其精神属性密切结合的实用性,使每件饰品都是这双重性的相互融合与有机统一,传达出设计者和制作者的文化风情与精湛技艺,充分满足佩带者的心理与生理需求,并在人们心中具有神秘的崇高地位。

市场上流通的饰品种类繁多、良莠不一。欲使消费者佩戴的珠宝首饰都能达到上述要求,依法设置的珠宝首饰检验机构和从事质量检验人员,应按照国家有关法律法规、技术标准,对送检饰品进行科学、公正的检验。检验的基本内容包括材质、工艺、外观质量、标识 4 个方面。

第一节 贵金属检验方法

金、银、铂、钯是当代贵金属饰品的主流元素。这些元素在饰品中的含量是有等级差别的(见 GB/11887)。其分析方法有物理法、化学法和光谱法 3 类。测定不同含量贵金属元素的分析方法,可供选择的技术见表 5-1。

表 5-1 测定贵金属元素的方法

分析方法	浓度范围/质量分数				
	$\leqslant 10^{-9}$	10^{-9}	10^{-6}	10^{-3}	$>10^{-3}$
火焰原子吸收光谱法			√		
石墨炉原子吸收光谱法	√	√			
光度法			√		
等离子体发射光谱法			√	√	
等离子体质谱法	√	√	√		
中子活化法	√	√			
X 射线荧光法			√	√	√
电分析化学法			√	√	√
重量法					√
滴定法				√	√

注:"√"表示可选择。

1. 物理分析方法

(1)硬度法。众所周知,纯的贵金属硬度小,如:金的硬度(摩氏,下同)2.5;银的硬度 2.7;铂的硬度 4.3;钯的硬度 5。在退火状态下,银的维氏硬度为 250~300MPa,金的维氏硬度为

250~270MPa,铂族元素的维氏硬度可达 2 000MPa。当其中加入合金元素后将提高贵金属的硬度。另外,加工对贵金属的硬度也有影响。随着冷加工次数增加,贵金属硬度有所增加。退火温度对硬度也有影响,如铱、铑、铂的硬度随退火温度的升高而很快下降。

测定硬度的方法有两种:一种是相对硬度,即摩氏矿物硬度计的相对刻划法。摩氏硬度是以 10 种不同硬度的矿物为标准分出 10 个级别,设定滑石硬度为 1,石膏为 2,方解石为 3,萤石为 4,磷灰石为 5,正长石为 6,石英为 7,托帕石为 8,刚玉为 9,金刚石为 10。但它们之间并不是成等比级数的。另一种是绝对硬度,即维氏硬度压痕测定法,它是根据物质表面所能承受的质量(压力)来测量的,是用一个呈四方锥形(相对锥角间的夹角为136°)的金刚石,负载一定荷重 P(kg),压入物质后,根据其表面的凹痕对角线长度 d(mm)计算而得。按下列公式:

$$Hm = 0.675\sqrt{Hv}$$

可对摩氏硬度(Hm)与维氏硬度(Hv)等级进行对比换算(表 5-2)。

表 5-2 相对硬度与绝对硬度等级互换表

H_0	0	0.1	0.2	0.3	0.4	0.5	0.6	0.7	0.8	0.9	1.0
1		3.750	4.91	6.33	8.00	9.94	12.01	14.53	17.37	50.57	24.14
2	24.14	27.82	32.16	26.93	42.14	47.83	53.58	60.24	67.42	75.15	83.45
3	84.45	91.73	101.2	111.3	122.0	134.2	144.7	157.5	171.0	185.2	200.2
4	200.2	214.9	231.5	248.9	267.1	286.2	304.0	325.7	347.4	370.1	393.8
5	393.8	416.8	442.5	469.1	496.8	525.2	555.4	584.3	616.3	649.5	683.8
6	683.8	719.3	753.6	791.5	830.6	871.0	912.7	952.8	997.0	1 043	1 090
7	1 090	1 184	1 235	1 288	1 342	1 394	1 451	1 509	1 569	1 631	1 689
8	1 689	1 754	1 820	1 888	1 958	2 024	2 102	2 172	2 248	2 326	2 401
9	2 401	2 482				5 000					
10	10 000										

在利用摩氏硬度计和维氏硬度计确定预测物体相对硬度时,还可借助一些常见物质的相对硬度加以补充,如指甲为 2.5,铜针为 3,玻璃为 5~5.5,钢锉为 6.5~7 等。

(2)密度法

密度(ρ)是单位体积(V)物质的质量(M)。即:$\rho = M/V$。

欲求 ρ 值,首先用感量小于等于 1mg 的电子天平或其他衡器在空气中称量物体的质量,再在盛水的容器中测量出物体体积,按公式即可计算出密度值。

或者在天平上称量出物体质量(m)后,再在天平上的已知其密度值的(ρ_0)液体介质中称量出物体的质量(m_1),按下面公式计算:

$$\rho = \frac{m}{m - m_1} \times \rho_0$$

测量时,由于室温不同,会影响液体介质(如蒸馏水)的密度变化(表 5-3)。

表 5-3 不同温度下蒸馏水的密度

温度(℃)	密度(g/cm³)	温度(℃)	密度(g/cm³)	温度(℃)	密度(g/cm³)
0	0.999 868	12	0.999 525	24	0.997 326
1	0.999 927	13	0.999 404	25	0.997 074
2	0.999 968	14	0.999 271	26	0.996 813
3	0.999 992	15	0.999 162	27	0.996 542
4	1.000 000	16	0.998 970	28	0.996 262
5	0.999 992	17	0.998 802	29	0.995 973
6	0.999 968	18	0.998 623	30	0.995 676
7	0.999 929	19	0.998 433	31	0.995 369
8	0.999 876	20	0.998 232	32	0.995 054
9	0.999 809	21	0.998 021	33	0.994 731
10	0.999 729	22	0.997 799	34	0.994 399
11	0.999 632	23	0.997 567	35	0.994 059

测得的首饰的密度值,并不等于得到了首饰中贵金属的纯度(含量),还得用其他的方法得知首饰中其他杂质的相对含量,才可以计算出其贵金属的纯度。计算公式如下:

$$C(\%) = \frac{D_\rho(D_S - D')}{D_S(D_\rho - D')}$$

式中:C——贵金属纯度(%);

D_ρ——纯贵金属密度值(g/cm³);

D_S——为测出的首饰密度值(g/cm³);

D'——为其他杂质的等效密度值(g/cm³)。

它可通过各种杂质的密度值和相对比值计算得到。

用密度法检测贵金属纯度时,贵金属纯度越低,误差越大。但它可定性地鉴别饰品是否含金或者是纯金。当我们知道纯贵金属元素的密度值后,密度法可作为辅助手段(表 5-4)。

密度对于特定的物质来说是一个常数,它既可以用来测定金属元素的纯度,亦可用来测定晶体宝石的种属。因为密度与组成材料的各元素的原子量、原子(离子)半径和该材料的结构有关,宝石学中通常以测定相对密度的方法确定密度。所谓相对密度,为宝石在空气中的质量与同体积水在 4℃ 及标准大气压条件下的质量之间的比值。

(3)条痕法。不同的金属,其条痕颜色不同,同种金属因其含量不同,其条痕色亦有差异。因此,长期以来,经验丰富的人能用目力辨别出黄金因不同含量而呈现的条痕色的变化,这是一种经典方法,又称试金石法。

试金石,是一种质地坚硬细腻的黑色石英岩加工成光滑平整的长方块石,摩氏硬度为 7,比贵金属硬度大。

将待测的贵金属首饰在试金石上划出一道宽 2~3mm 的条痕,再将与其颜色相同的对金牌(标准金牌)在其条痕旁也划出一道金道,然后比较二者条痕颜色。如果二者颜色相同,则首饰中贵金属纯度与标准金牌(已知纯度)相同。

表 5-4 一些标准成分的密度值表

合金类型	金属含量(‰)	密度(g/cm³)
金	1 000Au	19.32
金-银	900Au　100Ag 800Au　200Ag 750Au　250Ag 700Au　300Ag 500Au　500Ag	17.81 16.53 15.96 15.42 13.60
金-铜	900Au　100Cu 800Au　200Cu 750Au　250Cu 500Au　500Cu	17.29 15.66 14.95 12.20
金-银-铜	900Au　50Ag　50Cu 800Au　100Ag　100Cu 750Au　125Ag　125Cu 500Au　250Ag　250Cu	17.57 16.12 15.48 12.92
银	1 000Ag	10.53
铜	1 000Cu	8.93
铂	1 000Pt	21.45
铂-钯	900Pt　100Pb 800Pt　200Pb 750Pt　250Pb	19.88 18.53 17.92

注：资料来源《珠宝首饰检验》。

对金牌,是中国人民银行定制的,分为两套：一套是 Au-Ag 不同含量的清金牌；另一套是不同 Au-Ag-Cu 含量的混金牌。每套 20 多片。

条痕法,由眼辨别总有一定误差。因此,在试金石上的金道上滴上王水,视其溶解速度,若溶解迅速,则金成色低；若溶解缓慢,则金成色高。另一种方法是滴加硝酸,以其溶解速度快慢判定金中银含量多少。滴加盐酸可判断含铜量高低。

2. 化学分析法

在通常情况下,首饰中贵金属纯度检测,不用化学分析法,因为这是一种破坏性的有损检测。除非产销双方或消费者投诉司法鉴定的情况,才进行化学分析。

化学分析方法,常用的有火试金法、重量法和滴定法。此外,还有中子活化法、原子吸收光谱分析法和电子探针分析法。这些方法都有专门机构和专业人员承担,非一般珠宝首饰质检师所能。河南省岩石矿物测试中心研制的氢醌滴定法,测量范围可达 999.9‰至 10^{-9} 级。测试费是所有化学分析方法中最低的。国家首饰质检中心的中子活化分析是国内的权威机构。

3. X 射线荧光光谱分析法

该法是以足够高能量的 X 射线(γ)光子轰击样品,从样品原子中激发出反映不同元素特征的独立的特征 X 射线,检测特征 X 射线的波长(能量)及其强度,从而对样品中的元素进行定性和定量分析。

用 X 射线来激发样品时,样品发射的特征 X 射线是二次 X 射线,故称为 X 荧光。用 X 射线荧光分析法检测样品的仪器,就被称为 X 射线荧光光谱仪。

X 射线荧光光谱仪主要由 3 部分构成,依其功能可分为激发、色散及检测与数据分析。

激发方式有 X 射线激发、放射性同位素源激发、电子束激发和离子束激发。相应的构件分别是 X 射线管、放射性同位素源、电子枪和加速器等。

色散分两类:一是波长色散;二是能量色散。

检测系统主要是探测器。探测器类型主要有内部充有惰性气体的正比计数管,流气型正比计数管(FPC)、闪烁探测器(SC)、锂漂移硅探测器[Si(Li)探测器]、电制冷硅探测器等。

数据分析采用计算机多道分析系统。

由于 X 射线荧光光谱分析法是一种无损快速的检测方法,是目前我国诸多检测机构普遍使用的贵金属分析仪器。

现以国产 EDX-3000 能量色散 X 射线荧光光谱仪为例,简述其操作规程及注意事项如下:

(1)仪器应由专门人员负责,任何其他人员不得搬动、操作此仪器,否则后果自负。

(2)此仪器为精密仪器,测量中要避免受到干扰。如:电机、振动、电焊等。

(3)仪器应配有交流净化稳压电源,保证电源稳定。

(4)测量室最好配有空调,防止温差过大。

(5)开机后,仪器需要预热 30 分钟后,才可以进行正常的测试工作。

(6)放样品时要注意清洁,不可使样品尘粒掉到窗口上。另外,还要轻拿轻放,以免测量窗口的薄膜破损。

(7)在测未知样品之前,要测两个以上的标准样品,只有确定标样的测试误差在正常范围 ±0.1%(96%以上金)以内,方可对未知样品进行测试。否则,要检查仪器,查明原因,调整好数据。

(8)检测黄金时,请调出 Au 作为参考谱,与实测谱进行对比,如有偏差,请调电位器,直至参考谱和实测谱重叠,方可测;测铂金时,调出 Pt 作为参考谱;测银时,调出 Ag 作为参考谱。

(9)测量不同的样品,应调用不同的曲线,才能有最佳的测试效果。注意不要调错工作曲线,否则后果自负。

(10)关机顺序:退出测试程序→关闭计算机主机→关闭测试主机→关闭稳压电源→罩好防尘罩。

第二节 珠宝检验方法

X 射线荧光光谱分析仪分析贵金属含量,是一种对样品作破坏性的测量,因此在开机前应对仪器分析的误差作规范校准。JJF1133—2005 规定,黄金含量分析的基本误差以黄金含量的绝对误差表示。在黄金含量不低于 90% 的测量范围内,分析仪的基本误差应不超过 ±0.3%;在黄金含量低于 90% 的测量范围内,分析仪的基本误差应不超过 ±0.5%。

在分析仪的有效测试范围内,其重复性以单次测量值的标准偏差表示,应不超过相应基本误差限的 1/2。分析仪的稳定性标准规定在有效测量范围内,4 小时内其示值相对于初始值的最大变化应不超过相应的基本误差限。

珠宝玉石可分透明、半透明和不透明 3 种类型。大多数宝石是透明的矿物单晶,玉石亦多由透明矿物集合体组成(岩石)。对于宝玉石检验,光学鉴定是一种有效的方法,其中有无损检验和有损检验两种。但对于珠宝饰品检验来说,一般要求是无损检验,不仅要检验饰品的材质,还要对造型设计、加工工艺、外观质量及标识等是否合格做系统的检验。本节仅对材质检验予以介绍。

珠宝饰品的材料种类繁多,良莠不一。就当代市场而论,用作饰品的材料,既有天然珠宝玉石,又有人工珠宝玉石,还有不可枚举的仿冒珠宝玉石,让人目不暇接,上当受骗。为维护珠宝市场秩序,保护消费者合法权益,对珠宝饰品进行材质检验尤为重要。检验方法主要是光学检验和光谱检验。

一、光学检验

用作珠宝饰品的材料,大多数是透明的单晶宝石(矿物)和由透明矿物组成的玉石,少数为有机质或非晶质。就光学性质而言,可分为光性均质体与光性非均质体两类。

1. 光性均质体光性特征

光性均质体又称均质体,它包括一切非晶质的物质和等轴晶系的矿物,它们的共同光学性质是:

(1)只有一个折射率。入射光在其三维空间任何方向的传播速度都是固定不变的。

(2)无双折射率。无论入射光是什么性质(自然光、偏振光),折射后不变,不发生双折射。

(3)正交偏光镜下,任何方向均消光。

2. 光性非均质体光性特征

光性非均质体,又称非均质体。非均质体都是具有格子构造的晶体。它包括中级对称晶族的三方晶系、六方晶系、四方晶系和低级对称晶族的斜方晶系、单斜晶系与三斜晶系共 6 个晶系。它们具有以下光性特征:

(1)具有多个折射率。入射光在非均质体中传播时的速度一般会随光波振动方向不同而发生变化,因而相应的折射率也随振动方向不同而改变,并且每种晶体在各个方向的折射率有一个固定的变化范围。

(2)有一个双折射率。光波进入非均质体后,除光轴方向外,将发生双折射和偏光化分解为两种传播速度不同的相互垂直的偏光,彼此折射率的最大差值就叫双折射率。

(3)有 1 个或 2 个正、负不同的光轴。非均质体中都有一个或两个特殊方向,当光波沿这种特殊方向传播时不发生双折射,也不改变入射光波的振动特点和振动方向,这个方向被称为光轴。中级对称晶族的晶体只有一个光轴,低级对称晶族的晶体有两个光轴。

一轴晶宝石,其光率体是一个以 C 轴为旋转轴的旋转椭球体。当常光的折射率 No 大于非常光折射率 Ne 时,为负光性;$Ne > No$ 时,为正光性。

二轴晶宝石,其光率体是一个以三个主折射率(Ng、Nm、Np)为半径的三轴不等的椭球体。当 $(Ng-Nm) > (Nm-Np)$ 时,为正光性;反之为负光性。

3. 折射率测定方法

每种宝石(矿物)都有其固定的折射率,折射率是透明宝石(矿物)最基本最重要的光学常数,因此,折射率测定就成为鉴定宝石品种的最重要检验方法,根据折射率值还可以计算出宝石的光轴数和光性符号。

测定折射率的方法有两种:一种是偏光显微镜法,另一种是宝石折射仪法。

(1)偏光显微镜法。用偏光显微镜测定宝石折射率,因制样方式不同而分为薄片法和油浸法两类。这两种都属于有损检测,适用于宝石原料和体积粗大或不具光滑表面的宝石成品及半成品的折射率测定。

1)薄片法。该法是地矿系统岩矿鉴定专业人员常用的方法,是系统鉴定矿物(宝石)、岩石(玉石、矿石)各种光学性质及结构构造的主要手段。此不赘述。

2)油浸法。该法是将宝(玉)石碎屑浸没在已知折射率的浸油中,比较二者折射率大小,通过不断更换浸油,直至二者相等或几近相同,这时宝石的折射率就是浸油的折射率值。

a 油浸砂片制法:将宝石碎屑($d \leqslant 0.1 \sim 0.05$mm)放在干净的载玻片中央,盖上盖玻片,注入约与宝石折射率相近的浸油。油浸片制成后,移入显微镜载物台视域内。

b 比对折射率:在适宜的放大倍数物镜视域内,升降镜筒(或载物台)准焦宝石碎屑,在正交偏光下,选择定向截面(一轴晶是平行 OA 的光轴切面,二轴晶是垂直 OAP 和平行 OAP 的光轴切面),然后缩小锁光圈,用贝克线法或色散线法比较宝石主折射率值(N_e,N_o 或 N_g,N_m,N_p)与浸油折射率的大小,不断更换浸油,直至宝石主折射率与浸油折射率相同。

当测出宝石各主轴折射率后,根据公式,计算出宝石的光轴与光性符号。再根据折射率、光轴和光性符号三要素就可判定宝石名称。

3)成品观测法。对于整件的珠宝饰品,如戒指、串珠、吊坠、手镯等,不允许有损检验,只能放在显微镜下进行观测。

由于饰品的厚度远大于薄片法或油浸法要求,又无树胶和浸油做介质,而是以空气为介质,因此,在偏光显微镜下观测到的光学性质与薄片中或油浸中的有显著差异。在观测时,应先将饰品放在载玻片($1 \sim 1.2$mm)上,不可直接放在载物台上;使用强光源,透射饰品边缘最薄的部位;并用低倍物镜观测突起、颜色、多色性、干涉色以及轴性、光性符号等,同时注意观察有无人工宝石类的特征(非晶质包体、弧形生长纹、裂隙充填物等)。

(2)折射仪法。利用宝石折射仪,可直接测出宝石的折射率,而且不需要更换浸油。优点是测量简便快速,不损伤样品,但只适用于具有光滑表面的琢型宝石制品,精度比油浸法低。

1)刻面型宝石折射率测定。在折射仪的玻璃半球工作面中央,滴上一小滴折射率为 1.80 左右的浸油,然后选择最大刻面置于油上,油与刻面的接触面积越小越好。

盖上折射仪的盖子,打开光源。用近视法垂直视域平面观察标尺上明暗分界线所在的刻度值,该刻度值就是宝石折射率。

若宝石刻面很小,可用远视法(眼睛距目镜约 $30 \sim 45$cm)观测标尺上明暗界线影像(圆或椭圆)所在的刻度值。

2)弧面型宝石折射率测定。在宝石折射仪的玻璃(一般用合成立方氧化锆)半球工作面中央,滴上很小一滴(直径约 1mm)高折射率油,选光洁度最好的弧面放在油上。然后用远视法观察呈斑点影像的明暗界线所在位置的刻度值,即是宝石折射率值。

3)折射仪法不仅可测出宝石的折射率,还可观测宝石的其他光学性质,如均质或非均质、光轴及光性符号、双折射率以及光轴角大小等。

在上述观测折射率过程中,转动宝石,若明暗影像的界线固定不动,只有一条明暗分界线,则宝石为均质体;转动宝石,若刻度尺上出现两条明暗分界线,则宝石为非均质体。

若是非均质体,可在折射仪的工作台面上水平转动宝石,如果见到一条明暗分界线不动(No),另一条上下移动(Ne'),并能见到两条线有时重合为一,出现这种现象的宝石为一轴晶。另外,如果移动的明暗分界线在不移动明暗分界线下面(Ne'>No),则宝石为一轴晶正光性;反之,为一轴晶负光性宝石。当在工作台面上转动宝石时,刻度尺上两条明暗分界线都出现上下移动,而且彼此不重合,表明这是二轴晶宝石。如果上面的明暗分界线移动幅度大,表明(Nm−Np)>(Ng−Nm),是二轴晶负光性的宝石;反之,若下面的明暗分界线移动幅度大,表明(Ng−Nm)>(Nm−Np),是二轴晶正光性宝石。

要想得知宝石的双折射率,可在折射仪工作台面上每隔15°水平旋转一次宝石,并同时转动目镜上的偏光片,记录最大、最小两个折射率值,直至旋转宝石360°,然后从所测数据中选出其中的最大、最小值(相当于主轴折射率:一轴晶的Ne、No,二轴晶的Ng、Np),二者之差,即宝石的双折射率(最大值)。

(3)反射仪法。如众所知,宝石的表面反射率与其折射率之间存在有下列近似函数的关系,即:

$$反射率 = \frac{(n-N)^2}{(n+N)^2}$$

式中:n——样品的折射率;

N——周围介质的折射率(空气的$N \approx 1$)。

由公式可知,当测得样品反射率值后,便可得知其折射率值了。测折射率的这种仪器,称之为反射型宝石折射仪,测量范围为1.300~2.999,精确度为±0.005。

操作步骤:①清洁被测样品表面;②将样品抛光平面朝下,水平放在仪器测试窗口上,盖上盖;③旋转样品一周,从读数盘上读出样品折射率值(均质体)或最大、最小的两个折射率值(非均质体)。

二、光谱分析法

晶体结构分析是鉴定宝石的重要方法之一,用于宝石鉴定的光谱仪器有红外吸收光谱(IR)、激光拉曼光谱(LRS)、穆斯堡谱(NGR)、可见光吸收光谱(VAS),此外用于结构分析的还有X射线分析(XRD)、电子顺磁共振(EPR)、核磁共振(NMR)、透射电子显微镜等。国内大多数珠宝质检机构通常用红外吸收光谱仪和激光拉曼光谱仪,而地质实验室则多用X射线分析仪。

1. 激光拉曼光谱分析

激光拉曼光谱分析,系无损分析,测谱速度快,谱图简单,谱带尖锐,便于解释。几乎在任何物理条件下(高压、高温、低温)对任何材料均可测得其拉曼光谱,适用于大小满足仪器需求的样品。

其方法原理是,光照射在样品上,除按几何规律传播的光线之外,还存在着散射光,其中非弹性的拉曼散射光,能提供分子振动频率的信息。拉曼光谱能迅速定出分子振动的固有频率,判断分子的对称性、分子内部作用力的大小及一般分子动力学的性质,能无损快速地鉴定珠宝玉石及其内部包体或填充物。

所测样品,可以是粉末或者单晶(最好是5mm或者更大),不需特别制备,粉末仅需0.5μg

即可,也可以是液体样品(10^{-6} mL)。

操作步骤:

(1)开机,预热;

(2)选择并调节样品测试位置;

(3)根据样品及测试目的,设置仪器条件及扫描参数;

(4)测试样品;

(5)根据所测图谱,进行分析处理。

激光拉曼光谱仪与红外吸收光谱仪同为研究物质分子结构的重要手段,二者互为补充。激光拉曼光谱适用于研究同原子的非极性键的振动。

激光拉曼光谱常用来鉴定翡翠的所谓A、B、C货。因为这些品质不同的翡翠是市场交易和检测鉴定中常常遇到的问题,很多进行翡翠交易的人都曾受过其困扰,更有些不法商贩还常常利用翡翠难以鉴别的特点,以假乱真,以次充好。目前,用于翡翠浸渍、漂洗、充填(处理)常用的有机材料有石蜡、石蜡油、AB胶(丙烯-环氧物)、环氧树脂等,对此,激光拉曼光谱分析可准确予以鉴别。其峰值特点是:1 700～1 100 cm^{-1}及3 100～2 800^{-1};其中4个高峰值无论是AB胶还是环氧树脂均属苯C_6H_5—;石蜡和石蜡油共高峰值分别是2 882 cm^{-1}和3 848 cm^{-1};1 609 cm^{-1}和1 116 cm^{-1}峰值分属C—C延展式,而3 069 cm^{-1}及1 189 cm^{-1}则分别属于C—H平面弯曲式及C—H延展式。

以翡翠为例,激光拉曼光谱分析与红外吸收光谱分析相比,后者存在着一些缺陷,对准确鉴定尚有一定的困难。激光拉曼光谱分析漂洗-充填翡翠(B货)可克服红外吸收光谱分析鉴定的困难和不足,但激光拉曼光谱仪价格比红外吸收光谱仪高许多倍。

2. 红外吸收光谱分析

红外光谱是根据组成物质的离子基团在红外光范围内(远红外:50～400 cm^{-1};中红外:400～4 000 cm^{-1};近红外:4 000～7 500 cm^{-1})的吸收谱带,对物质进行定性和定量分析。

物质的分子在红外线的照射下,吸收与分子振动频率一致的红外光,利用物质对红外光区电磁辐射的选择性吸收,对珠宝玉石的组成或结构进行定性和定量分析。

红外光谱分析所用仪器有两种:一是傅立叶变换红外光谱分析仪,二是光栅红外光谱分析仪。红外光谱分析仪由于测谱迅速,数据可靠,特征性强,适用于研究不同原子的吸收键,可精确测定分子的键长、键角、偶极矩等参数;可推断矿物的结构,鉴定物相;对研究矿物中水的存在形式、络阴离子团、类质同象混入物的微细变化、有序—无序及相变等,十分有效。它还广泛用于黏土矿物和沸石族矿物的鉴定以及对混入物中各组分的含量测定。

傅立叶变换红外光谱仪具有很高的分辨率和灵敏度,样品不受物理状态限制,可以是气态、液态、结晶质、非晶质或有机化合物,干燥固体样品一般只需1～2 mg,并研磨成2 μm左右的样品。此外,它还可对珠宝玉石样品(透明的或不透明的)进行分析鉴定,尤其是对经过人工优化处理的珠宝玉石鉴定最为有效。

红外光谱分析方法有直接透射法、直接反射法、显微红外光谱法、粉末透射法等。直接透射法,无损,适用于薄至中等厚度的宝石原料或成品;直接反射法,无损,适用于较大且具抛光平面的样品;显微红外光谱法,微区透射、反射均可测定;粉末透射法,微损,适用于玉石和未加工的宝石原料。

利用红外吸收光谱仪进行测量时,要求温度在5～40℃,相对湿度≤80%,样品应洁净,尽可能减少有机物污染及手污。

用于宝石的红外吸收光谱的测试方法可分为两类,即透射法和反射法。

(1)透射法。透射法又可分为粉末透射法和直接透射法。粉末透射法属一种有损测试方法,具体方法是将样品研磨成 $2\mu m$ 以下的粒径,用溴化钾以 $1:100\sim 1:200$ 的比例与样品混合并压制成薄片,即可测定宝石矿物的透射红外吸收光谱。直接透射法是将宝石样品直接置于样品台上,由于宝石样品厚度较大,表现出 $2\ 000cm^{-1}$ 以外波数范围的全吸收,因而难以得到宝石指纹区这一重要的信息。直接透射技术虽属无损检测方法,但从中获得有关宝玉石的结构信息十分有限,由此限制了红外吸收光谱的进一步应用。特别对一些不透明宝玉石、图章石和底部包镶的宝玉石饰品进行鉴定时,则难以具体实施。

(2)反射法。红外反射光谱是红外光谱测试技术中一个重要的分支,目前在宝玉石的测试与研究中备受关注,根据采用的反射光的类型和附件分为镜反射、漫反射、衰减反射和红外显微镜反射法。红外反射光谱(镜、漫反射)在宝石鉴定与研究领域中具有较广阔的应用前景。根据透明或不透明宝石的红外反射光谱表征,有助于获取宝石矿物晶体结构中羟基、水分子的内、外振动,阴离子、络阴离子的伸缩或弯曲振动,分子基团结构单元及配位体对称性等重要的信息,特别是为某些充填处理的宝玉石中有机高分子充填材料的鉴定提供了一种便捷、准确、无损的测试方法。

红外吸收光谱是宝石分子结构的具体反映。通常,宝石内分子或官能团在红外吸收谱中分别具有自己特定的红外吸收区域,依据特征的红外吸收光谱带的数目、波数位、位移谱形及谱带强度、谱带分裂状态等项内容,有助于对宝石的红外吸收光谱进行定性表征,以期获得与宝石鉴定相关的重要信息。

3. 傅立叶变换红外光谱仪操作

(1)仪器名称。PerkinElmer,Spectrum One(FT-IR Spectrometer)。

(2)测试项目。红外吸收光谱测试是宝石分子结构的具体反映、有机物测定及比较分析。

(3)注意事项。

1) 主机注意防潮湿。FTIR 主机中有 4 片 KBr 晶体做成的镜片,KBr 晶体容易吸水,受潮后会溶解,造成 KBr 镜片损坏、报废。仪器工作温度范围:$15\sim 35$℃;湿度要小于 $75\%RH$,且无冷凝。主机内部干燥剂需 6 个月更换一次。请不要在 FTIR 仪器周围放置水杯及潮湿的抹布等物品,务必要保持 FTIR 周围环境干燥。

2) 主机 24 小时开机。主机内的红外光灯会散发出热量,使机内温度较高,降低机内湿度,可以起到保护 KBr 镜片的作用。

3) 每次使用前记录仪器的红外能量值,观察背景中的水和二氧化碳,如有变化,立即用纯度高于 99.999% 的高纯氮气吹扫。

4) 盖好。如果 FTIR 主机的 KBr 镜片上面有灰尘,亦应当用高纯氮气来吹扫,而不能用其他物品擦拭。

5) 防止震动。仪器内部有由许多镜片组成的光路系统,需要保持仪器稳定,不可震动放置仪器的台面。

(4)操作步骤。

1) 设备启动。

a. FTIR 的主机电源直接插在墙上的插座中,处于 24 小时开机状态。使用时,仪器会自动从休眠状态中唤醒;若一段时间不使用,FTIR主机将会自动进入休眠状态。

b. 打开计算机电源开关。

2) FTIR主机的使用。

a. 进入测试程序:点击电脑桌面上面"Spectrum"图标,打开测试程序。进入Login窗口,选择Login Name:Admin及Instrument:1. Spectrum One进入测试程序。然后会进入Background Collection窗口,询问是否对背景进行扫描,选择Background按钮,并保证透射架上面没有样品,FTIR将会开始背景扫描。确认以后仪器开始采集背景,采集结束以后会弹出一个字体绿色的确认窗口,表示仪器一切正常。如果作反射测试,应更换反射架,将反射玻璃置于反射架上,点击Monitor测试能量,而后测试背景,然后进入测试程序。

b. 红外光能量监控:点击Instrument菜单中的Monitor选项,即可以打开红外光能量。默认显示能量项目,显示的是红蓝两条棒状图,分别代表当前和最大的能量值,点击Reset会重置能量最大值。仪器开机后的能量值没有确切的标准,通常参考仪器安装调试时的能量值作为标准,如果能量值突然发生大的变化,如10以上或发生连续下跌的状况,请检查仪器的状态是否正常,必要时请与PerkinElmer的有关技术人员联系。对于其他选项,点击图标以后就会显示指定监测项目对应的图。点击Stop中止监测,切换到扫描窗口。点击Exit退出Monitor页面。Spectrum One主机每次开机仪器都会进行自检,可以听到马达声,需要稍等一会,监控程序。FTIR主机的红外光能量是由仪器自动调节的。

c. 样品测试控制程序:点击Instrument菜单中的Scan选项,即可以打开测试控制窗口。其中:

(a)Sample选项中是样品名称、样品描述等内容。

(b)Scan选项可以设定样品扫描时的一些参数。

(c)Instrument选项中可以设定仪器分辨率,仪器分辨率改动后需要重新扫描背景。

(d)选项即是光路切换窗口。

(e)Accessory选项是对样品类型的一些设定:波数/cm^{-1};透射率T%或者反射率R%;调节过程中出现的能量最大值;调节过程中实际的能量值。

d. 点击Scan按钮后,仪器将会开始扫描样品,扫描完成后会询问文件保存的信息。

e. 样品制作:薄膜试样可以直接放置在样品架上面;粉末等其他样品需要与KBr粉末混合制成KBr压片,然后可以放置在样品架上面测试。

3) 反射光能量调节及检测。

a. 将红外光能量调节镜片插入,将显示选择扫描背景或者扫描样品。

b. 选择纵轴为透射率或者反射率。

c. 选择扫描次数。

d. 设定测定波数范围,一般中红外为$4\,000cm^{-1}\sim450cm^{-1}$。

e. 将样品放置在样品架上后,点击Scan开始扫描样品。

f. 设定扫描背景,为使扫描更精确,可以将扫描次数设定为多次。

4) 反射光图谱。

a. 将要测试的样品放置在样品台上,使光线照射在需要测试的位置处。

b. 选定要扫描的区域。

c. 打开红外能量监控软件,调节附件,使红外光能量达到最大。

d. 打开测试控制窗口,并设置有关的测试参数,设置完毕后点击 Scan 按钮,扫描样品。

e. 扫描完毕,保存数据。

5) 透射光图谱:如果样品透明,则可以作透射扫描。

a. 将要测试的样品放置在样品台上。

b. 使光线照射在需要测试的位置处,选定要扫描的区域。

c. 打开红外能量监控软件,使红外光能量达到最大。

d. 打开测试控制窗口,并设置有关的测试参数,设置完毕后点击 Scan 按钮,扫描样品。

e. 扫描完毕,保存数据。

(5) 关机。仪器使用完毕,关闭测试软件,关闭计算机。FTIR 主机电源常开,不能关机。

(6) 宝石学应用。

1) 测试宝石中的羟基和水分子。天然宝石常含有 OH^- 和 H_2O,与合成宝石不同。例如,天然祖母绿中普遍存在吸附水,助熔剂法合成的祖母绿不含水。

2) 钻石的类型划分。钻石主要由 C 原子组成,当其晶格中存在少量的 N、B、H 等杂质原子时,可使钻石的物理性质如颜色、导热性、导电性等发生明显的变化。红外吸收光谱表能够确定杂质原子的成分及存在形式,并作为钻石分类的重要依据。

3) 人工充填处理宝玉石的鉴别。用红外光谱能够准确地识别出宝石是否含有人工充填的有机质。根据 $-C-H_2$、$-C-H_3$、$-C=C-H_2$ 在 $2 850 cm^{-1}$、$2 922 cm^{-1}$、$2 965 cm^{-1}$、$3 028 cm^{-1}$ 处的吸收峰,可以判定有机质的种类和含量。例如酸洗充胶处理翡翠就有 $2 850 cm^{-1}$、$2 922 cm^{-1}$、$2 965 cm^{-1}$ 和 $3 028 cm^{-1}$ 的吸收峰,天然翡翠没有,或者只有不太强烈的 $2 850 cm^{-1}$、$2 922 cm^{-1}$ 和 $2 965 cm^{-1}$ 的吸收峰。

第三节 检验结论

随着城乡人民生活水平的不断提高,我国的珠宝首饰业得到了飞速发展。为了提高饰品质量,维护市场秩序,政府与行业陆续出台了有关贵金属首饰、钻石、宝玉石、珍珠等技术标准、质量标准和法律规范,并开展了对珠宝首饰检验人员职业技能和职业资质的培训。

对珠宝首饰的检验,可分为产品检验和商品检验两类,此外还有仲裁检验、司法鉴定。

一、产品检验

产品,是指经过加工、制作,用于销售的产品。产品检验是省、市、自治区各级产品质量监督检验机构和质检师对珠宝首饰生产企业送检的产品或依法对生产企业的定期抽检产品,按照国家标准(GB)和地方标准(DB)进行的监督检验。

检查项目主要有珠宝首饰的材质(名称、品级)、设计与加工工艺、外观质量和产品标识 4 部分。

检验结论分为合格、不合格。

二、商品检验

在社会主义市场经济条件下,销售企业应为消费者提供质量最优、性能最好和特色最多的商品。商品是企业以质定价、从中获利的适销产品。产(商)品价格的制定,是企业销售组合中的一个极其重要的组成部分,直接关系着市场对产品的接受程度,影响着市场需求量和企业利润的多少。

影响产(商)品定价的因素很多,如市场需求与变化、市场竞争格局(完全竞争、纯粹垄断、不完全竞争、寡头竞争)、政府的干预程度、商品的特点及企业状况等。但在最后确定价格时,企业应遵循这样4项原则,即①与企业预期的定价目标一致,有利于企业总的战略目标的实现;②符合国家政策法令的有关规定(合同法、消费者权益保护法、反不正当竞争法、产品质量法、商标法、广告法等);③符合消费者整体利益及长远利益;④与企业市场销售组合中的非价格因素协调一致,互相配合,达到企业营销目标服务。由于用作饰品的贵金属和珠宝玉石是天生丽质的不可再生稀缺资源,以及珠宝首饰尚属非生活必需品,故其价格制定更非易事。例如,白银长期以来是贵金属中价格最低的元素,但以现在每年开采2.77万t计,据美国地质调查所报告,全球白银矿产12.3年后将被采完。因而,现在的白银价格日日飙升。我国极缺铂金,但年需求量占世界的2/3,可是铂金价格完全由南非、俄罗斯等国控制,导致国内市场价位涨跌难定。

历年来,市场流通的珠宝首饰,货真价实的有,但质次价高、以次充好、以假乱真的现象却时有发生,屡禁不止。为此,政府主管部门要对市场流通的珠宝首饰进行执法检查。质量技术监督检验机构对市场抽查饰品的检验,称为商品检验。

商品检验报告内容分两种:

(1)贵金属饰品及镶嵌饰品:标识、印记、外观、质量、贵金属含量、制造工艺、加工质量、食品状况、价格等。

结论:合格,不合格。

(2)珠宝饰品:名称、颜色、净度、切工、质量、特殊光学效应、光泽、光洁度、透明度、造型款式、纹饰、寓意、价格等。

结论:合格,不合格。

三、检验结果

1. 产品检验结果

(1)合格产品,允许销售。

(2)不合格产品,不允许出厂销售,销毁或重新制作。

2. 商品检验结果

(1)合格商品,允许销售。

(2)不合格商品,不允许销售,并按《中华人民共和国产品质量法》予以处理。

参 考 文 献

GB 11887—2008,首饰 贵金属纯度的规定及命名方法[S].
GB/T 11888—2001,首饰指环尺寸的定义、测量和命名[S].
GB/T 16921—2005,金属覆盖层 覆盖层的测量 X射线光谱法[S].
GB/T 17684—1999,贵金属及合金术语[S].
GB/T 18043—2000,贵金属首饰含量的无损检测方法 X射线荧光光谱法[S].
GB/T 18781—2002,养殖珍珠分级[S].
GB/T 19718—2005,首饰 镍含量的测定 火焰原子吸收光谱法[S].
GB/T 19719—2005,首饰 镍释放量的测定 光谱法[S].
QB 1131—2005,首饰 金覆盖层厚度的规定[S].
QB 1132—2005,首饰 银覆盖层厚度的规定[S].
JJF 1133—2005,X射线荧光光谱法黄金含量分析代校准规范[S].
QB/T 1135—2006,首饰 金、银覆盖层厚度的测定 X射线荧光光谱法[S].
QB/T 1689—2006,贵金属饰品术语.
QB/T 2062—2006,贵金属首饰.
GB/T 16552—2010,珠宝玉石 名称[S].
GB/T 16553—2010,珠宝玉石 鉴定[S].
GB/T 16554—2010,钻石分级[S].
GB/T 23885—2009,翡翠分级[S].
DB41/T 435—2006,独山玉[S].
DB41/T 436—2006,珠宝玉石贵金属饰品[S].
DB41/T 437—2006,珠宝玉石贵金属标识规定[S].
DB 65/035—1999,和田玉[S].
戴颖. 国际铂金时尚趋势[J]. 中华珠宝,2006.
古董拍卖年鉴编委会. 2008古董拍卖年鉴·玉器[M]. 长沙:湖南美术出版社,2008.
古董拍卖年鉴编委会. 2008古董拍卖年鉴·杂项[M]. 长沙:湖南美术出版社,2008.
郭涛. 玉雕作品的鉴赏与评价心得[J]. 中国宝石,2004,13(3):158～162.
国家质量技术监督局职业技能鉴定中心. 宝石首饰检验[M]. 北京:中国标准出版社,2005.
韩磊,洪汉烈. 中国三地软玉的矿物组成和成矿地质背景研究[J]. 宝石和宝石学杂志,2009,11(3):6～10.
郝琦,初秀. 木纹金属工艺初探[J]. 宝石与宝石学杂志,2008,10(3):39～44.
何雪梅,沈才卿. 宝石人工合成技术[M]. 北京:化学工业出版社,2007.
胡俊. 艺用黄金首饰和商用黄金首饰浅析[J]. 中国宝石,2004,13(3):59～61.
《当代中国是黄金工业》编委会. 中国古近代黄金史稿[M]. 北京:冶金工业出版社,1989.
兰苓. 市场营销学[M]. 北京:中央广播电视大学出版社,2006.
李红军,蔡逸涛. 江苏溧阳软玉特征研究[J]. 宝石和宝石学杂志,2008,10(3):16～19.
李举子,吴瑞华,凌潇潇,等. 和田软玉的化学成分和显微结构研究[J]. 宝石和宝石学杂志,2009,11(4):9～14.

林嵩山. 台湾软玉(闪玉)的种属及特征[J]. 宝石和宝石学杂志,1999,1(3):18~20.
凌潇潇,吴瑞华,王时麒,等. 韩国透闪石玉特征综述[J]. 宝石和宝石学杂志,2009,11(3):19~21.
吕新彪. 宝石款式设计与加工工艺[M]. 武汉:中国地质大学出版社,2006.
吕新彪,李珍. 天然宝石人工改善及检测的原理与方法[M]. 武汉:中国地质出版社,1995.
马久喜. 古玉[M]. 济南:山东科学技术出版社,1997.
孟宪松. 白银及白银饰品[J]. 中国宝石,1998,(1):18~21.
那宝成,李祥虎. 银饰品漫谈[J]. 中国宝玉石,2008,(3):86~89.
丘志力. 珠宝市场估价[M]. 广州:广东人民出版社,2000.
丘志力等. 珠宝首饰系统评估导论[M]. 武汉:中国地质大学出版社,2003.
全国注册资产评估师考试用书编写组. 经济学[M]. 北京:经济科学出版社,2009.
全国注册资产评估师考试用书编写组. 资产评估[M]. 北京:经济科学出版社,2009.
戎秋涛,翁焕新. 环境地球化学[M]. 北京:地质出版社,1990.
邵为忠. 珠宝设计潮流化趋势[J]. 中国宝石,2004,13(3):72~73.
陶玉红. 珐琅工艺对现代首饰设计的启发[J]. 中国宝玉石,2009,(3):96~99.
田培学等. 珠宝首饰营业员(初级)[M]. 郑州:河南大学出版社,2005.
田培学等. 珠宝首饰营业员(中级)[M]. 郑州:河南大学出版社,2005.
王昶,袁军平. 激光加工技术在珠宝首饰业中的应用[J]. 宝石与宝石学杂志,2009,11(2):41~45.
王倩. TTF"显微悬浮镶嵌技术"首次在国内发布[J]. 中国宝玉石,2009,(3):93.
王时麒,员雪梅. 和田碧玉的物质组成特征及其地质成因[J]. 宝石和宝石学杂志,2008,10(3):4~7,38.
文物编辑委员会. 中国大百科全书《文物博物馆》[M]. 北京:中国大百科全书出版社,1993.
徐怀奎. 首饰流行新格局[J]. 中国宝玉石,1999,(4):55.
徐泽彬,曹姝,王铎,等. "韩国料"软玉的宝石学研究[J]. 宝石和宝石学杂志,2009,11(4):24~27.
杨迪威,蔡逸涛,李成凯,等. 神经网络在翡翠评估中的应用[J]. 宝石和宝石学杂志,2010,12(3):44~47.
叶寅生. 首饰设计的艺术理念[J]. 宝石和宝石学杂志,2006,8(1):39~40.
尹作为,陈翼,李笑路. 珠宝企业经营与管理[M]. 武汉:中国地质大学出版社,2008.
袁军平,王昶. 流行饰品材料及生产工艺[M]. 武汉:中国地质大学出版社,2009.
张蓓莉等. 珠宝首饰评估[M]. 北京:地质出版社,2000.
张广文. 玉器史话[M]. 北京:紫禁城出版社,1989.
张荣红,卢筱,高汉成,等. 中国贵州现今苗族首饰及工艺[J]. 宝石和宝石学杂志,2006,8(1):36~38.
张时光. 首饰设计的时尚风潮[J]. 中国宝石,2004,13(3):81.
赵松龄,陈康德. 宝玉石鉴赏指南[M]. 北京:东方出版社,1992.
John Harrison 等. 资源与运营管理[M]. 天向互动教育中心,编译. 北京:清华大学出版社,2009.
Mikko Saikkonen. 应用在银币及首饰领域的纳米防暗化技术[J]. 中国珠宝玉石首饰行业协会通讯,2006,(4).